高手指引

U0182909

Excel
数据处理与分析
案例视频教程（全彩版）

未来教育◎编著

中国水利水电出版社
www.waterpub.com.cn
·北京·

内 容 提 要

《Excel 数据处理与分析　案例视频教程（全彩版）》是一本以“职场故事”为背景，讲解 Excel 数据处理与分析技能的书。书中内容由职场真人真事改编而成，以对话的形式，巧妙解析每一个 Excel 任务及解决方法。全书内容以“提升 Excel 数据分析能力，找到数据中隐藏的精粹”为宗旨进行讲述。全书共 9 章，内容涵盖数据分析理论基础、制表技巧、公式与函数使用技巧、图表、数据透视表、预算与决算、工作表保护与输出和数据报告的制作，以及一些经典的 Excel 高效技巧等内容。

《Excel 数据处理与分析　案例视频教程（全彩版）》既适用于在众多数据表中奋战的办公室小白，因为数据量大、数据分析混乱、统计结果不准确，经常被领导批评的加班族；也适合即将毕业走向工作岗位的广大学生；还可以作为各大职业院校、培训班的教学参考用书。

图书在版编目(CIP)数据

Excel 数据处理与分析：案例视频教程：全彩版 / 未来教育编著.—北京：中国水利水电出版社，2020.5

ISBN 978-7-5170-7736-7

Ⅰ. ①E… Ⅱ. ①未… Ⅲ. ①表处理软件 Ⅳ. ①TP391.13

中国版本图书馆CIP数据核字(2020)第112849号

丛 书 名	高手指引
书　　名	Excel 数据处理与分析　案例视频教程（全彩版） Excel SHUJU CHULI YU FENXI　ANLI SHIPIN JIAOCHENG
作　　者	未来教育　编著
出版发行	中国水利水电出版社 （北京市海淀区玉渊潭南路 1 号 D 座　100038） 网址：www.waterpub.com.cn E-mail：zhiboshangshu@163.com 电话：（010）62572966-2205/2266/2201（营销中心）
经　　售	北京科水图书销售中心（零售） 电话：（010）88383994、63202643、68545874 全国各地新华书店和相关出版物销售网点
排　　版	北京智博尚书文化传媒有限公司
印　　刷	河北华商印刷有限公司
规　　格	180mm×210mm　24 开本　12.75 印张　441 千字　1 插页
版　　次	2020 年 5 月第 1 版　2020 年 5 月第 1 次印刷
印　　数	0001—5000 册
定　　价	79.80 元

一个数据分析菜鸟成长为数据分析师的

真/实/故/事

转眼间，小李已经毕业两年，一起进入公司的同事也陆陆续续更新了几回。当有的人还在为如何完成工作、成功通过试用期的考验而困扰时，小李却已经从进入公司时小小的助理摇身一变成为坐在主管位置上的领导。

小李也曾困惑：为什么会发生有的人加班加点也不能完成工作，而有的人却能从容地接过紧急任务并顺利完成呢？

如果现在让他来回答这个问题，他会说：掌握数据分析的方法很重要！

在现代职场中，数据才是第一生产力，没有数据的指引，任何的决策都将成为空谈。而数据分析就成为职场新人们必须学会的第一技能。

什么是数据分析？将数据综合起来，再进行分析？No、No、No！数据分析是指在大量的数据中找出数据规律的方法，从而通过数据结果为决策提供有效的依据，也是透过现象看本质的不二法宝。

如果可以掌握数据分析的方法，无异于给职场晋升增添了一架登云梯。那么数据分析师是怎样成长的呢？是天赋？还是勤奋？我们来看看小李刚刚入职时的囧样吧。

我是小李，毕业于普通院校的会计专业，进学校的时候我就知道Excel的重要性，所以一直潜心学习。进入职场后，本以为凭借对Excel的熟悉可以轻松应对各种数据分析的难题，哪曾想遇到一个严格的上司，每天布置的任务层出不穷，统计、报表像大山一样压得我喘不过气。

还好我遇到了“贵人”，他在公司做每一件事情都游刃有余，用深入浅出的方法让我很快掌握了数据分析的方法。

小 李

我是小李的上司——张经理。我的工作理念是：只有高品质的数据分析，才能得出正确的工作导向。

小李刚到公司时，我发现虽然他对Excel的了解比普通新人强一点，可是一让他分析数据就手忙脚乱，还抓不住重点，交上来的数据报告一塌糊涂。不过，最后他学习了数据分析的方法，我给出的任务，他已经可以很快完成了，而且还能从中找出关键点，还几次给公司的决策做出有力建议。

所以，他具有强大的数据分析处理能力，不让他做公司主管都可惜啦，哈哈。

张经理

我是小李的前辈——王Sir。我是公司的内训师，以提高员工效率为己任。在多年的培训实践中，我发现在数据分析过程中，无论数据源还是分析方法，都会影响到数据分析的结果，所以要进行数据分析，必须从头开始整理数据源。

而小李成功的关键，我认为是从一开始就脚踏实地，从来没有想过走捷径，只有具有扎实的基础，才能在后面的数据分析中得心应手。

王 Sir

>>> 数据分析为什么能帮助原本平凡的小李成长为公司主管？

因为数据分析不仅让小李学会了如何整理数据，还可以从海量的数据中找到需要的决策信息。所以，在为决策者提供数据分析结果时，有效利用数据分析工具，找到决策依据，是高效率工作的必要条件。可以说，数据分析就是多类职场人士的好帮手，财务、行政、会计、销售、库管、项目经理、数据分析专员……，在职场中，只要是需要用到Excel的人，都应该学会如何进行数据分析。

>>> 可是，会数据分析的职场人士也如过江之鲫，但突出的为什么就只有那么多呢？

学习数据分析却没有效果有以下几种原因。

原因1：没有系统学习。现在网络发达，很多人都认为没有必要系统学习，有问题时百度搜索就可以了。可是，百度搜索虽然能解决一部分问题，但学习的知识都是零散的，不能形成体系，无法牢固记忆！

原因2：追求捷径。数据分析的基础是数据表，如果没有标准的数据源，那么数据分析的结果可能会相差甚远。所以，对Excel基础知识的学习是数据分析的奠基石，没有捷径可言。

原因3：学习种类纷杂。数据分析的方法很多，理论知识更是多如牛毛，需要全部学习吗？学完了，实用吗？有时间和精力吗？只能结合当前职场案例，理论与实际操作相结合，才能学到有用的方法。

王 Sir

哈哈，小李成长为公司主管，当然有我的功劳！

功劳1：合格的数据分析师应该是多面手，既要有严谨的分析方法，也要有跳跃的分析思路。而我一直对小李有着严格的要求：要做到数据源标准、分析方法科学、分析结果准确。

功劳2：我布置的任务经典实用。我在职场中摸索了十几年，遇到的问题千百种，所以我给小李布置的任务也都是可以提高他的数据分析能力的，例如，针对某种数据应该使用某种数据分析方法、分析结果应该怎样科学展示才能服众等。

张经理

现在你想不想知道张经理给小李布置了哪些任务？王Sir又是如何指导小李解决这些任务的呢？

赶快打开这本书来看一看吧。书中的几十个经典案例就是张经理布置给小李的任务，而小李的困惑也是大多数人学习数据分析的困惑。跟着小李一起完成这些任务，与小李一起打开数据分析的大门，让我们一起成长吧！

前言

在使用Excel时，很多人习惯性地将其作为记录数据的工具，而忽略其数据分析功能。可是，在实际工作中，怎样从海量的数据中找到需要的信息才是工作的关键。

面对数量巨大的报表，要想从中找出数据的灵魂并不容易，可如果找对了方法，也并不是一件难事。在说到数据分析时，你会怎么做呢？排序？筛选？其实这些都是数据分析的方法，如果再多掌握一些数据透视表、图表、预算等分析方法，那么你就已经进入了数据分析的门槛了。

《Excel 数据处理与分析　案例视频教程（全彩版）》的宗旨是，用简单的数据分析方法，在海量的数据中找到用以决策的数据。以职场真人真事为案例——小李利用Excel中的数据分析工具挖掘具有价值的数据精粹，并提高管理数据、分析数据的能力。

本书特点

1 漫画教学，轻松有趣

本书将小李和身边的真实人物虚拟为漫画角色，以对话的形式提出要求、表达对任务的困惑、找到解决任务的各种方法。让读者在轻松的氛围中学习数据分析的方法，跟着小李的学习道路，找到学习数据分析的奥秘。

2 真人真事，案例教学

书中的每一个小节都是从小李接到张经理的任务开始，提出任务的困惑后，分析任务，并图文并茂地讲解任务的解决方法。全书共包含100多项Excel任务，1个任务对应1个经典职场难题。这些任务贴合实际工作，读者朋友可以轻松地将任务中的技法应用到实际工作中。相信读者朋友们在与小李一起攻克任务之后，对数据分析的理解会有一个质的提升。

3 掌握方法，灵活应用

很多人在学习数据分析理论后，总是不能将其应用到实际工作中，其问题归根结底在于知其然，而不知其所以然，并没有掌握使用的方法。而书中的每一个案例在讲解操作之前，均以人物对话的形式告知解决思路和方法，让读者明白为什么这么做，不再生搬硬套。

4 实用功能，学以致用

数据分析的方法很多，可并不是每一项功能都适合应用于工作中。学习数据分析的目的在于找到有效数据，完成工作任务，工作中不实用的功能，学会了也无用武之地。本书的内容结合了真实的职场案例，精选实用的功能，保证读者朋友可以学以致用。

5 技巧补充，查漏补缺

数据分析的方法并非单一不变，多样化地使用数据分析工具可以更好地分析数据。为了扩展读者的使用功能，书中穿插了“温馨提示”和“技能升级”栏目，及时对当前内容进行补充，避免读者朋友在学习时遗漏重要内容。

赠送 学习资源

本书还赠送有以下学习资源，多维度学习套餐，真正超值实用！

››› 1000个Office商务办公模板文件，包括Word、Excel、PPT模板，拿来即用，不用再去花时间与精力收集、整理。

››› 《电脑入门必备技能手册》电子书，即使你不懂计算机，也可以通过本手册的学习，掌握计算机入门技能，更好地学习Office办公应用技能。

››› 12集电脑办公综合技能视频教程，即使你一点基础都没有，也不用担心学不会，学完此视频就能掌握计算机办公的相关入门技能。

››› 《Office办公应用快捷键速查表》电子书，帮助你快速提高办公效率。

温馨提示：

①读者学习答疑QQ群：718911779

②扫码关注下方公众号输入“SJ77367”，免费获取海量学习资源。

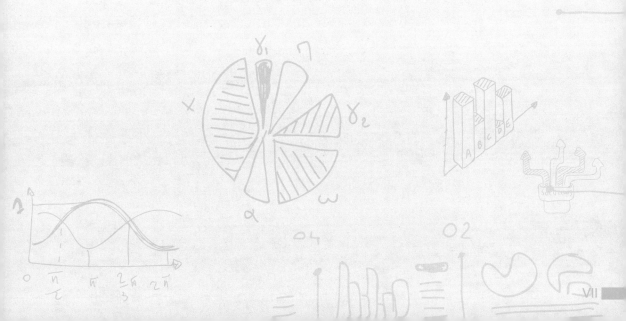

目录

CHAPTER 1
从零开始，快速认识数据分析

CHAPTER 2
讲究效率，数据输入有神技

CHAPTER 3
简单常用，数据分析的5大法宝

CHAPTER 4

公式与函数，数据计算的好帮手

4.1 公式输入，从引用开始

4.2 技能升级，从数组公式开始

4.3 学习函数，不要以为有多难

4.4 常用函数，掌握了你就能行

CHAPTER 5

统计图表，数据分析的直观展现

5.1 不知道怎么选图表，看这里就对了

5.2 告别枯燥数据，让图表说话

5.3 技巧，让图表业余变专业

5.4 迷你图，让数据与图表共存

CHAPTER 6
透视表，数据分析利器

6.1 从零开始，认识数据透视表

6.2 你的第一张数据透视表

6.3 数据透视表中的数据分析

CHAPTER 1

从零开始，快速认识数据分析

小 李

我一直以为，自己对Excel的掌握程度已经达到了90%，可是，真正在处理工作的时候，才发现自己只是一个数据小白。

我自认为熟练掌握的Excel，其实只是会录入、会排序、会用公式计算数据，直到我把数据表交到张经理手中时，张经理一言难尽的神情让我羞愧难当。

张经理对我提出了工作要求：我要的不是明细数据，而是需要你从明细数据中找到数据的规律，并分析出结果，我只看结果。

原来，我并没有掌握Excel，我只是会录入工作而已。

还好，王Sir及时出现，让我明白了数据分析的工作到底应该做什么，而我也找到了努力的方向。

数据分析就是加减乘除？很多职场新人都会觉得数据分析就是把数据录入表格，然后计算出合计就可以了。

可是，如果仅仅是这样，数据分析师的存在还有什么价值？

小李第一次的工作汇报很失败，可是他很快找到了学习的方向。

我告诉他，数据分析不是数据记录，而是要通过各种分析方法，从数据中找到存在的问题。

数据分析的方法很多，我并不要求他一天就学会，但是，明确什么是数据分析，找到分析的方向，是职场新人的第一课。

王 Sir

1.1 认识数据分析

小李

张经理，这个月销售一部的销量是2500万，销售二部的销量是3200万，销量三部的销量是2800万，每一个部门都有进步，数据喜人啊！

张经理

小李，在我这里，只统计数据是不行的，必须要分析数据。

（1）在众多的数据中，我想要看的是**汇总整理后的结果数据，而不需要明细。**

（2）**没有前后数据的支持，**我怎么知道销售部的进步有多少？空口无凭！

（3）这个月的销量你是和哪个月做了对比？如果只是跟上个月对比，你**有调查过去年这个月的销量是多少吗？**

小李

张经理，我马上去向王Sir请教。

1.1.1 什么是数据分析

小李

王Sir，经常听你说表格整理完成后需要进行数据分析才能用，到底什么是数据分析呢？

王Sir

小李，“大数据”这个词相信你不会陌生，可是在“大数据”时代，我们要通过什么途径来获取想要的信息呢？

四处打探、人云亦云的时代早就过去了。

现在，**想要获取准确的数据，就需要从众多看似无关紧要的数据中找出精髓所在**，而这个过程就是数据分析。

数据分析，从字面上理解就是对数据进行分析。而我们所理解的数据分析，是指通过恰当的统计方法和严谨的分析手段，首先对数据进行收集汇总，然后进行加工处理，最后再对处理过的有效数据进行分析，发挥数据的作用。

数据分析的过程，就是为了提取有用信息和得出结论对数据进行详细研究和总结的过程。分析中的数据也被称为观测值，是通过实验、测量、观察、调查等方式获取的信息，都会以数据的形式展现在我们面前。

全球知名咨询公司麦肯锡提出：“数据，已经渗透到当今每一个行业和业务职能领域，成为重要的生产因素。人们对于海量数据的挖掘和运用，预示着新一波生产率增长和消费者盈余浪潮的到来”。这就是“大数据时代”的特点。

而我们之所以要进行数据分析，是为了在海量的数据中找到数据的规律，分析数据的本质，从而使管理者通过数据的特点掌握企业的前进方向，帮助掌舵人做出正确的判断和决策。

例如，销售部门需要分析销售数据，以把握当前产品的市场动向，制作合理的销售策略；研发部需要分析客户需求数据，以了解客户对产品的需求，从而制订正确的研发方向；人力资源部需要分析员工的考核成绩，以掌控员工的工作能力和企业归属感，力求让每一位员工在合适的岗位上发光发热……

在统计学领域，也有人将数据分析细分为描述性数据分析、探索性数据分析和验证性数据分析，如图1-1所示。

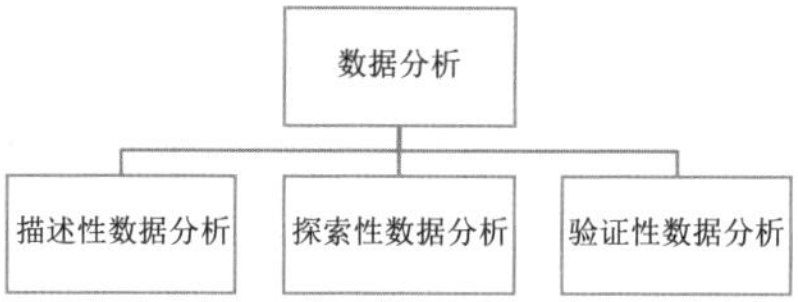

图1-1　数据分析的分类

» 描述性数据分析：用于概括、表述事物的整体状况及事物间的关联和类属关系，常见的分析方法有对比分析法、平均分析法、交叉分析法等。

» 探索性数据分析：用于在数据中发现新的特征，常见的分析方法有相关分析、因子分析、回归分析等。

» 验证性数据分析：用于已有假设的证实或证伪，常见的分析方法与探索性数据分析相同。

在日常学习和工作中，需要用到的数据分析方法多为描述性数据分析，这是常用的初级数据分析。

1.1.2 为什么要进行数据分析

小李

王Sir，数据分析听起来高大上，可是我们为什么要进行数据分析呢？

王Sir

小李，如果你在工作时，还只是用Excel进行数据记录，而不会数据分析，迟早会被埋藏在时代的车轮下。

我们可以通过数据分析找到潜在客户，也可以通过数据分析查找销量滞后的原因，还可以通过数据分析对商品的未来潜力进行预测。

虽然，数据分析并不是无所不能，但肯定是无可替代的。

数据分析作为一个新的行业领域，已经在全球占据了重要地位，精准的数据分析让人们可以更快、更准确地获得想要的信息。

在数据时代的大环境下，数据分析师应运而生。

数据分析的应用十分广泛，从家门口的水果店到上市公司，每一个行业都需要进行数据分析，而区别仅在于数据分析的工作量大小。

然而，很多人在进行数据分析时，并没有认识到数据分析的重要性，将数据分析应用到工作中，就可以发现实际上数据分析必不可少。

1 评估产品机会

在产品开发的初期，需求调研和市场调研尤其重要，而此时，对调研结果实施数据分析不仅可以指明产品的开发方向，对后期产品设计及更新换代都至关重要。评估产品机会决定了一个产品的未来和核心理念。

2 分析解决问题

当顾客在使用产品时出现问题，需要对问题产品出现的不良状况进行收集，并对收集的信息进行分析汇总，不能凭空想象臆造问题。而汇总、分析的过程就是数据分析，而分析者往往要通过必要的数据试验才能追溯到问题源头，从而制定合理的解决方案，彻底解决问题。

3 支持运营活动

当需要推广产品时，总会遇到这样一个问题：到底哪个方案更好呢？在评判此类关于“标准”的问题时，凭个人的喜好和感觉来判断是最不靠谱的方法。此时，只有真实、可靠、客观的数据，才能对具体的方案做出最公平的评判。

4 预测优化产品

数据分析的结果不仅可以反映出产品当前的状态，还可以从中分析未来一段时间可能会遇到的问题。当提前预知了问题时，可以立即做出调整，从而避免问题的出现，优化产品状态。

1.1.3 数据分析常用指标与术语

小李

王Sir，今天开会的时候，张经理说什么绝对数和相对数，我听得一头雾水，这是什么意思啊？

王Sir

小李，看来你对数据分析的常用指标和术语还不了解啊。

在数据分析时，如果要描述销量增加的数值，不用专业术语时，你会怎么说？翻了一番，还是下降了两成？

在精准的数据面前，这样的描述明显没有较强的说服力，所以，此时，可以用指标来描述结果。

在进行数据分析时，经常会使用“番数”“倍数”“比例”“比率”等分析指标和术语，如果你不了解这些指标与术语，在进行数据分析之前，第一任务就是要熟悉它们。

1 平均数

数据分析中的平均数是指算术平均数，是一组数据累加后除以数据个数得到的算术平均值，是非常重要的基础性指标。平均数是综合指标，它将总体内各单位的数量差异抽象化，代表总体的一般水平，掩盖各单位的差异。

例如，销售部统计了今年每个人的销售业绩，通过计算销量平均数，可以得到总平均数。将每一位销售人员的销量与平均数相比较，就可以发现哪些销售人员的销量高于平均数，需要保持；哪些销售人员的销量低于平均数，需要继续努力，如图1-2所示。

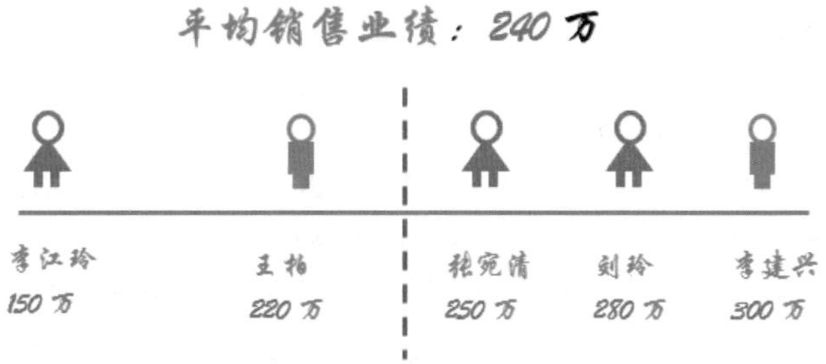

图1-2　全年销售业绩平均数

温馨提示

除了算术平均数，还有几何平均数、调和平均数等，在日常生活中，提到的“平均数”通常都是指算术平均数。

2 相对数与绝对数

相对数与绝对数是数据分析中常用的综合指标。

相对数是指由两个有关联的指标对比计算而得到的结果，用于反映“客观现象之间的数量联系程度”，其计算公式为

$$相对数=\frac{比较数值（比数）}{基础数值（基数）}$$

在该公式中，用来作为与基础数值进行对比的指标数值被称为“比较数值”，即“比数”；用作对比标准的指标数值被称为“基础数值”，即“基数”。

相对数多以倍数、成数、百分数等表示，它反映了数据间的客观关系；绝对数反映的是“客观现象总体在一定时间、地点条件下的总规模、总水平”，或者表现为“在一定时间、地点条件下数量的增减变化”。例如，人们常说的人口总数、GDP等就是绝对数。

如果你还是不知道什么是相对数，什么是绝对数，可以参照图1-3所示，它可以让你一眼就明白。

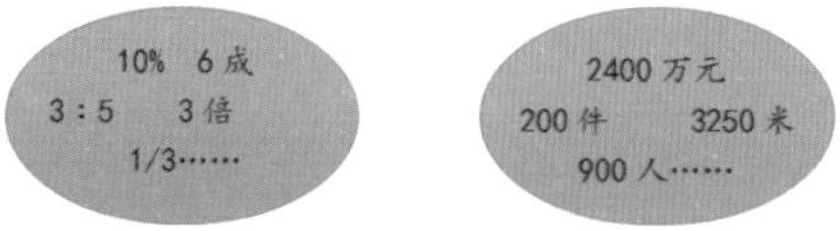

（a）相对数　　（b）绝对数

图1-3　相对数和绝对数

3 番数与倍数

番数与倍数也属于相对数，但是在使用时却容易发生混淆。

番数：指原数量的2的n次方倍（2^n）。例如，“今年的销量比去年翻了一番。”此时的计算公式为原数量的2倍（2^1）；如果是“翻了两番”则表示数量为原数量的4倍（2^2），而不是原数量乘以2；“翻了三番”即是8倍（2^3），以此类推。

倍数：倍数是一个数除以另一个数所得的商。例如，“今年的销量是去年的2倍。”此时的计算公式为

$$\frac{\text{今年的销量}}{\text{去年的销量}}=2$$

温馨提示

倍数一般表示数量的增长或上升幅度，如果需要表示减少或下降的数量，可以使用百分比等数值，例如“成本降低了50%”。

4 百分比与百分点

百分比也是一种相对数，也叫百分数或者百分率，它可以表示一个数是另一个数的百分之多少。计算公式为

$$\text{百分比}=\frac{\text{比数}}{\text{基数}}\times 100\%$$

例如，成本“从50万元降低到30万元”，套用以上公式，可以得到以下的结果。

$$\frac{30}{50}\times 100\% = 60\%$$

而百分点是指在以百分数形式表示的情况下，不同时期的相对指标的变动幅度，1个百分点=1%。例如，“今年公司利润为46%，与去年的35%相比，提高了11个百分点。”

5 频数与频率

频数属于绝对数，是指一组数据中个别数据重复出现的次数。如某产品测试期间共有100人进行试用，其中男性45人，女性55人。那么，按男女性别进行分组，男性的频数为45，女性的频数为55。

频率用于反映某类别在总体中出现的频繁程度，一般用百分数表示，是一种相对数。其计算公式为

$$频率=\frac{某组类别次数}{总次数}\times 100\%$$

例如，某产品测试期间共有100人进行试用，45名男性的频率计算公式为

$$\frac{45}{100}\times 100\% = 45\%$$

55名女性的频率计算公式为

$$\frac{55}{100}\times 100\% = 55\%$$

图1-4所示为频数与频率的区别。

（a）　　　　（b）

图1-4　频数与频率

6 比例与比率

比例与比率都属于相对数。

比例：用于反映总体的构成和结构，表示总体中各部分的数值占全部数值的比重。例如，某面包店开业时，统计前100名进入该店的男女比例，其中男性为38人，女性为62人，那么男性比例为38:100，女性比例为62:100，如图1-5所示。

图1-5　比例

比率：用于反映一个整体中各部分之间的关系，是不同类别的数值的对比。例如刚才的例子，如果要计算男性与女性的比率，则应该是38:62，如图1-6所示。

图1-6　比率

7 同比与环比

在财经新闻中，经常能听到这样的描述：“第三季度的总销售额达到了1.2亿元，同比增长10%，环比增长6%。”那么，同比和环比有什么区别呢？

同比：指今年某个时期与去年相同时期的数据比较。例如，今年3月和去年3月相比、今年第一季度和去年第一季度相比，该数据说明了本期发展水平与去年同期发展水平的相对发展速度，如图1-7所示。

环比：指某个时期与前一时期的数据比较。例如，今年1月与去年12月相比、第二季度和第一季度相比、下半年与上半年相比，该数据反映的现象是逐渐发展的趋势和速度，如图1-8所示。

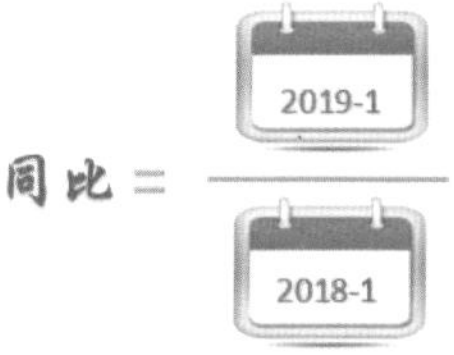

图1-7　同比

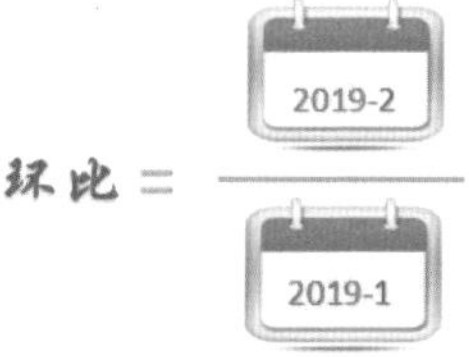

图1-8　环比

1.2 有条不紊，分析数据

小李

张经理，我知道数据分析的重要性了，现在，我就要开始分析数据了！你放心，在今天下班之前，我一定交一份让您满意的数据分析报告。

张经理

小李，虽然我想要数据报告，但是我认为你现在需要做的应该是搞清楚应该怎样分析数据。

（1）在分析数据之前，首先**要明确目标，找到分析的方向。**

（2）你手中的这些**资料完整**吗？仅凭它们就可以完成数据分析吗？

（3）我看到你收集到的资料有些**连格式都不统一**，你准备就这样分析吗？

（4）**数据分析的方法**你掌握了多少？

（5）你准备直接把数据表交给我吗？我要的是**结果报告**，不是过程分析。

1.2.1 目标分析，明确指引方向

小李

王Sir，我这里有一大堆表格等着分析，可是我却像只无头苍蝇一样撞了半天也无从下手，该怎么办？

王Sir

小李，你只是还没有找到方向。

做任何事都需要有目标，数据分析也不例外，如果没有目标，在分析数据时你根本不知道如何下手。

所以，在进行数据分析前，**第一步就是要确定目标，找到前行的方向，让自己可以围绕一个核心开展分析工作。**

开始接触数据分析时，应该怎样确定目标并找到方向呢？

如果你有这样的疑问，那么在数据分析之前，请先问自己：为什么要开展数据分析？通过这次的数据分析，我需要解决什么问题？

只有带着目的去分析数据，才不会偏离方向。而确认目标后，就需要把这个目标分解成若干个不同的分析要点，明确要达到这个目标需要从哪几方面、哪几个点进行分析，而这几个点需要分析的内容有哪些。图1-9所示为影响一家大型专卖店销量的分析要点。

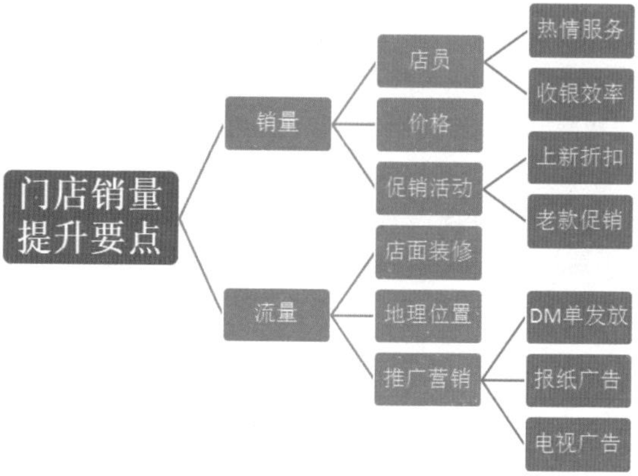

图1-9　要点分析

在明确了数据分析的目标和内容之后，就可以开始有目的地收集数据、处理数据，以确保不会在分析的过程中迷失方向。

1.2.2 数据收集，巧妇难为无米之炊

小李

王Sir，我这里只有一份我们公司上半年的销售数据，可是张经理却要我分析整个行业的销售趋势，这不是为难我吗？

王Sir

小李，数据收集可是数据分析的必备技能哦。

只有收集了相关的数据，才能进一步建立数据模型，发现数据规律和相关性，从而解决问题，实现预测。

数据分析的素材当然不止本公司的销售数据那么简单，你可以从**公司数据库、公开出版物、互联网、市场调查、购买数据**等方面着手，渠道多多，数据多多。

用于数据分析的数据获取方法很多，而根据数据分析的目的、行业不同，可选的渠道也有区别。一般来说，可以通过以下5种方法收集数据。

1 公司数据库

每个公司都有自己的数据库，记录了公司从成立以来的各种销售、产量、利润等相关业务数据，是作为数据分析最佳的数据资源。

2 公开出版物

在很多公开出版的书籍中，也可以查找到相关的数据统计，如《中国统计年鉴》《中国社会统计年鉴》《世界发展报告》《世界经济年鉴》等统计类出版物。

3 网络数据

在网络时代，很多网络平台都会定期发布相关的数据统计，而利用搜索工具可以快速地收集所需的数据，例如，在国家及地方统计局网站、各行业组织网站、政府机构网站、传播媒体网站、大型综合门户网站等，都可以找到想要的数据。图1-10所示为北京市统计局发布的批发和零售业商品销售额、住宿和餐饮业营业额2018年第4季度的数据统计。

北京市统计局 Beijing Municipal Bureau of Statistics 国家统计局北京调查总队 Survey Office of the National Bureau of Statistics in Beijing

政务公开 统计数据 统计制度 网上办事 参与互动

打印本页 关闭窗口 首页 > 统计数据 > 月季度数据 > 商业 > 2018

批发和零售业商品销售额、住宿和餐饮业营业额

来源：北京市统计局 发布时间：

2018年4季度 单位：万元

项　目	2018年4季度	同比增长(%)	2018年1-4季度	同比增长(%)
批发和零售业商品销售额	188661512	0.1	694670758	1.9
批发业	156015774	-0.3	573831154	0.9
零售业	32645739	2.4	120839604	6.6
住宿和餐饮业营业额	3960188	7.0	15436540	8.1
住宿业	1544355	4.5	5505107	6.7
餐饮业	2415834	8.7	9931433	8.9

图1-10　网站统计数据

4 市场调查

在进行数据分析时，用户的想法与需求才是最主要的，为了获取相关的信息，可以使用市场调查收集相关市场记录，分析市场情况，了解市场现状及其发展趋势，为市场预测和营销决策提供客观、正确的数据资料。在进行市场调查时，一般可以通过问卷调查、观察调查、走访调查等形式来完成。

5 数据收集机构

在当今信息时代，每天的数据都呈爆发式增长，也出现了专门收集数据的专业机构，可以为客户提供各行业、各种类型的数据资料。如果没有足够的精力和渠道来获取数据时，不妨选择专业机构购买数据。

1.2.3 数据处理，不打无准备的仗

小李

王Sir，你看这些数据，不仅分类乱七八糟，格式还不规范，这样的数据怎么进行数据分析呢？

王Sir

小李，数据收集的方法不同，得到的数据类型肯定会有所区别，格式当然就不统一了。此时，你应该做的是**将数据处理规范**，而不是抱怨收集数据的人不够严谨。

原始数据往往比较杂乱，数据量也较大，此时，需要将不规则的数据统一格式，删除错误和重复的数据，提高数据质量，为数据分析打下基础。

数据处理主要包括数据清理、数据转化、数据提取、数据计算等方法，如图1-11所示。通过这些方法的处理，才可以将原始数据处理为后续进行分析的可用数据。

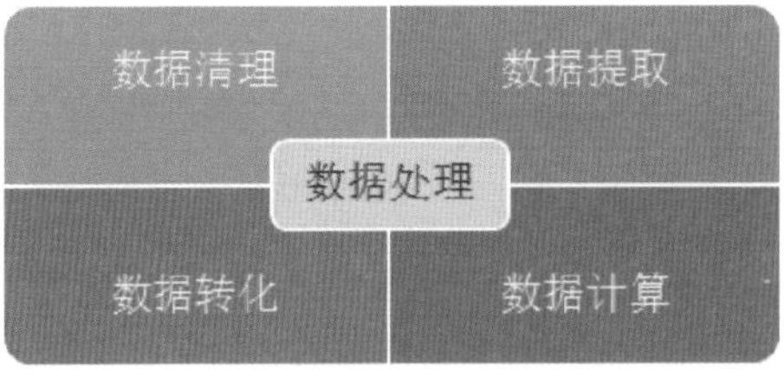

图1-11 数据处理内容

数据本身不会说话，而要从数据中找到想要的答案，就需要从数据中找到规律。在处理数据时，也许你可以发现一些意外之喜。一些毫不起眼的数据在经过分组、汇总、求平均值等处理之后，呈现在你面前的可能是你从未发现过的规律。

1.2.4 数据分析，挖掘有用信息

小李

王Sir，我费了九牛二虎之力，终于把数据整理好了，现在应该怎么分析数据呢?

王Sir

小李，数据分析是整个分析步骤中最关键的一步。

为了**从收集的数据提取出有用的信息，从而形成结论**，作为数据分析师，需要利用各种方法，而这些方法在后面都需要一一学习。

通常所说的数据分析，主要是通过统计分析、数据挖掘等方法，对处理过的数据进行分析和研究，从而发现其中的规律，进而形成结论，为解决问题提供最佳决策。

在前面的目标分析阶段，就需要思考应该用什么样的方法来分析目标内容。在进行数据分析时，需要应用各种工具来完成，例如数据透视表、Excel中的数据分析工具等。

而其实在进行数据分析时，除了工具的使用，更重要的还是一种进行数据分析的思路，这种思路指导我们如何展开数据分析工作，明确要从哪方面下手，需要哪些内容或指标等。

1 5W2H分析法

5W2H分析法是以5个W开头的英语单词和两个H开头的英语单词进行提问，从回答中找到解决问题的线索。5W2H的具体框架如图1-12所示。

这种简单又便于使用的方法经常应用于市场营销和管理活动等方面，对决策和执行性都有很大的帮助。

图1-12 5W2H分析法

例如，要通过5W2H分析法整理门店顾客购买行为的思路，可以先了解顾客的购买目的（Why），再审视公司的产品是否与顾客的预期相同（What），再具体分析谁会是我们的顾客（Who），而顾客什么时候会购买我们的产品（When），在哪里购买（Where），如何购买（How），顾客花费的金钱和时间成本分别是多少（How much），如图1-13所示。

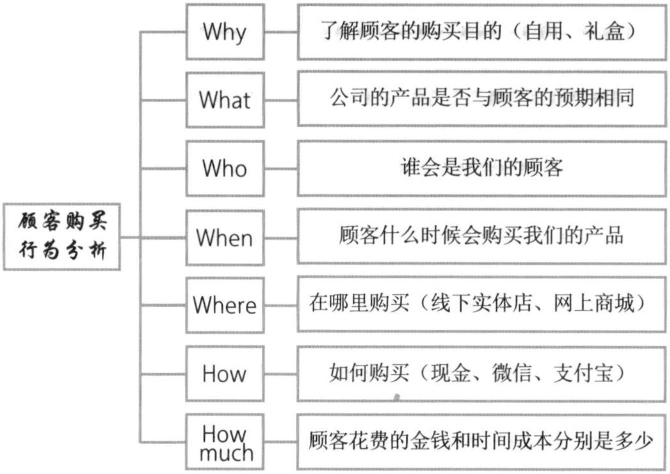

图1-13 顾客购买行为分析

2 PEST分析法

PEST分析法是对影响一切行业和企业的各种宏观环境进行分析，因为行业不同，其分析内容会有所区别，但基本来说，都会包括政治、经济、技术和社会这四类环境因素，如图1-14所示。

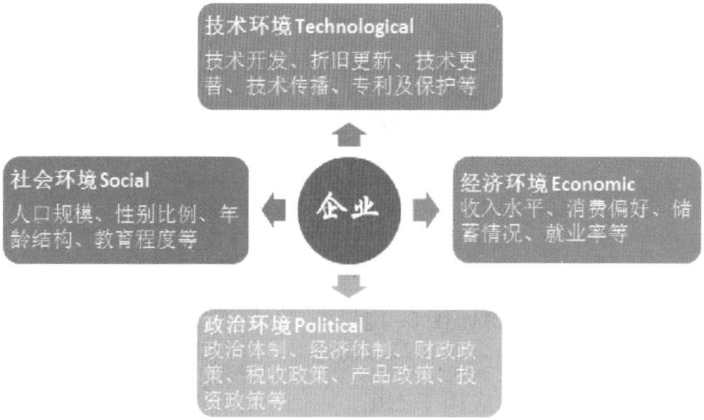

图1-14 PEST分析法

3 4P营销理论

4P营销理论是指将营销组合的几十个要素概括分类为4类，包括产品、价格、渠道和促销，以此为指导建立公司业务分析框架，如图1-15所示。

产品	价格	渠道	促销
• 公司提供什么产品和服务？ • 是否符合顾客的需求？ • 哪些顾客会购买？ • 哪种产品最受欢迎？	• 顾客的心理价位是多少？ • 公司的销售收入是否增长？ • 销量减少的原因是什么？ • 顾客的支付方式是什么？	• 公司在某地的产品覆盖率是多少？ • 用户可以通过哪些渠道购买？ • 公司的销售渠道是否合理？ • 各地区用户的主力购买人群是哪些？	• 投入的促销费用是多少？ • 通过哪些媒介来促销？ • 哪个促销媒介的效果最好？ • 是否需要加大促销力度？

图1-15 4P营销理论

4 逻辑树

逻辑树是分析问题时最常用的工具之一，也叫问题树、分解树等。使用逻辑树分析问题，关键在于将所有子问题分层罗列，找出问题所在的关键项目，帮助你理清思路，避免重复和无关的思考。图1-16所示为使用逻辑树分析利润减少的原因。

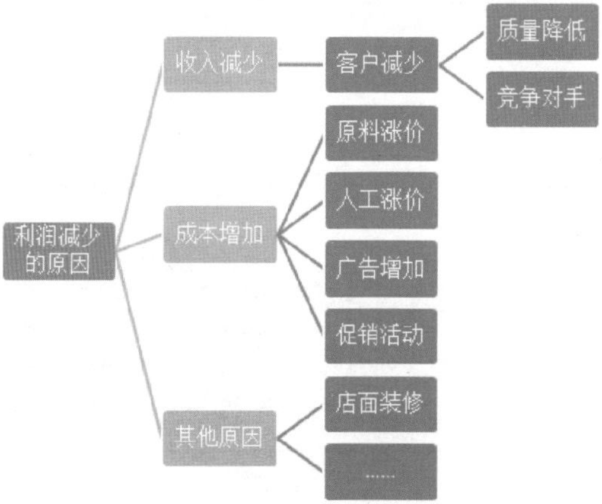

图1-16 使用逻辑树分析利润减少的原因

5 用户使用行为理论

用户行为理论多用于网站分析，是指用户为获取、使用物品或服务所采取的各种行动。用户使用行为有一个完整的过程，利用这个过程可以梳理出相关指标之间的逻辑关系，如图1-17所示。

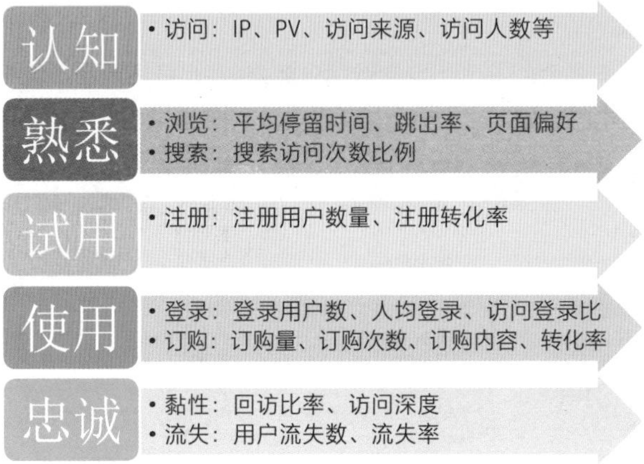

图1-17 用户行为轨迹分析

当然，这只是几种常用的方法，这些方法可以单独使用，也可以互相嵌套使用，可以根据实际情况灵活选择。

1.2.5 数据展现，让数据有一说一

小李

王Sir，我按照你教的方法分析了销售数据，发现了数据变化的规律，现在就把这个数据交给张经理可以吗？

年度电子产品行业销售情况
单位（万件）

时间	手机	平板电脑	智能穿戴	智能家居
第1季度	5000	3200	2900	1900
第2季度	4800	2900	3200	2100
第3季度	4500	3600	2800	2500
第4季度	5400	2500	2900	2700

王Sir

小李，经过数据分析之后，隐藏在数据内部的关系和规律就会浮出水面，可是，就这样平铺直叙地将数据展现在他人面前，又怎么能让人一目了然看出数据的变化呢？

所以，如果有需要，还可以**将数据转化为图表等更加直观的形式。**

一般情况下，数据首先是以表格的形式存在的，可是查看表格中的数据时总感觉抽象和枯燥，此时，应该使用什么方法展现数据之间的关系和规律呢？

图1-18所示为年度电子产品行业销售情况，数据清晰，可是并不能让人一眼就看出销量增减对比。如果将这些数据制作成如图1-19所示，就可以明显看出手机销量的突出，趋势一目了然。

年度电子产品行业销售情况
单位（万件）

时间	手机	平板电脑	智能穿戴	智能家居
第1季度	5000	3200	2900	1900
第2季度	4800	2900	3200	2100
第3季度	4500	3600	2800	2500
第4季度	5400	2500	2900	2700

图1-18　年度电子产品行业销售情况表格

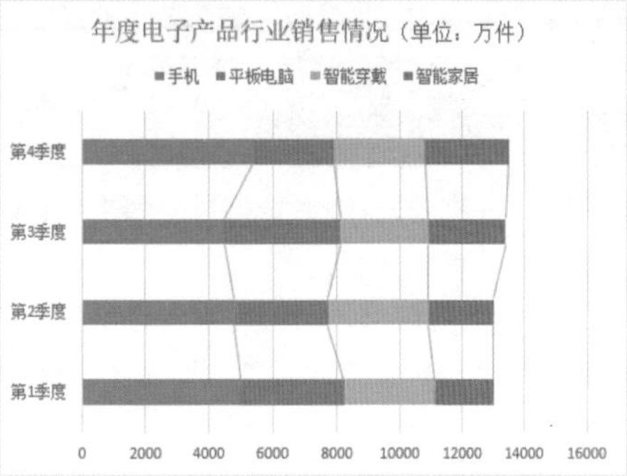

图1-19　年度电子产品行业销售情况图表

在Excel中，图表是数据展现的最佳工具。常用的数据图表包括柱形图、条形图、折线图、饼图、散点图、雷达图等。根据数据分析的目的、数量规律等不同，需要选择的图表类型也不同，而且同一类别的图表，根据分析的重点不同，也可以制作出多种形式。

使用图表来展现数据的方法是一个系统学习的过程，将在第5章详细讲解选择图表的方法、制作图表的方法和专业图表的制作方法。

1.2.6 报告撰写，画龙点睛神来之笔

小李

王Sir，既然通过图表已经可以直观地查看数据的走向了，那我现在可以完成任务了吗？

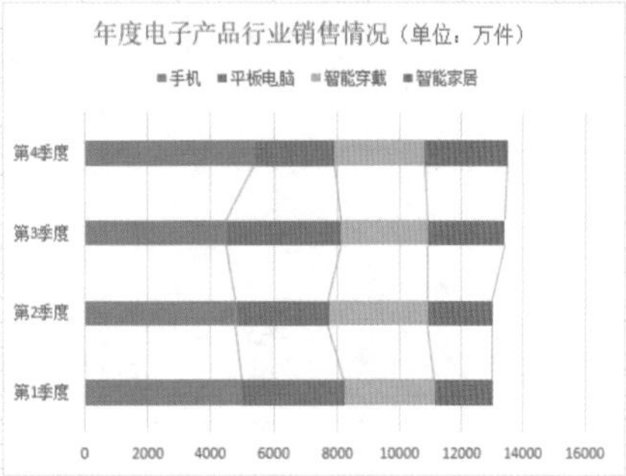

王Sir

小李，张经理是决策者，而不是数据分析者，我们作为数据分析者，要做的是将数据分析结果逻辑清晰、直观有力地用报告的形式呈现在决策者面前。

所以，在数据分析的最后一定不要松懈，**一份神形兼备的分析报告，可以让决策者做出最正确的决定，为你的职场加分添彩。**

在进行数据分析之后，需要将分析的结果呈现给决策者，为决策者提供科学、严谨的决策依据。此时，就需要制作一份数据报告。

一份合格的数据分析报告必须要有一个好的分析框架，并且图文并茂、层次分明，让阅读者可以一目了然地查看数据，理解报告内容，从而做出决策。

而在数据报告中，一定要有明确的结论，因为我们明确目标分析时提出的问题，让数据分析的每一个环节都围绕这个问题来展现。

当找出问题的关键时，一定要提出建议或解决方案，因为决策者需要的不仅仅是找出问题，更需要的是建议和解决方案。所以，进行数据分析时，并不仅仅是熟悉数据分析的方法就可以，还需要了解和熟悉公司详情，这样才能根据实际情况提出具体的建议或解决方案。

得出解决方案之后，如果要用Excel来撰写报告过于勉强，此时，可以选择使用Word或PowerPoint软件静态报告陈述数据分析的结果。如果需要动态数据，则可以在其中穿插动态的Excel报告。

当报告是需要递交给上级，或者作为企业存档使用，则可以选择使用Word制作报告。一份完整的Word报告，其框架如图1-20所示，主要以文字为主，图形为辅。

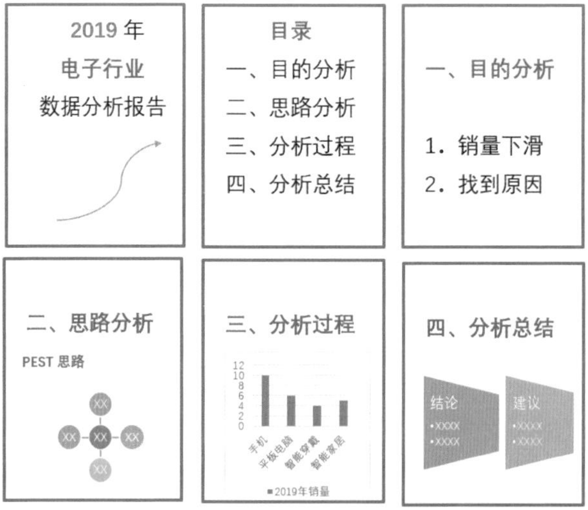

图1-20 Word报告示意图

如果数据分析报告需要在会议室、展会等公共场所演示，则可以选择使用PPT制作报告。PPT报告以图片为主，文字为辅。其框架如图 1-21所示。

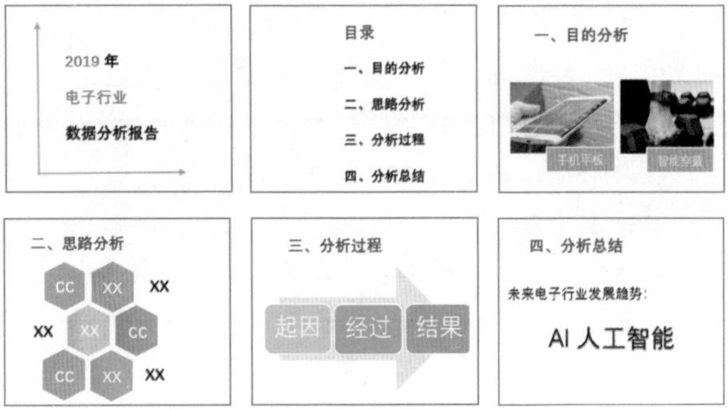

图1-21 PPT报告示意图

1.3 巧用Excel数据分析工具库

小李

张经理，这几个月的数据分析表已经发给你了，你查收一下。

张经理

小李，你这个也叫数据分析表？直接叫统计表就可以了吧！

（1）你**对比了去年同期的销售数据**了吗？销量降低了多少？

（2）这么多产品，你难道不能**把重要的产品分为一组**再分析一下？

（3）去年的平均销量是多少？**和这个季度的平均销量差距**是多少？

（4）销量不好的产品，你**分析过是什么原因**了吗？

（5）你这样给我一张明细表，我怎么能看出到底哪个销量好，哪个销量不好？我**不要看过程，只要看结果**。

1.3.1 加载Excel分析工具库

小李

王Sir，Excel分析工具库在哪里呢？我怎么从来没有见过？

王Sir

小李， Excel的【分析工具库】一开始并没有默认显示在选项卡中，你得**从【Excel选项】对话框中加载**才可以。

这是一个在数据分析时使用频率比较高的分析工具库，几种常用的分析工具都在里面，一定要掌握。

Step01：选择【选项】命令。在【文件】选项卡中选择【选项】命令，如图1-22所示。

Step02：单击【转到】按钮。打开【Excel选项】对话框，切换到【加载项】选项卡，在【Excel加载项】右侧单击【转到】按钮，如图1-23所示。

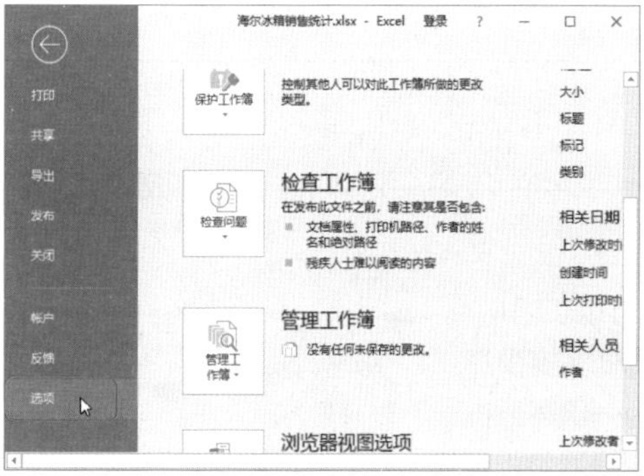

图1-22　选择【选项】命令

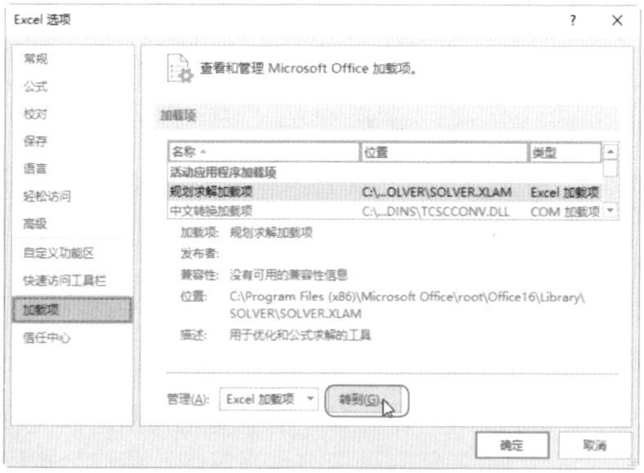

图1-23　单击【转到】按钮

Step03：勾选【分析工具库】复选框。打开【加载项】对话框，❶勾选【分析工具库】复选框，❷单击【确定】按钮，如图1-24所示。

Step04：查看功能按钮。返回工作表中，即可查看【数据】选项卡中增加了【数据分析】功能，如图1-25所示。

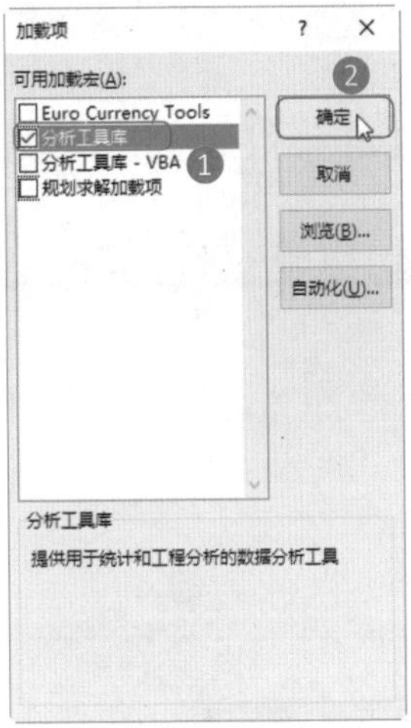

图1-24 勾选【分析工具库】复选框

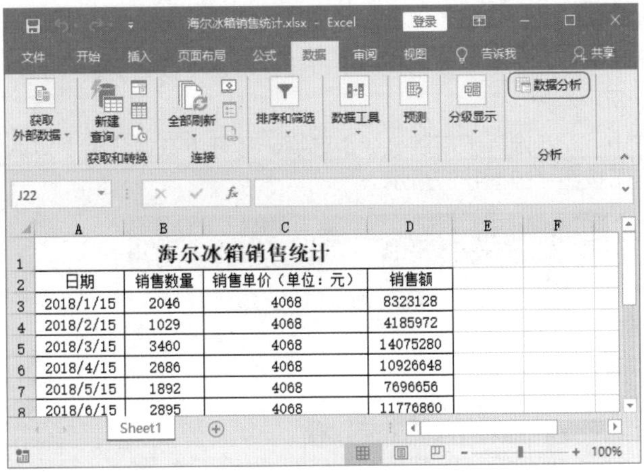

图1-25 查看功能按钮

1.3.2 描述性统计分析

小李

王Sir，张经理要求我根据这次新员工考核的成绩统计出员工成绩的特点，用来分析这次新员工培训的效果，应该怎么办？

王Sir

小李，你可以用描述统计分析工具来分析这些数据。

描述统计的作用是描述随机变量的统计规律性，例如某地区的居民消费水平、某产品的用户回馈等。

而随机变量的常用统计量有平均值、标准误差、标准偏差、方差值、最大值、最小值、中值、峰值、众数等。

其中的平均值说明了随机变量的集训程度；方差值说明了随机变量相对于平均值的离散程序，是最常用的两个统计量。

例如，要在“新进员工考核表”中使用描述统计工具计算平均值、方差值和标准差等统计量，操作方法如下。

Step01：单击【数据分析】按钮。单击【数据】选项卡的【分析】组中的【数据分析】按钮，如图1-26所示。

Step02：选择【描述统计】选项。打开【数据分析】对话框，❶选择【描述统计】选项，❷单击【确定】按钮，如图1-27所示。

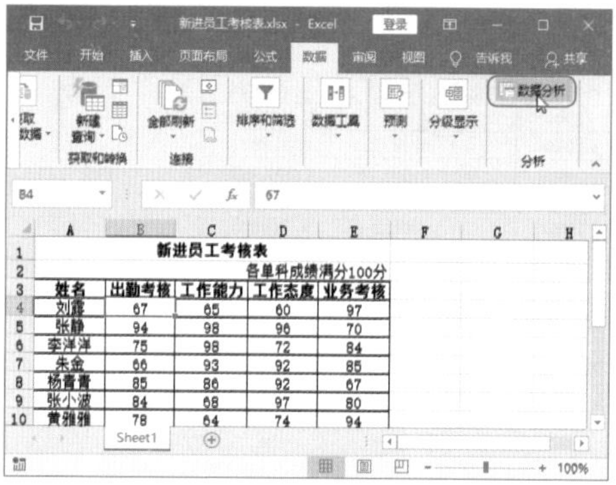

图1-26 单击【数据分析】按钮

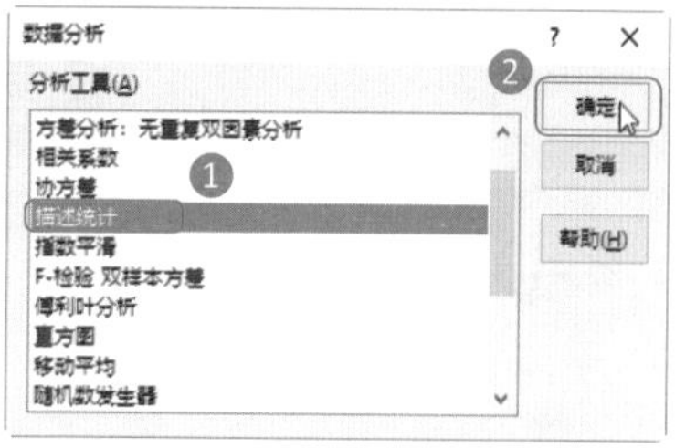

图1-27 选择【描述统计】选项

Step03：设置相关参数。打开【描述统计】对话框，❶在【输入】区域选择需要分析的成绩所在的单元格区域，本例选择B3:E14单元格区域，❷勾选【标志位于第一行】复选框，❸在【输出选项】栏选择输出区域，本例选择【新工作表组】单选按钮，❹勾选【汇总统计】复选框，❺单击【确定】按钮，如图1-28所示。

Step04：查看分析结果。返回工作表中，即可查看到描述统计结果已经存放在新工作表中了，如图1-29所示。从分析结果可以看出，工作能力中的平均值为81.4，中位数为82，平均值与中位数相差较小，说明成绩分布比较正常。而在工作态度的成绩中，平均值与中位数相差较大，众数与中位数均为92，偏度达到-1.34166，说明该项成绩偏高，可能是考核标准较低，可以相对提高考核难度。

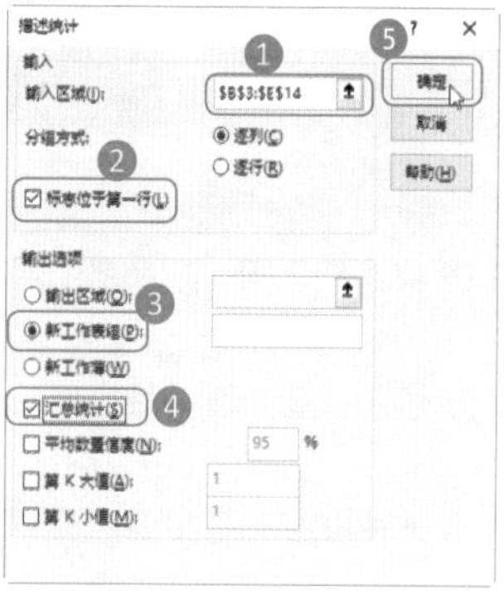

图1-28 设置相关参数

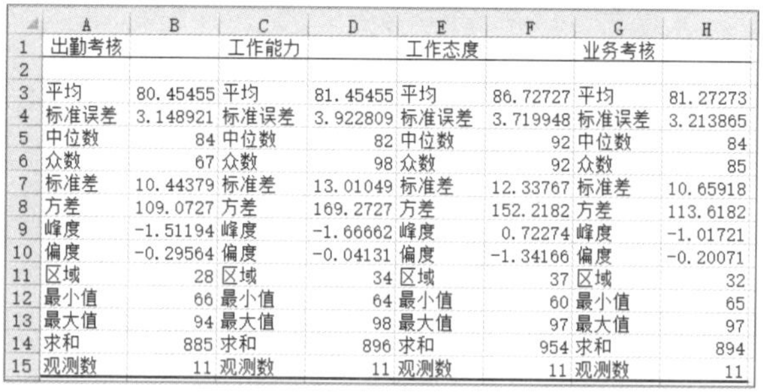

	A	B	C	D	E	F	G	H
1	出勤考核		工作能力		工作态度		业务考核	
2								
3	平均	80.45455	平均	81.45455	平均	86.72727	平均	81.27273
4	标准误差	3.148921	标准误差	3.922809	标准误差	3.719948	标准误差	3.213865
5	中位数	84	中位数	82	中位数	92	中位数	84
6	众数	67	众数	98	众数	92	众数	85
7	标准差	10.44379	标准差	13.01049	标准差	12.33767	标准差	10.65918
8	方差	109.0727	方差	169.2727	方差	152.2182	方差	113.6182
9	峰度	-1.51194	峰度	-1.66662	峰度	0.72274	峰度	-1.01721
10	偏度	-0.29564	偏度	-0.04131	偏度	-1.34166	偏度	-0.20071
11	区域	28	区域	34	区域	37	区域	32
12	最小值	66	最小值	64	最小值	60	最小值	65
13	最大值	94	最大值	98	最大值	97	最大值	97
14	求和	885	求和	896	求和	954	求和	894
15	观测数	11	观测数	11	观测数	11	观测数	11

图1-29 查看分析结果

1.3.3 直方图

小李

王Sir，我看到上次的报告除了分析报告之外还有一个直方图，能不能也教我做一下。

王Sir

小李，没问题。

直方图虽然也可以通过函数和图表向导来完成，但是使用【直方图】工具会更加简单方便。

例如，要在“直方图”工作簿中将员工考核成绩中的“业务考核”分为5组创建直方图，操作方法如下。

Step01：单击【数据分析】按钮。在工作表中设置组距，按成绩的优、良、中、差和不及格来分类，单击【数据】选项卡的【分析】组中的【数据分析】按钮，如图1-30所示。

Step02：选择【直方图】选项。打开【数据分析】对话框，❶选择【直方图】选项，❷单击【确定】按钮，如图1-31所示。

技能升级

不能将成绩设为60、70……，因为这样会将刚刚及格的60分统计到不及格区域，把原本“中”的70分统计到及格区域。

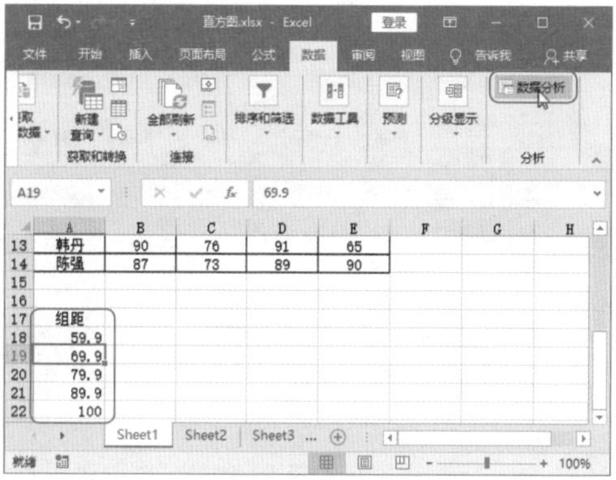

图1-30 单击【数据分析】按钮

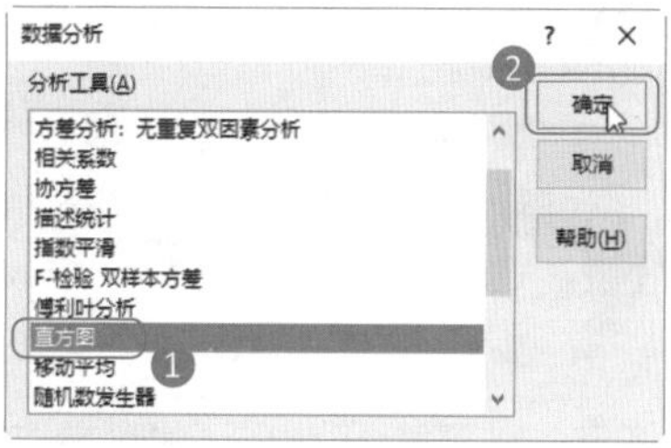

图1-31 选择【直方图】选项

Step03：设置相关参数。打开【直方图】对话框，❶在【输入】栏设置输入区域（创建直方图的成绩所在区域，本例为E4:E14）和接收区域（本例为A18:A22），❷在【输出选项】栏选择输出位置，本例为【新工作表组】单选按钮，❸勾选【图表输出】复选框，❹单击【确定】按钮，如图1-32所示。

Step04：查看结果。返回工作表，即可查看到直方图已经创建，如图1-33所示。在直方图的分析结果中，【频率】代表的数据为【频数】，59.9的频率是0，说明成绩在60分以下的人数为0个，100的频率是3，说明从90~100的成绩有3个。

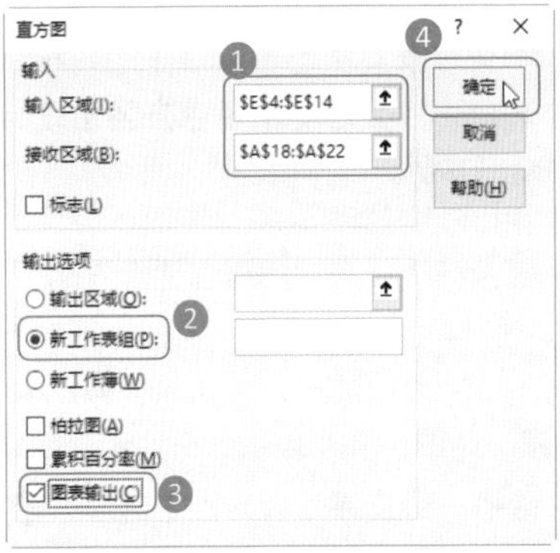

图1-32 设置相关参数

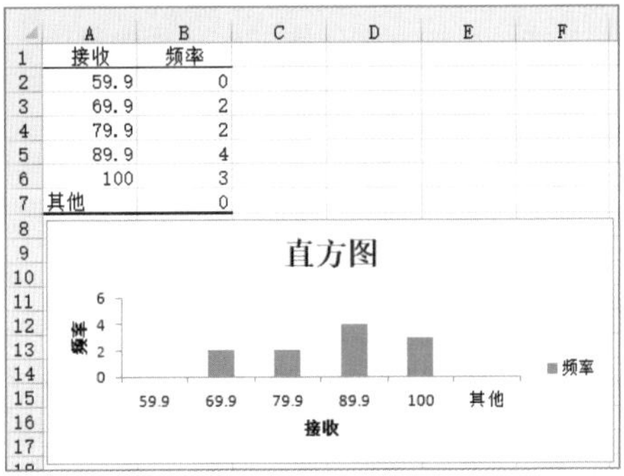

图1-33 查看结果

1.3.4 方差分析工具

张经理

小李，销售部调查了几种促销方式的商品销售数据，你分析一下哪一种促销方式最合适。

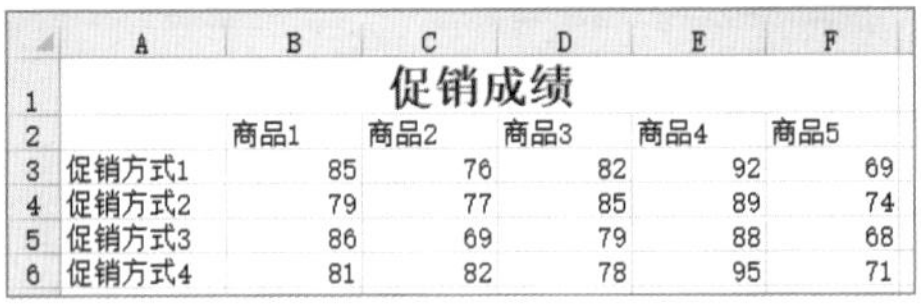

促销成绩

	商品1	商品2	商品3	商品4	商品5
促销方式1	85	76	82	92	69
促销方式2	79	77	85	89	74
促销方式3	86	69	79	88	68
促销方式4	81	82	78	95	71

小李

王Sir，这可怎么分析呀，我看着数据都差不多呀，应该根据什么来分析呢？总销量吗？

王Sir

小李，不要着急，既然销售成绩有好有坏，肯定是有迹可循。
你不妨使用【方差分析】工具来分析一个或多个因素在不同水平对总体的影响。

例如，要在“方差分析”工作簿中使用【方差分析】工具分析各促销方式对销量的影响，操作方法如下。

Step01：单击【数据分析】按钮。单击【数据】选项卡的【分析】组中的【数据分析】按钮，如图1-34所示。

Step02：选择【方差分析：单因素方差分析】选项。打开【数据分析】对话框，❶选择【方差分析：单因素方差分析】选项，❷单击【确定】按钮，如图1-35所示。

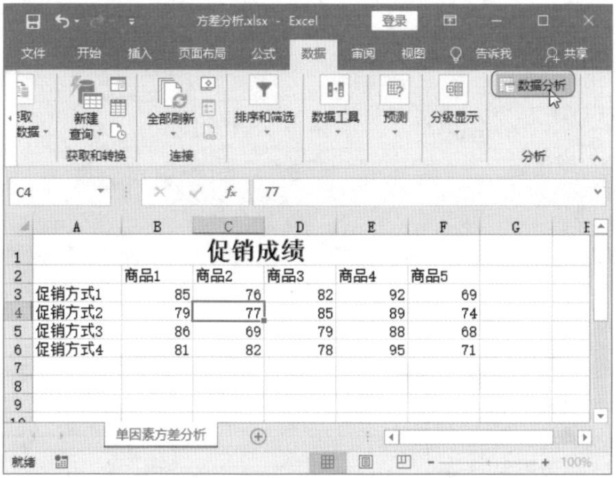

图1-34 单击【数据分析】按钮

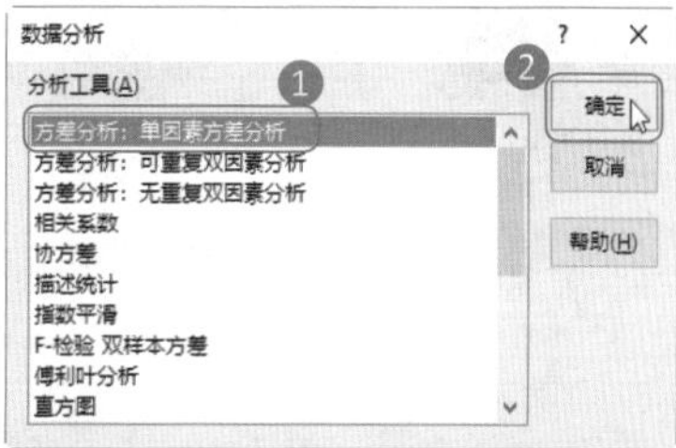

图1-35 选择【方差分析：单因素方差分析】选项

Step03：设置相关参数。打开【方差分析：单因素方差分析】对话框，❶在【输入区域】设置数据区域，本例为A3:F6，❷在【分组方式】中选择【行】单选按钮，❸勾选【标志位于第一列】复选框，❹设置【输出区域】，本例选择A8，❺单击【确定】按钮，如图1-36所示。

Step04：查看结果。返回工作簿中，即可查看到分析结果，如图1-37所示。方差分析结果分为两部分：❶第一部分为总括，只需关注【方差】值的大小，值越小越稳定。从结果中可以看出，【促销方式2】的方差为37.2，值最小，促销成绩最稳定。❷第二部分是方差分析结果，需要关注P值的大小，值越小代表区域越大，如果P值小于0.05，则需要继续深入分析下去；P值大于0.05，则说明所有组别没有差别，不用再进行深入比较和分析。本例的P值为0.916128，大于0.05，说明促销成绩比较客观。

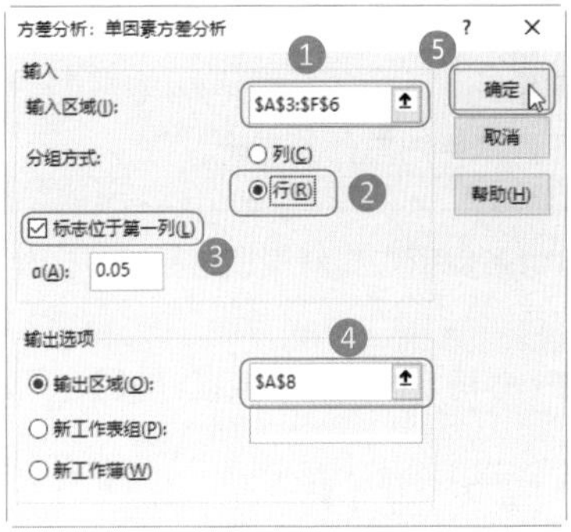

图1-36 设置相关参数

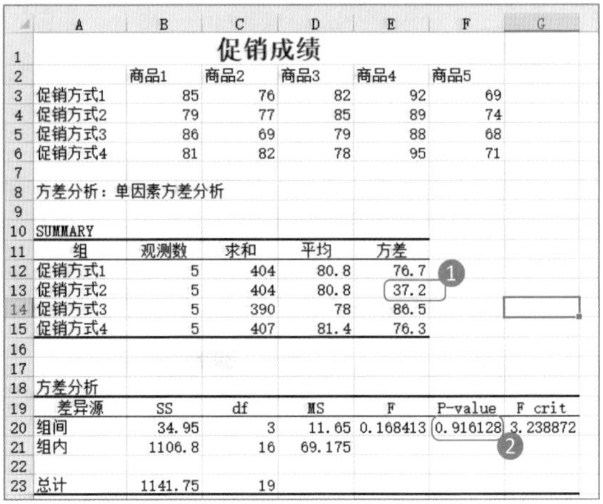

	A	B	C	D	E	F	G
1	促销成绩						
2		商品1	商品2	商品3	商品4	商品5	
3	促销方式1	85	76	82	92	69	
4	促销方式2	79	77	85	89	74	
5	促销方式3	86	69	79	88	68	
6	促销方式4	81	82	78	95	71	
7							
8	方差分析：单因素方差分析						
9							
10	SUMMARY						
11	组	观测数	求和	平均	方差		
12	促销方式1	5	404	80.8	76.7		
13	促销方式2	5	404	80.8	37.2		
14	促销方式3	5	390	78	86.5		
15	促销方式4	5	407	81.4	76.3		
16							
17							
18	方差分析						
19	差异源	SS	df	MS	F	P-value	F crit
20	组间	34.95	3	11.65	0.168413	0.916128	3.238872
21	组内	1106.8	16	69.175			
22							
23	总计	1141.75	19				

图1-37 查看结果

1.3.5 指数平滑

王Sir，如果我要通过前几年的生产量，预测今年的生产量，可以用什么方法呢？

小李，**可以使用指数平滑工具，通过加权平均的方法对未来的数据进行预测。**

但是，对于初学者来说，使用指数平滑工具需要具备一些统计学概念。那么，你首先要明白使用指数平滑工具的步骤。

在使用指数平滑工具预测未来值时，首先要确定阻尼系数，而这个系数通常用*a*来表示。那么如何确定*a*的值呢？

*a*的大小规定了在新预测值中新数据和原预测值所占的比例，所以*a*值越大，新数据所占的比例就越

大，原预测值所占的比例就越小。而在确定a值时，可以通过已知数据的规律来确定a值的范围。

» 数据波动不大，比较平稳时，应将a值取小，如0.05~0.2。

» 数据有波动，但整体波动不明显，a值可以取0.1~0.4。

» 数据波动较大，有明显的上升和下降趋势，a值可取0.5~0.8。

但是，在实际应用中，也不需要完全按照以上的方法来设定a值，可以选择几个a值进行计算，然后选择预测误差较小的作为最终a值。

在使用指数平滑工具预测未来值时，还要根据数据的趋势线条选择平滑次数。

» 一次平滑：适用于无明显变化趋势的数列，其计算公式为$S_t^1=a\times X_1+(1-a)S_t-1^1$。

» 二次平滑：建立在一次平滑的基础上，适用于直线变化趋势的数列，其计算公式为$S_t^2=a\times S_t^1+(1-a)S_t-1^2$。

» 三次平滑：建立在二次平滑的基础上，适用于二次曲线变化的数列，其计算公式为$S_t^3=a\times S_t^2+(1-a)S_t-1^3$。

例如，要在“预测产品生产量”工作簿中通过【指数平滑】工具预测2019年的产量，操作方法如下。

Step01：单击【数据分析】按钮。单击【数据】选项卡的【分析】组中的【数据分析】按钮，如图1-38所示。

Step02：选择【指数平滑】选项。打开【数据分析】对话框，❶选择【指数平滑】选项，❷单击【确定】按钮，如图1-39所示。

图1-38 单击【数据分析】按钮

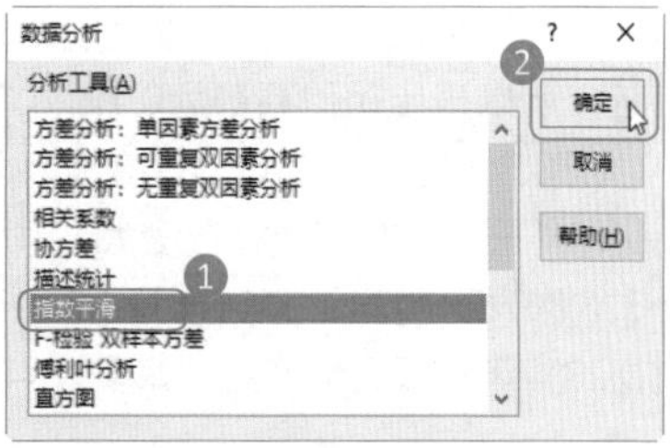

图1-39 选择【指数平滑】选项

Step03：设置相关参数。打开【指数平滑】对话框，❶在【输入】栏设置【输入区域】，❷设置【阻尼系数】为【0.1】，❸在【输出选项】栏设置【输出区域】，❹勾选【图表输出】复选框，❺单击【确定】按钮，如图1-40所示。

Step04：查看趋势线。此时，可以查看到阻尼系数为【0.1】时图表的趋势情况，如图1-41所示。

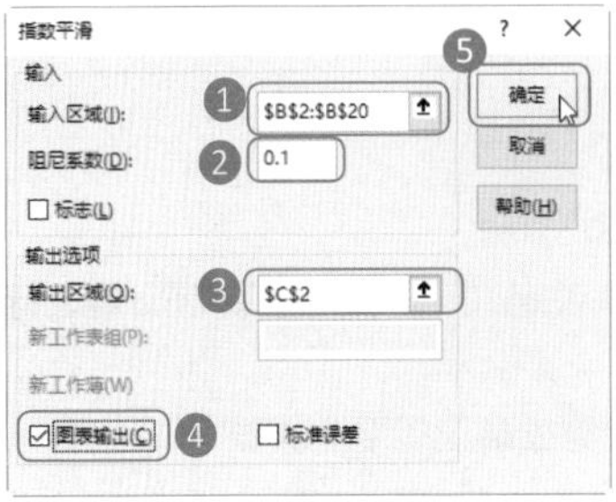

图1-40 设置相关参数

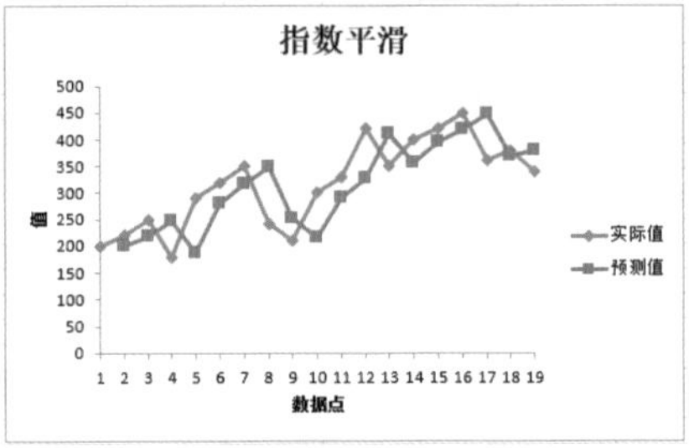

图1-41 查看趋势线（1）

Step05：查看趋势线。使用相同的方法设置【阻尼系数】为【0.3】，完成后图表的趋势情况如图1-42所示。

Step06：查看趋势线。使用相同的方法设置【阻尼系数】为【0.5】，完成后图表的趋势情况如图1-43所示。

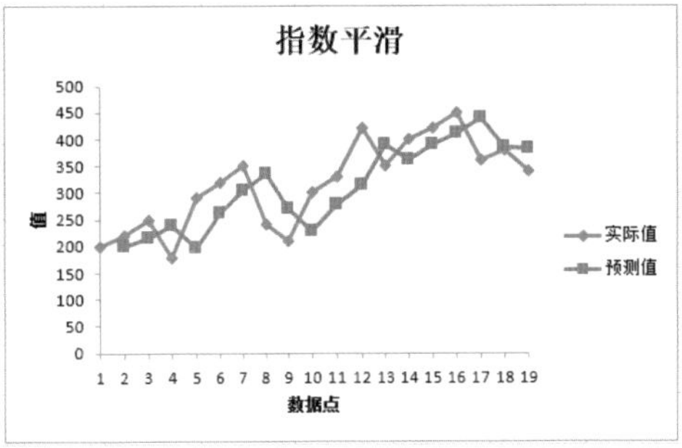

图1-42 查看趋势线（2）

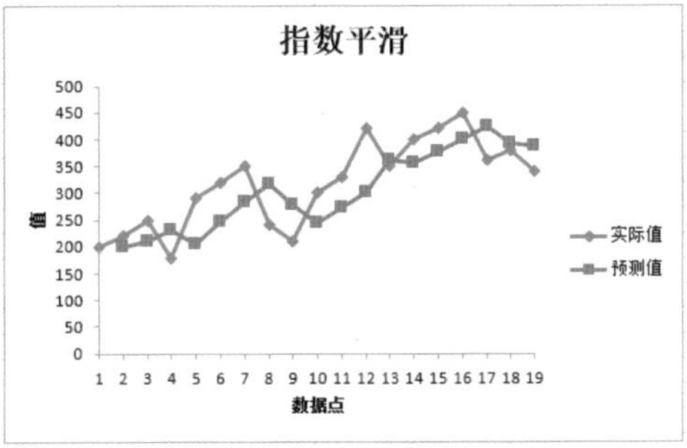

图1-43 查看趋势线（3）

Step07：计算结果。对比三次指数平滑的趋势线，发现阻尼系数为0.1时，预测值和实际值最接近，所以确定阻尼系数为0.1时，预测的误差最小。所以，使用阻尼系数为0.1套入公式计算：$S_{t}^{1}=a\times X_{1}+(1-a)S_{t}-1^{1}$，计算方法为：=0.1*340+(1-0.1)*378.8676，得出计算结果374.98084，这个数值就是2019年的预测生产量，如图1-44所示。

B21 =0.1*340+(1-0.1)*378.8676

	A	B	C	D	E
1	生产年度	生产量（万件）	a=0.1	a=0.3	a=0.5
2	2000	200	#N/A	#N/A	#N/A
3	2001	220	200	200	200
4	2002	250	218	214	210
5	2003	180	246.8	239.2	230
6	2004	290	186.68	197.76	205
7	2005	320	279.668	262.328	247.5
8	2006	350	315.9668	302.6984	283.75
9	2007	240	346.5967	335.8095	316.875
10	2008	210	250.6597	268.7429	278.4375
11	2009	300	214.066	227.6229	244.2188
12	2010	330	291.4066	278.2869	272.1094
13	2011	420	326.1407	314.4861	301.0547
14	2012	350	410.6141	388.3458	360.5273
15	2013	400	356.0614	361.5037	355.2637
16	2014	420	395.6061	388.4511	377.6318
17	2015	450	417.5606	410.5353	398.8159
18	2016	360	446.7561	438.1606	424.408
19	2017	380	368.6756	383.4482	392.204
20	2018	340	378.8676	381.0345	386.102
21	2019	374.98084			

图1-44 计算结果

技能升级

如果进行一次平滑计算之后，得到的趋势线是直线，那就需要进行二次平滑。二次平滑的方法与一次平滑相同，但是在设置输入区域时，应该注意输入区域为一次平滑后的结果区域。如果要进行三次平滑，那三次平滑的输入区域则为二次平滑的结果区域。

1.3.6 移动平均

王Sir

小李，我再教你一招——移动平均。这是一种简单平滑预测方法，与指数平滑一样，也可以用来预测未来值。

小李

移动平均又是通过什么原理来预测的呢？我要先知道原理，才好选择用哪种分析工具呀。

王Sir

移动平均是**通过分析变量的时间发展趋势进行预测**，通过时间的推进，依次计算出一定期数内的平均值，形成平均值时间序列，从而反映对象的发展趋势，进而实现未来值预测。

例如，在“预测产品销售额”工作簿中使用【移动平均】工具预测2019年的销售额，操作方法如下。

Step01：单击【数据分析】按钮。单击【数据】选项卡的【分析】组中的【数据分析】按钮，如图1-45所示。

Step02：选择【移动平均】选项。打开【数据分析】对话框，❶选择【移动平均】选项，❷单击【确定】按钮，如图1-46所示。

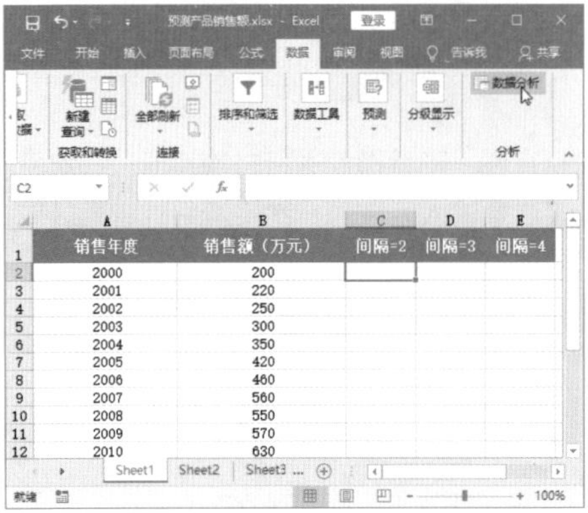

图1-45 单击【数据分析】按钮

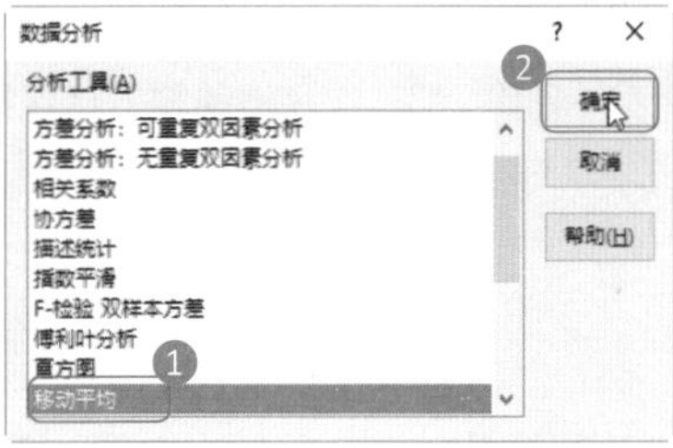

图1-46 选择【移动平均】选项

Step03：设置相关参数。打开【移动平均】对话框，❶在【输入】栏设置输入区域，勾选【标志位于第一行】复选框，并设置【间隔】为【2】，❷在【输出选项】栏设置输出区域，❸勾选【图表输出】复选框，❹单击【确定】按钮，如图1-47所示。

Step04：查看趋势线。此时，可以查看到间隔为【2】时图表的趋势情况，如图1-48所示。

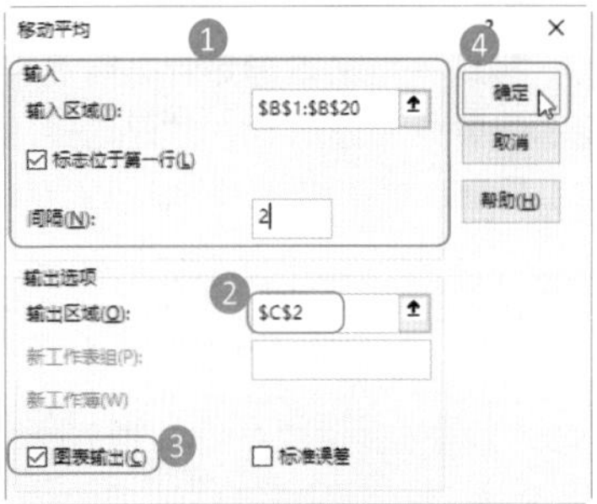

图1-47 设置相关参数

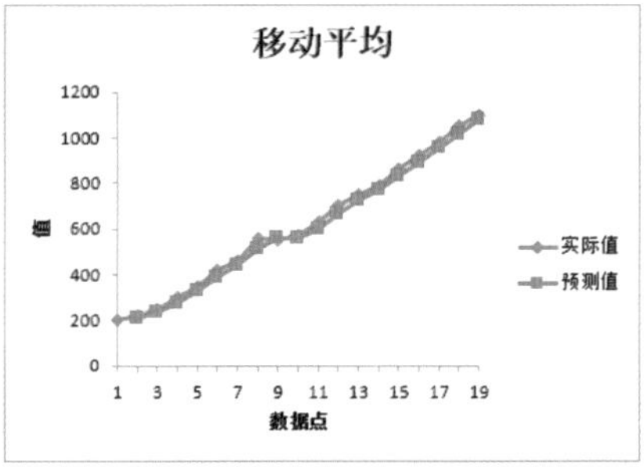

图1-48 查看趋势线（1）

Step05：查看趋势线。使用相同的方法，设置间隔为【3】时，图表的趋势情况如图1-49所示。

Step06：查看趋势线。使用相同的方法，设置间隔为【4】时，图表的趋势情况如图1-50所示。

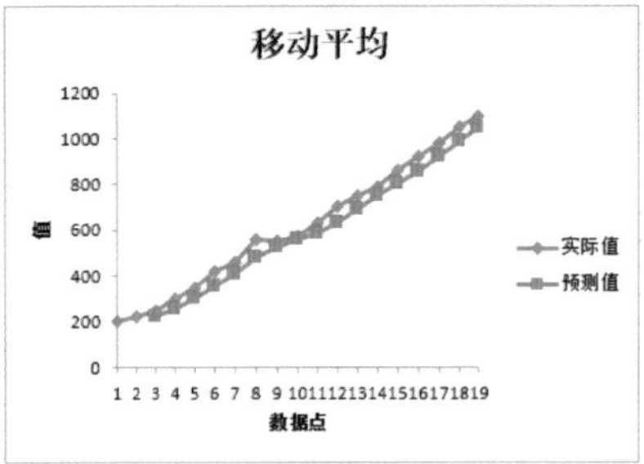

图1-49 查看趋势线（2）

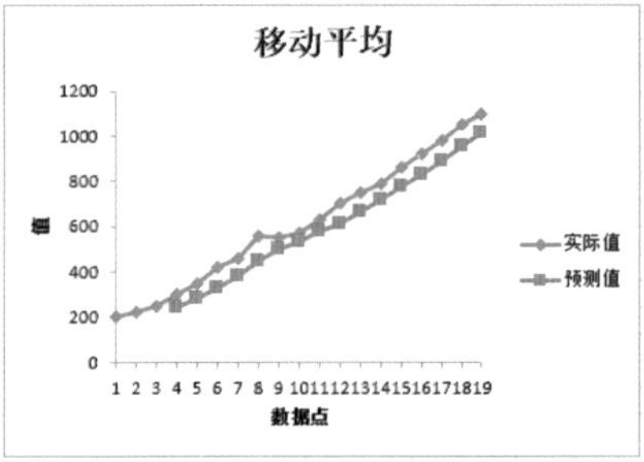

图1-50 查看趋势线（3）

Step07：计算结果。对比三次移动平均的趋势线，发现间隔为2时，预测的误差最小。所以，使用2017年+2018年的移动平均值除以2（如果间隔为3，则取前3年数值的平均值，以此类推），得出计算结果为1045，这个数值就是2019年的预测销售额，如图1-51所示。

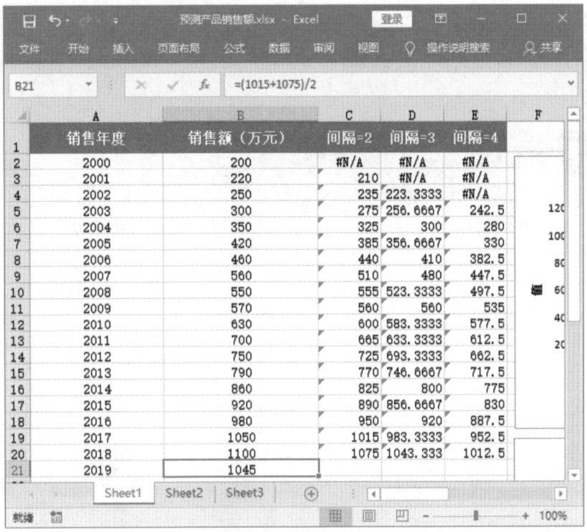

预测产品销售额.xlsx - Excel

B21 =(1015+1075)/2

销售年度	销售额（万元）	间隔=2	间隔=3	间隔=4
2000	200	#N/A	#N/A	#N/A
2001	220	210	#N/A	#N/A
2002	250	235	223.3333	#N/A
2003	300	275	256.6667	242.5
2004	350	325	300	280
2005	420	385	356.6667	330
2006	460	440	410	382.5
2007	560	510	480	447.5
2008	550	555	523.3333	497.5
2009	570	560	560	535
2010	630	600	583.3333	577.5
2011	700	665	633.3333	612.5
2012	750	725	693.3333	662.5
2013	790	770	746.6667	717.5
2014	860	825	800	775
2015	920	890	856.6667	830
2016	980	950	920	887.5
2017	1050	1015	983.3333	952.5
2018	1100	1075	1043.333	1012.5
2019	1045			

图1-51 计算结果

1.3.7 抽样分析

小李

王Sir，这次的样品太多了，不可能每样都检测呀，怎样才能公平地随机抽取呢？

王Sir

小李，用【抽样】工具呀。

使用【抽样】工具，可以**从众多数据中创建一个样本数据组**。在抽样时，如果数据呈周期性分布，可以选择周期抽取；如果数据量太多，也没有规律，可以随机抽取。

例如，企业要在众多员工中抽取8位进行员工满意度调查，现在，在“抽样”工作簿中随机抽取8位员工的编号，操作方法如下。

Step01：单击【数据分析】按钮。单击【数据】选项卡的【分析】组中的【数据分析】按钮，如图1-52所示。

Step02：选择【抽样】选项。打开【数据分析】对话框，❶选择【抽样】选项，❷单击【确定】按钮，如图1-53所示。

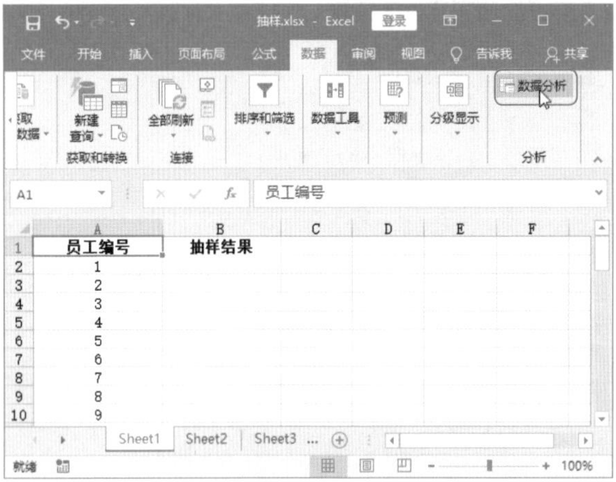

图1-52 单击【数据分析】按钮

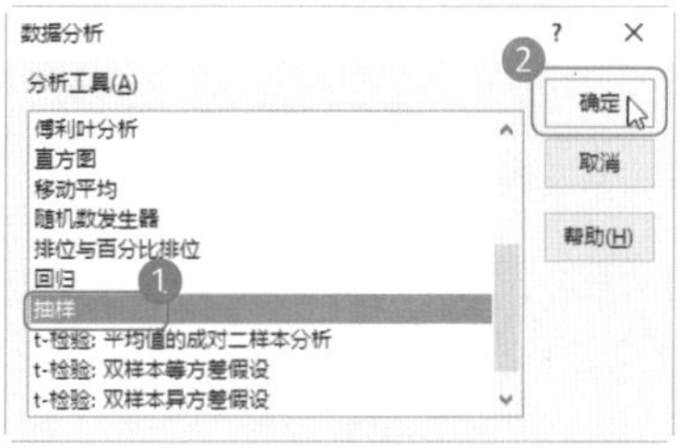

图1-53 选择【抽样】选项

Step03：设置相关参数。打开【抽样】对话框，❶在【输入】栏设置输入区域，❷在【抽样方法】栏选择【随机】，在【样本数】文本框中输入【8】，❸在【输出选项】栏设置输出区域，❹单击【确定】按钮，如图1-54所示。

Step04：查看结果。返回工作表中，即可查看到已经随机抽取了8位员工编号，如图1-55所示。

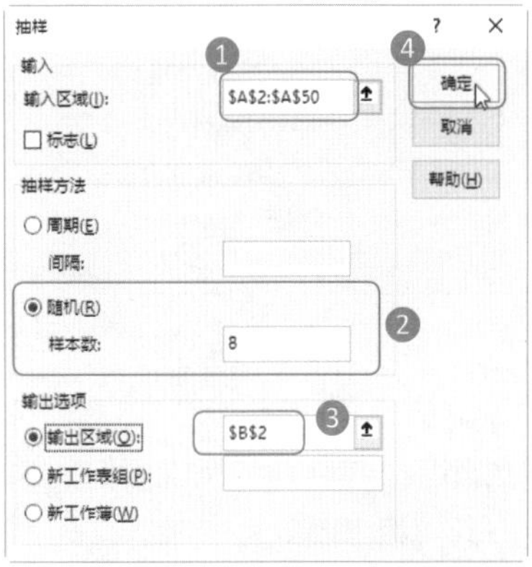

图1-54 设置相关参数

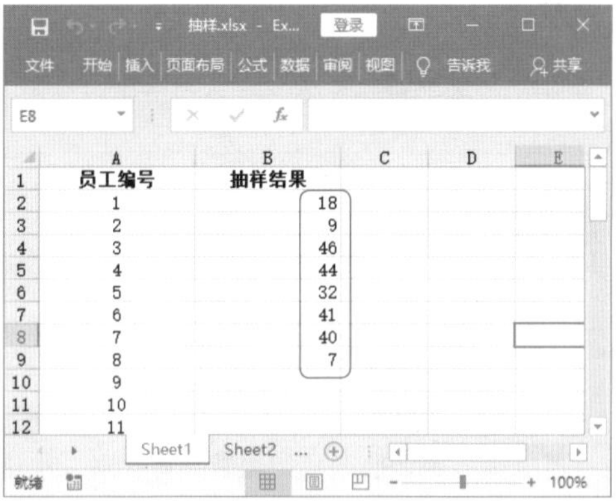

图1-55 查看结果

CHAPTER 2

讲究效率，数据输入有神技

我一直认为自己的打字速度快，录入数据的速度肯定没有问题。可是，当我真正开始录入数据时，却发现要么速度比别人慢，要么错误比别人多。

当我意识到自己的问题时，赶紧请教同事，他们告诉我，录入数据也是有技巧的。

有规律的数据填充输入、特殊数据特殊输入、重复的数据复制粘贴、外部数据可以导入……

不耻下问是美德，不要埋头苦干，技巧才是提升的关键。

小 李

数据是支撑数据分析的灵魂，在数据分析之前，首先要学会怎样录入数据。

很多人都觉得录入数据很简单，只要对键盘熟悉，飞速录入不是梦。

可是，为什么同样的工作量，有的人录入速度120字/分钟需要加班到10点，而有的人录入速度60字/分钟却能按时下班呢？

其实，在录入数据的过程中有很多技巧，填充、复制粘贴、查找替换、数据导入等，无一不是提高工作效率的好帮手。

王 Sir

2.1 批量数据，简单输入

小李

张经理，明天开会要用的资料我明天一早一定交给你，数据太多，我录入起来有点难度。不过您放心，晚上我会加班完成的。

张经理

小李，你的工作态度我还是认可的，可是你这个效率一直以来却没有改善。

这次的数据我知道看起来虽然很多，但是有很多重复数据，录入起来很简单啊，你难道不会批量输入吗？

（1）规律的数据，用**填充柄**。

（2）相同的数据，用**Ctrl+Enter**。

（3）重复的型号，用**记忆功能**。

（4）从其他表格中合并的数据，直接**删除重复项**就可以用了。

难道这么简单的事情，你还需要加班来完成吗？

小 李

谢谢您的指点，原来数据输入有这么多的技巧，我马上就去完成！

2.1.1 规律数据，拖曳填充

小 李

王Sir，工号数据太多了，我一不小心就会输错，有输入秘诀吗？

王Sir

小李，难道你一直都是用键盘挨着敲上去的吗？

Excel可是有一个填充的功能，只要用鼠标拖两下，**有规律的数据就可以自动填充**，用来输入工号不是正好吗？

在Excel工作簿中输入数据时，最常用的方法是将光标定位到Excel工作表中，然后输入数据。可是，当面对众多有规律，而且较长的序号时，也要一个一个地输入吗？这时，使用Excel的填充功能，可以轻松完成数据输入。

1 左键拖曳填充

例如，在“员工信息表”工作簿中，员工的工号前段基本相同，在输入时，就可以通过左键拖曳来完成，操作方法如下。

Step01：输入工号。❶在单元格中输入工号，选中该单元格，然后将光标移动到该单元格的右下角，❷当光标变为＋时，按下鼠标不放并拖动，如图2-1所示。

Step02：拖动鼠标。拖动到合适的位置后，释放鼠标左键，即可看到数据已经填充，如图2-2所示。

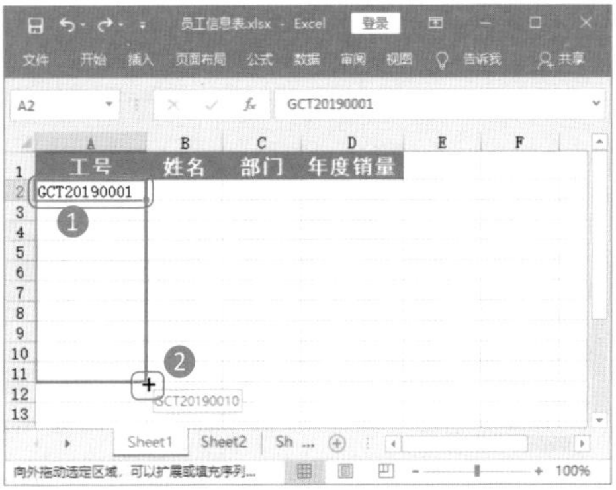

图2-1 输入工号

图2-2 拖动鼠标

温馨提示

在拖动的过程中，右下角会出现一个数字，为提示拖曳序列到当前单元格的数值。

在拖动完成后，右下角会出现拖曳填充柄到目标单元格，释放鼠标后，将出现一个【自动填充选项】按钮。单击这个按钮，就可以展开填充选项列表，选择其中的选项，就可以轻松改变数据的填充方式，如图2-3所示。

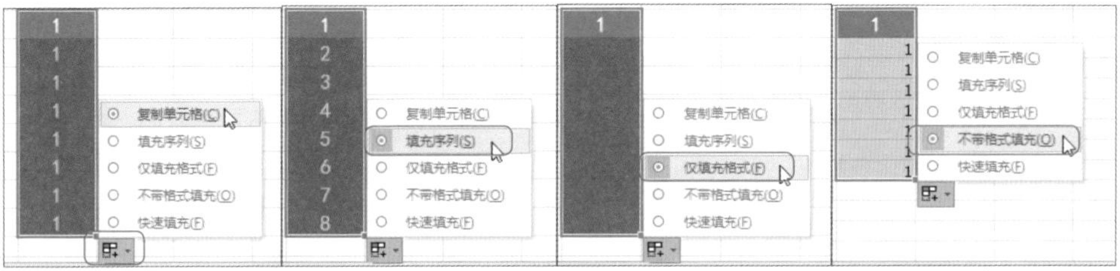

图2-3 自动填充选项

2 右键拖曳填充

使用鼠标右键拖曳同样也可以填充数据，但是与使用鼠标左键不同，按住鼠标右键拖曳Excel填充柄到目标单元格，释放鼠标后，将弹出一个快捷菜单，在这个快捷菜单中，有更多的惊喜等着你去发现。

例如，要在“考勤表”中输入工作日，如果使用左键拖曳，只会依次填充日期，以前很多人都是这样填充，然后再删除周六、周日的日期。可是，使用右键填充一切都变得更简单，操作方法如下。

Step01：选择【序列】命令。❶输入起始日期，然后使用鼠标右键拖曳填充柄到合适的位置，❷在弹出的快捷菜单中选择【序列】命令，如图2-4所示。

Step02：选择序列类型。打开【序列】对话框，❶在【类型】选项组中选择【日期】单选按钮，❷在【日期单位】选项组中选择【工作日】单选按钮，❸单击【确定】按钮，如图2-5所示。

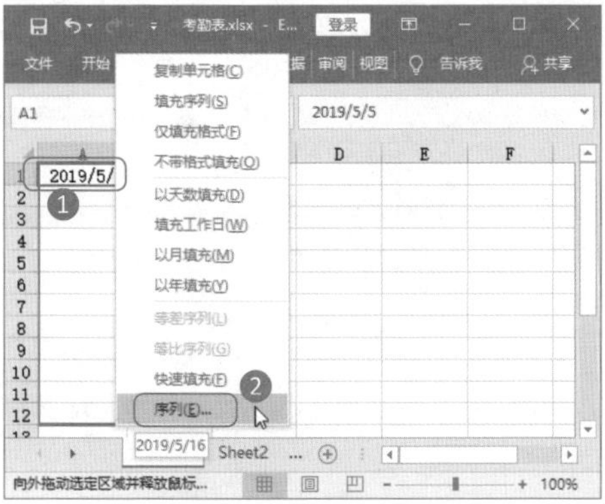

图2-4　选择【序列】命令

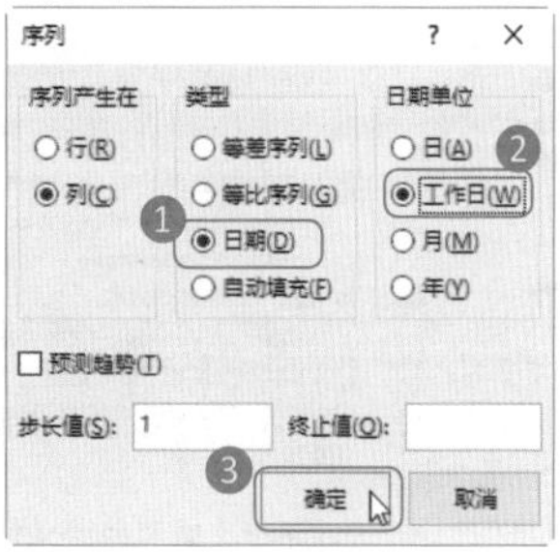

图2-5　选择序列类型

Step03：查看填充效果。返回工作表中，即可查看到日期自动避开了周六、周日进行填充，如图2-6所示。

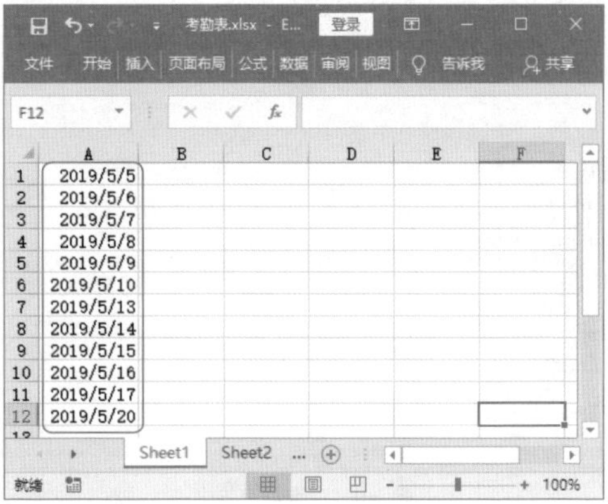

图2-6　查看填充效果

3 自定义填充序列

在编辑工作表数据时，经常需要填充序列数据。Excel提供了一些内置序列，用户可直接使用。对于经常使用而内置序列中没有的数据序列，则需要自定义数据序列，以后便可以填充自定义的序列，从而加快数据的输入速度。

例如，要自定义序列【助教、讲师、副教授、教授】序列，具体操作方法如下。

Step01：单击【编辑自定义列表】按钮。打开【Excel选项】对话框，单击【高级】选项卡的【常规】栏中的【编辑自定义列表】按钮，如图2-7所示。

Step02：添加自定义序列。打开【自定义序列】对话框，❶在【输入序列】文本框中输入自定义序列的内容，❷单击【添加】按钮，将输入的数据序列添加到左侧【自定义序列】列表框中，❸依次单击【确定】按钮退出，如图2-8所示。

图2-7 单击【编辑自定义列表】按钮

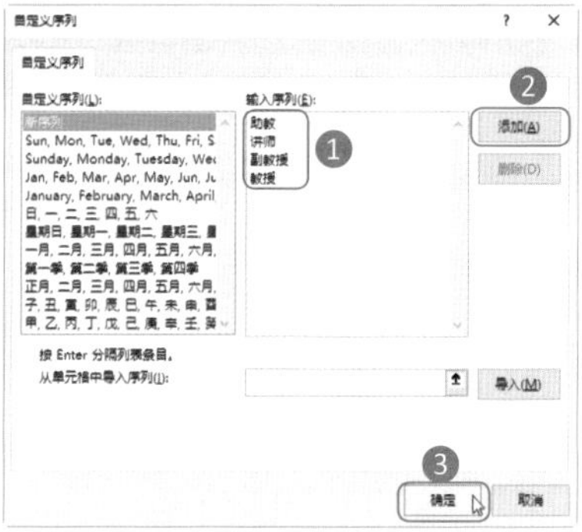

图2-8 添加自定义序列

Step03：查看填充效果。返回工作表中，在单元格中输入自定义序列的第一个内容，再利用填充功能拖动鼠标，即可自动填充自定义的序列，如图2-9所示。

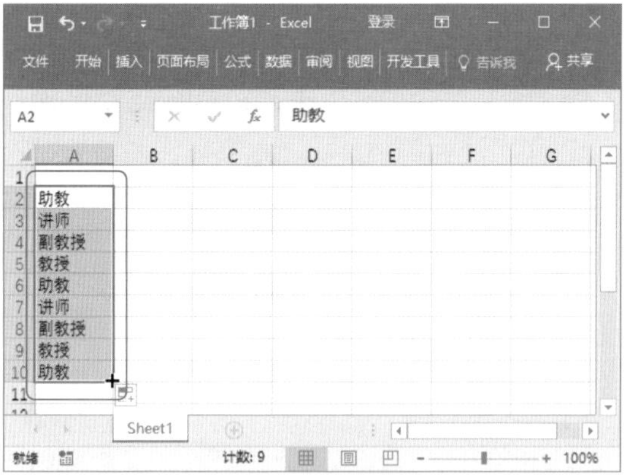

图2-9 查看填充效果

2.1.2 相同数据，快速添加

小李

王Sir，代号输入太麻烦了，数量多，又不连续，不能用填充柄填充，挨个输入花费了我好长时间。

王Sir

小李，你难道不知道Ctrl+Enter组合键的作用吗？

使用Ctrl+Enter组合键，不仅可以在众多选中的单元格中输入数据，还可以在选中的多个工作表中输入相同的数据，掌握了这个技能，在制作表格时速度飞快呀。

1 在多个单元格中输入相同的数据

在输入数据时，有时需要在一些单元格中输入相同的数据，如果逐个输入，非常浪费时间还容易出错，为了提高输入速度，用户可按以下方法在多个单元格中快速输入相同数据。例如，要在“答案”工作簿的多个单元格中输入“A”，具体操作方法如下。

Step01：输入数据。选择要输入“A”的单元格区域，输入“A”，如图2-10所示。

Step02：填充数据。按下Ctrl+Enter组合键确认，即可在选中的多个单元格中输入相同内容，如图2-11所示。

图2-10 输入数据

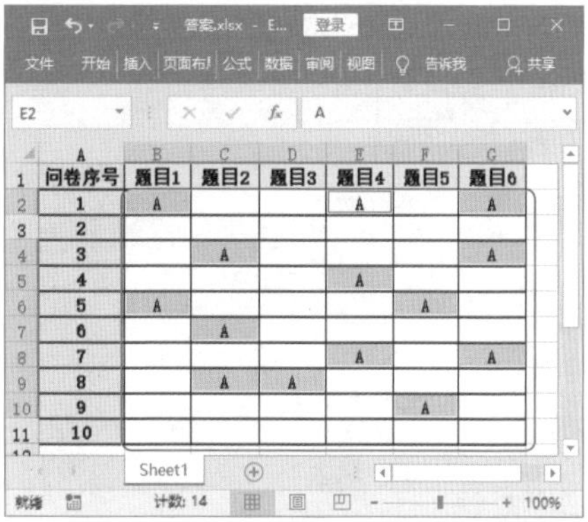

图2-11 填充数据

2 空白单元格一次填充

在使用上面的方法填充数据时，如果要将剩下的空白单元格填充其他的数据，是不是也要依次选中单元格再进行填充呢？当然不用，利用Excel提供的【定位条件】功能选择空白单元格，然后进行填充，简单快捷。

例如，已经在“答案”工作表中输入了A和B的选项，剩下的其他空白单元格只需填入C即可，要想一次性将C填写到其他空白单元格，操作方法如下。

Step01：单击【定位条件】选项。❶在工作表的数据区域中选中任意单元格，❷在【开始】选项卡的【编辑】组中单击【查找和选择】按钮，❸在弹出的下拉列表中单击【定位条件】选项，如图2-12所示。

Step02：选择【空值】单选按钮。弹出【定位条件】对话框，❶选择【空值】单选按钮，❷单击【确定】按钮，如图2-13所示。

图2-12 单击【定位条件】选项

图2-13 选择【空值】单选按钮

Step03：填充空白单元格。返回工作表中，可以看见所选单元格区域中的所有空白单元格呈选中状态，输入需要的数据内容，如“C”，按下Ctrl+Enter组合键，即可快速填充所选空白单元格，如图2-14所示。

图2-14 填充空白单元格

3 在多个工作表中同时输入相同数据

在输入数据时，不仅可以在多个单元格中输入相同内容，还可以在多个工作表中输入相同数据。例如，要在【6月】【7月】和【8月】3张工作表中同时输入相同数据，具体操作方法如下。

Step01：创建新工作表。新建一个名为【新进员工考核表】的空白工作簿，通过新建工作表使工作簿中含有3张工作表，然后将3张工作表分别命名为【6月】【7月】【8月】，如图2-15所示。

Step02：输入数据。❶按住Ctrl键，依次单击工作表对应的标签，从而选中需要同时输入相同数据的多张工作表，在本例中选中【6月】【7月】【8月】3张工作表，❷直接在当前工作表中（如【6月】）输入需要的数据，如图2-16所示。

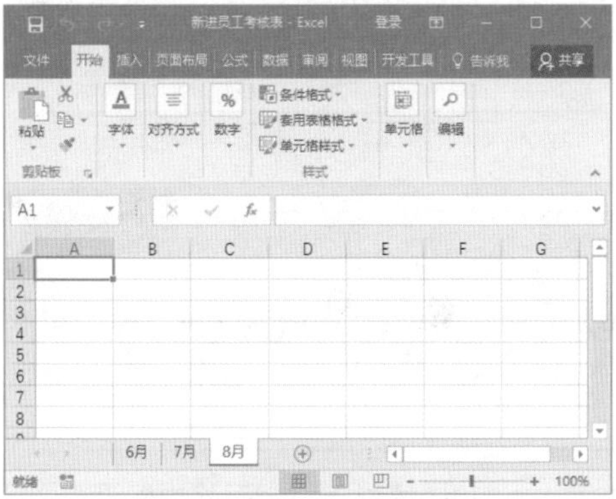

图2-15 创建新工作表

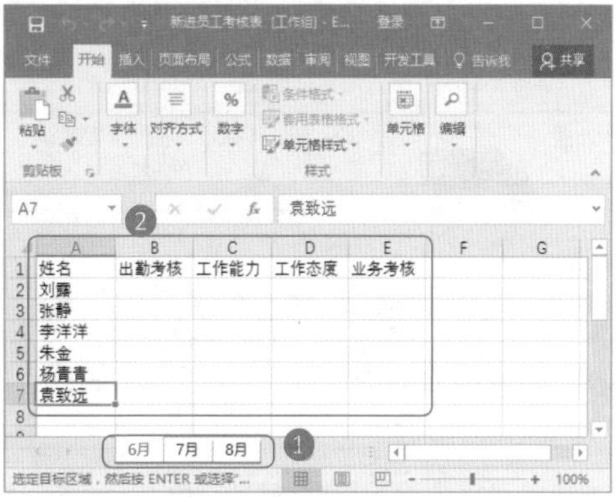

图2-16 输入数据

Step03：取消组合工作表。❶完成内容的输入后，使用鼠标右键单击任意工作表标签，❷在弹出的快捷菜单中选择【取消组合工作表】命令，取消多张工作表的选中状态，如图2-17所示。

Step04：完成输入。切换到【7月】或【8月】工作表，可看到在相同位置输入了相同内容，如图2-18所示。

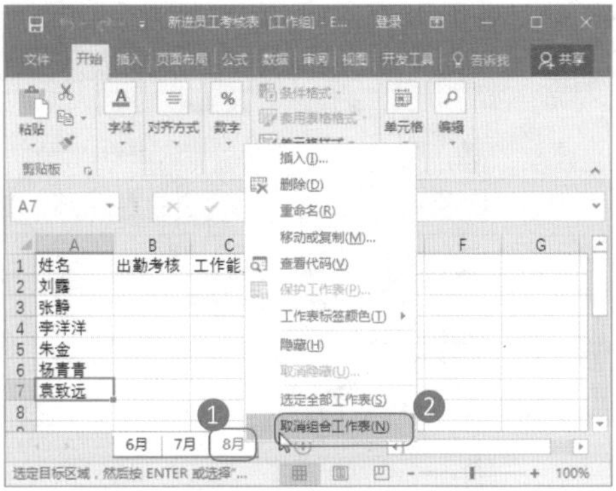

图2-17 取消组合工作表

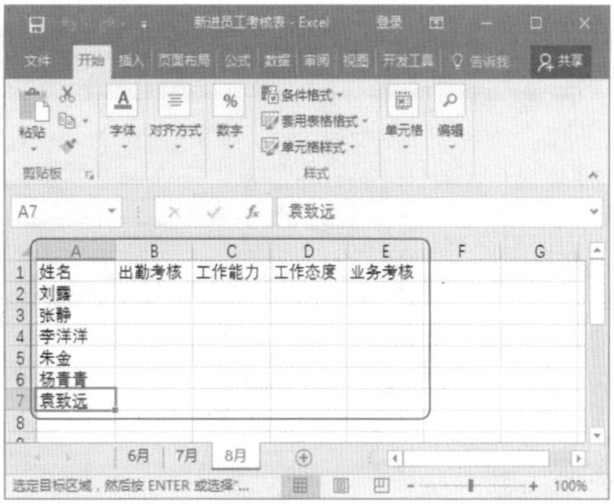

图2-18 完成输入

2.1.3 巧用记忆功能快速输入数据

小李

王Sir，我发现有些产品型号是真的长啊，经常要输入好几次，又不适合用填充的方法来输入，累死我了。

王Sir

小李，已经在工作表中输入过一次的数据，**运用Excel的记忆功能就可以直接选择**了呀？难道你一直都是在手动输入那些商品型号吗？

在单元格中输入数据时可以使用Excel的记忆功能，快速输入与当前列中其他单元格中相同的数据，从而提高输入效率。

例如，要在“销售清单”中输入当前列中其他单元格中的相同数据，操作方法如下。

Step01：选择数据。选中要输入与当前列其他单元格相同数据的单元格，按下Alt+↓组合键，在弹出的下拉列表中将显示当前列的所有数据，此时可选择需要录入的数据，如图2-19所示。

Step02：输入数据。在当前单元格中将自动输入所选数据，如图2-20所示。

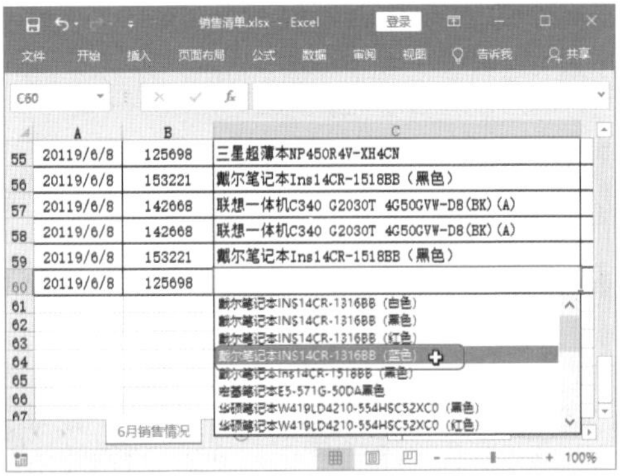

图2-19 选择数据

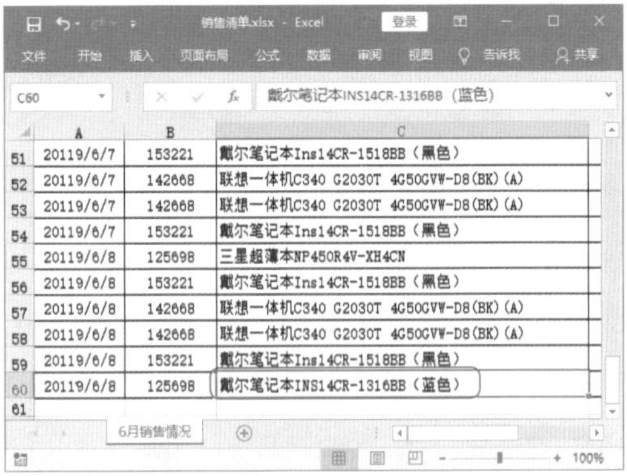

图2-20 输入数据

2.1.4 相同内容，闪电删除

小李

王Sir，在合并几个单元格的数据之后，我发现相同的内容太多了，删除的时候太费事，有什么好方法吗？

王Sir

小李，有重复项可不行，那样分析出来的数据就会有很大的偏差。

你**可以用删除重复项功能，把重复项全部删除**，然后再进行数据分析。

例如，要在“商品型号统计”中删除重复数据，具体操作方法如下。

Step01：单击【删除重复值】按钮。❶在数据区域中选中任意单元格，❷在【数据】选项卡的【数据工具】组中单击【删除重复值】按钮，如图2-21所示。

Step02：选择列。弹出【删除重复值】对话框，❶在【列】列表框中选择需要进行重复项检查的列，❷单击【确定】按钮，如图2-22所示。

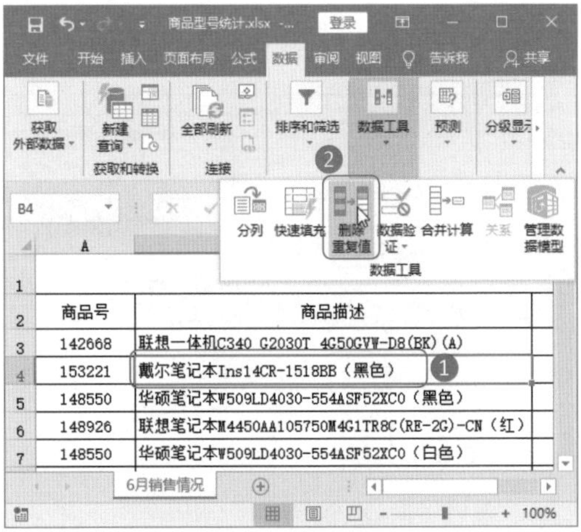

图2-21 单击【删除重复值】按钮

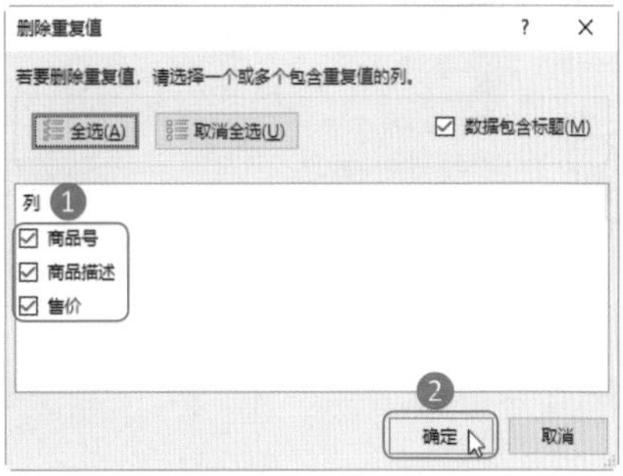

图2-22 选择列

Step03：单击【确定】按钮。Excel将对选中的列进行重复值检查并删除重复值，检查完成后会弹出提示框告知，单击【确定】按钮，如图2-23所示。

Step04：完成删除。返回工作表中，即可查看到重复数据已经被删除，如图2-24所示。

图2-23 单击【确定】按钮

	商品号	商品描述	售价
3	142668	联想一体机C340 G2030T 4G50GVW-D8(BK)(A)	3826
4	153221	戴尔笔记本Ins14CR-1518BB（黑色）	3489
5	148550	华硕笔记本W509LD4030-554ASF52XC0（黑色）	4250
6	148926	联想笔记本M4450AA105750M4G1TR8C(RE-2G)-CN（红）	4800
7	148550	华硕笔记本W509LD4030-554ASF52XC0（白色）	4250
8	172967	联想ThinkPad笔记本E550C20E0A00CCD	2500
9	125698	三星超薄本NP450R4V-XH4CN	1800
10	148550	华硕笔记本W509LD4030-554ASF52XC0（蓝色）	4250
11	146221	戴尔笔记本INS14CR-1316BB（白色）	3500
12	148926	联想笔记本M4450AA105750M4G1TR8C(RE-2G)-CN（蓝）	4800
13	186223	华硕笔记本W419LD4210-554HSC52XC0（红色）	4200
14	186223	华硕笔记本W419LD4210-554HSC52XC0（黄色）	4200
15	186223	华硕笔记本W419LD4210-554HSC52XC0（黑色）	4200
16	148550	华硕笔记本W509LD4030-554ASF52XC0（红色）	4250
17	146221	戴尔笔记本INS14CR-1316BB（黑色）	3500
18	186223	华硕笔记本W419LD4210-554HSC52XC0（绿色）	4200
19	195655	宏基笔记本E5-571G-50DA黑色	2800
20	146221	戴尔笔记本INS14CR-1316BB（红色）	3500
21	146221	戴尔笔记本INS14CR-1316BB（蓝色）	3500
22	148550	华硕笔记本W509LD4030-554ASF52XC0（黄色）	4250
23	125698	戴尔笔记本INS14CR-1316BB（蓝色）	3500

图2-24 完成删除

2.2 特殊数据，讲究方法

张经理

小李，你去把开发部的员工信息整理一份给我，身份证号和工号一定要记录清楚。

小李

张经理，你要的开发部员工登记表来了，就是身份证号码总是不能显示，你选中那个单元格就可以看到了。

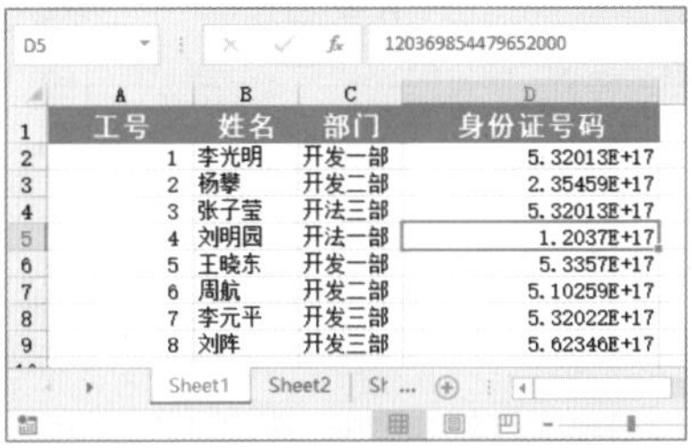

	工号	姓名	部门	身份证号码
2	1	李光明	开发一部	5.32013E+17
3	2	杨攀	开发二部	2.35459E+17
4	3	张子莹	开法三部	5.32013E+17
5	4	刘明园	开法一部	1.2037E+17
6	5	王晓东	开发一部	5.3357E+17
7	6	周航	开发二部	5.10259E+17
8	7	李元平	开发三部	5.32022E+17
9	8	刘阵	开发三部	5.62346E+17

张经理

小李，你是在敷衍我吗？
（1）工号的前面有0，现在0去哪里了？
（2）开发部几个字都能录入错误？重复这么多遍，难道就没有发现吗？
（3）身份证号码根本不能看，就算我选中之后查看也是错的。
全部重来！

2.2.1 输入以“0”开头的数字编号

小李

王Sir，公司的工号为什么要以“0”开头啊，我输进去的“0”都被“吃”掉了。

王Sir

小李，在Excel中**以“0”开头的数据默认是会被识别成纯数字，从而直接省略“0”**。
如果你要输入以0开头的数据，方法也有很多，就看你如何选择了。

» 在输入数字前先输入一个英文状态下的单引号“'”，然后输入以“0”开头的数字，如图2-25所示。

» 在输入数字前，先将要输入数字的单元格或单元格区域设置为【文本】格式，此后直接输入数字即可，如图2-26所示。

» 如果要输入“0001”之类的数字编号，打开【设置单元格格式】对话框，在【数字】选项卡的【分类】列表框中选择【自定义】选项，在右侧【类型】文本框中输入“0000”（“0001”是4位数，因此要输入4个“0”），然后单击【确定】按钮，如图2-27所示。返回工作表后，直接输入“1、2……”，将自动在前面添加“0”，如图2-28所示。

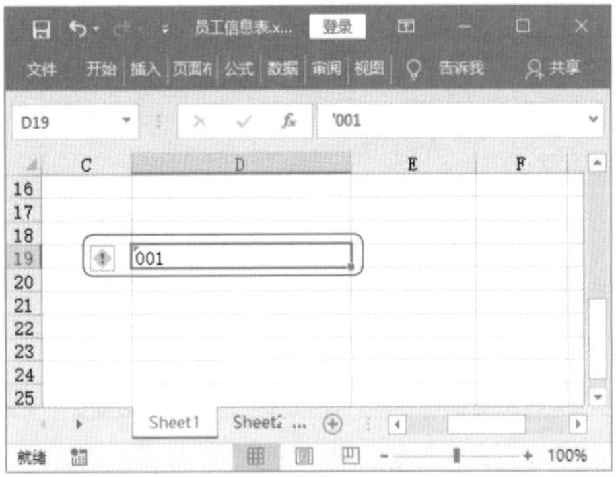

图2-25　输入单引号“'”

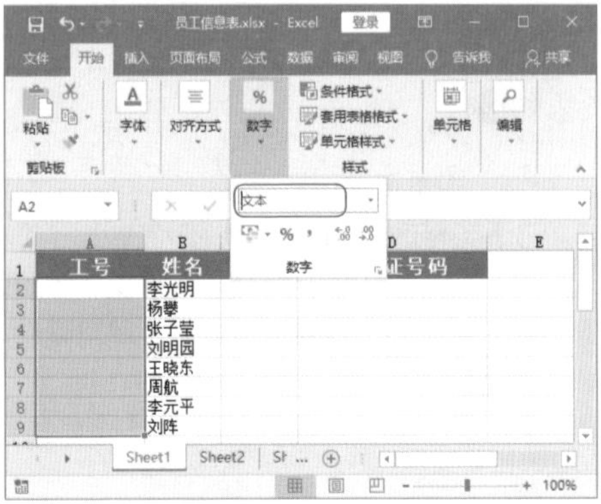

图2-26　设置单元格格式

图2-27　设置数据类型

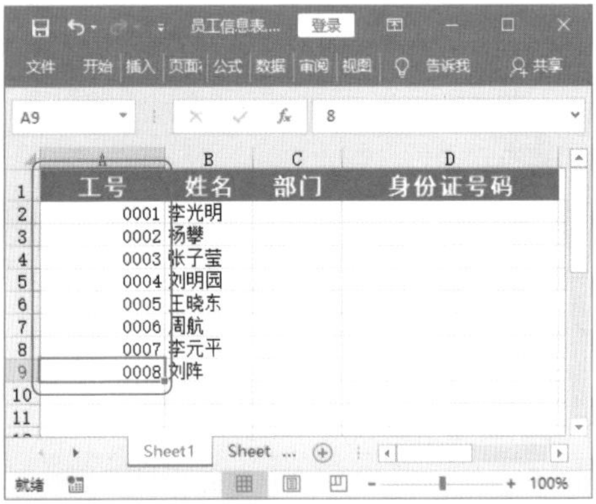

图2-28　输入数据

2.2.2 正确输入身份证号码

王Sir，这身份证号码位数太多，输入之后就变样了，怎么办啊？

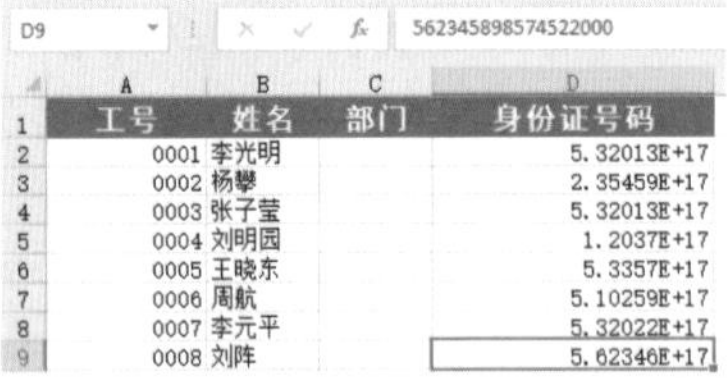

小李

王Sir

小李，难道你不知道在单元格中输入超过11位的数字时，Excel会自动使用科学计数法来显示该数字吗？

例如，在单元格中输入了数字“123456789101”，该数字将显示为“1.23456E+11”。如果要在单元格中输入18位的身份证号码，需要先**将这些单元格的数字格式设置为文本。**

例如，要在“员工信息表”中输入身份证号码，具体操作方法如下。

Step01：单击【文本】选项。❶选中要输入身份证号码的单元格区域，❷在【开始】选项卡的【数字】组中的【数字格式】下拉列表中单击【文本】选项，如图2-29所示。

Step02：输入身份证号码。操作完成后即可在单元格中输入身份证号码了，输入后的效果如图2-30所示。

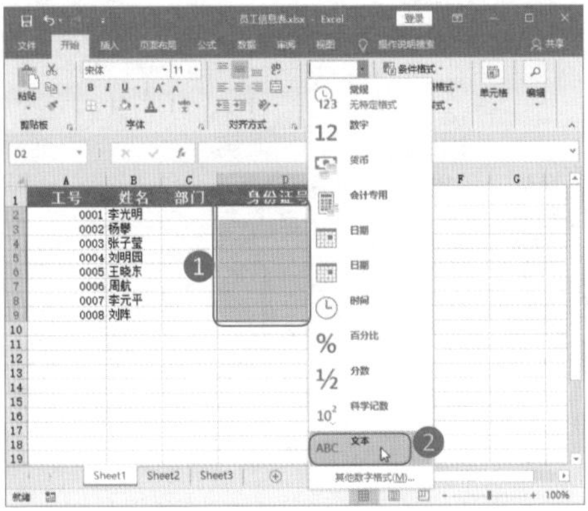

图2-29 单击【文本】选项

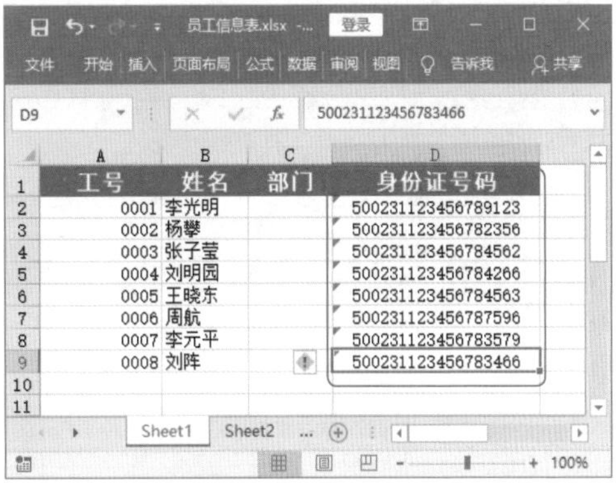

图2-30 输入身份证号码

2.2.3 巧妙进行分数输入

小李

王Sir，我输入分数的时候，自动就转换成了日期格式，分数到底应该怎么输入呢？

王Sir

小李，默认情况下，在Excel中输入分数后会自动变成日期格式，例如在单元格中输入分数“2/5”，确认后会自动变成“2月5日”。

如果你**遇到要输入分数的情况，在分数前面加0就可以了。**

例如，要在“市场分析”工作表中输入分数，具体操作方法如下。

Step01：输入分数。选中要输入分数的单元格，依次输入“0”+空格+分数，如输入“0 4/7”，如图2-31所示。

Step02：按下Enter键。完成输入后，按下Enter键确认即可，如图2-32所示。

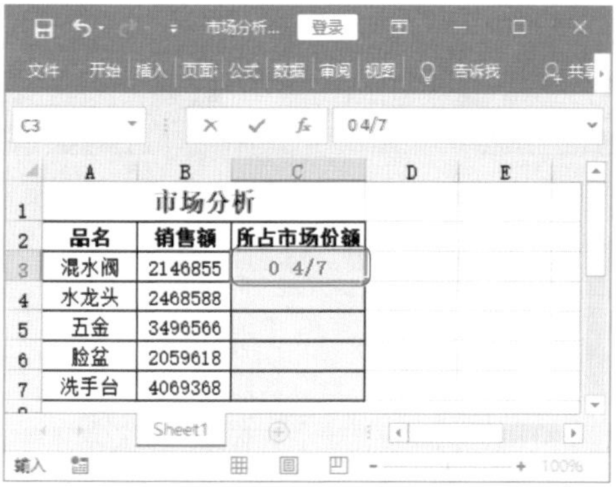

图2-31 输入分数

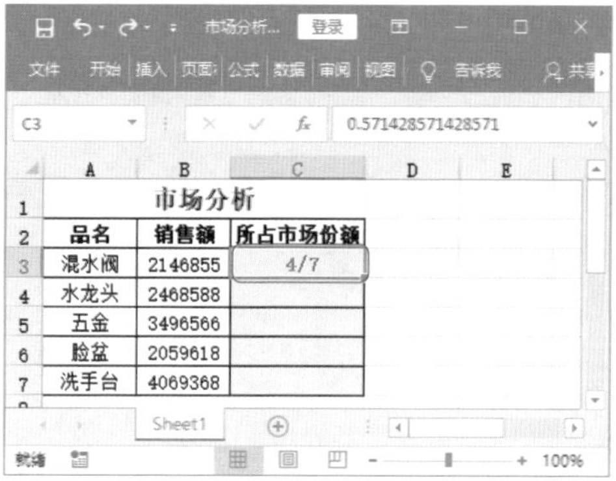

图2-32 按下Enter键

2.2.4 部分重复的内容快速输入

小李

王Sir，开发部的数据真是麻烦，部门直接输入一、二、三不行吗？非要用开发一部、开发二部、开发三部来表示，我总是输错。

王Sir

小李，你本来就可以直接输入一、二、三的。

遇到这种输入大量含部分重复内容的数据时，**通过自定义数据格式的方法输入**，简单快捷，还不易出错。

例如，要在“员工信息表”中输入“开发一部、开发二部……”之类的数据，具体操作方法如下。

Step01：自定义数据格式。选中要输入数据的单元格区域，打开【设置单元格格式】对话框，❶在【数字】选项卡的【分类】列表框中选择【自定义】选项，❷在右侧【类型】文本框中输入“开发@部”，❸单击【确定】按钮，如图2-33所示。

Step02：按下Enter键。返回工作表，只需在单元格中直接输入“一”“二”……，即可自动输入重复部分的内容，如图2-34所示。

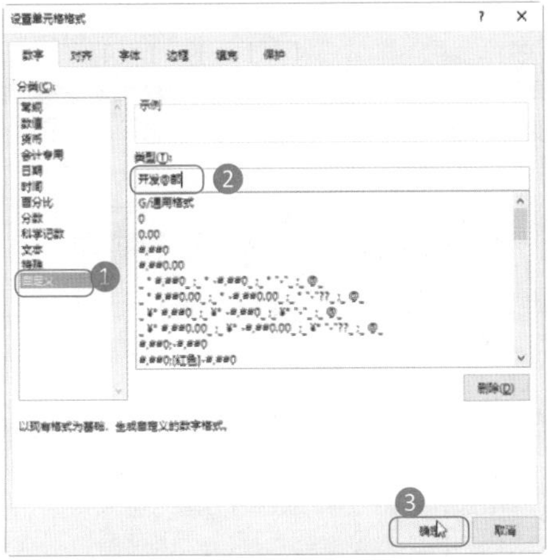

图2-33　自定义数据格式

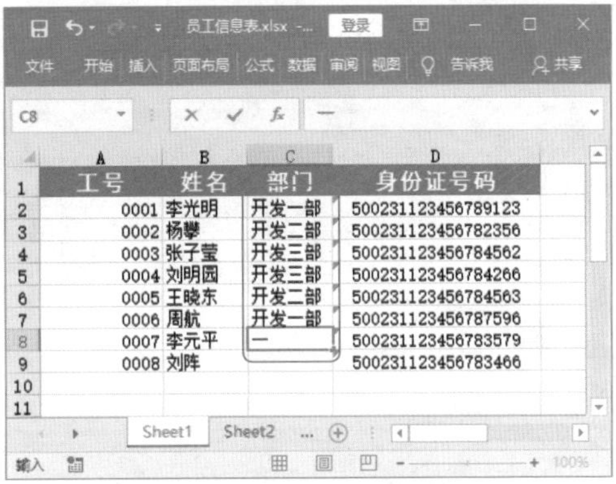

图2-34　按下Enter键

2.3　查找替换，效率更新

小李

张经理，这次销售部是由新人上交的表格，错误有点多，我可能需要比较长的时间来更改错误和格式。

张经理

小李，我看过一眼那些表格，错误确实有点多，但是修改起来未必就需要很长的时间。

（1）有些地方是**相同的错误，可以一次性修改。**

（2）**公式发生错误**的，使用查找和替换也可以完成。

（3）查找到需要重点注意的地方，可以**指定格式**。

好好利用查找和替换功能，准时下班有望。

2.3.1 快速修改同一错误

小李

王Sir，我把一个数据的名称弄错了，现在要满工作表地找出来修改，看来今天又要加班了。

王Sir

小李，输入错误不要紧，改就是了。

而且，像你这种相同的错误，**使用查找替换功能**就是了，一分钟完成修改，哪里需要加班。

如果在工作表中有多个地方输入了同一个错误的内容，按常规方法逐个修改会非常烦琐。此时，可以利用查找和替换功能，一次性修改所有错误内容。例如，要在“旅游业发展情况”工作簿中修改错误内容，操作方法如下。

Step01：单击【替换】选项。❶在数据区域中选中任意单元格，❷在【开始】选项卡的【编辑】组中单击【查找和选择】按钮，❸在弹出的下拉列表中单击【替换】选项，如图2-35所示。

Step02：输入替换内容。打开【查找和替换】对话框，❶在【替换】选项卡的【查找内容】文本框中输入要查找的数据，本例中输入【有客】；❷在【替换为】文本框中输入替换的内容，本例中输入【游客】；❸单击【全部替换】按钮，如图2-36所示。

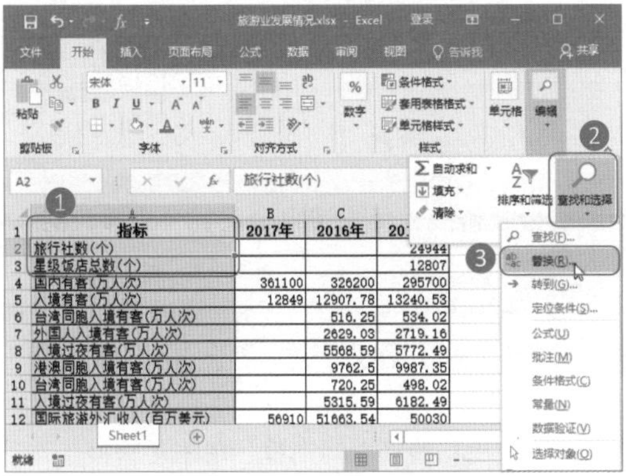

图2-35 单击【替换】选项

图2-36 输入替换内容

Step03：单击【确定】按钮。系统即可开始进行查找和替换，完成替换后，会弹出提示框告知，单击【确定】按钮，如图2-37所示。

Step04：查看替换数据。返回【查找和替换】对话框，单击【关闭】按钮关闭该对话框。返回工作表中，即可查看到数据已经更改，如图2-38所示。

图2-37 单击【确定】按钮

	A	B	C	D
1	指标	2018年	2017年	2016年
2	旅行社数(个)			24944
3	星级饭店总数(个)			12807
4	国内游客(万人次)	361100	326200	295700
5	入境游客(万人次)	12849	12907.78	13240.53
6	台湾同胞入境游客(万人次)		516.25	534.02
7	外国人入境游客(万人次)		2629.03	2719.16
8	入境过夜游客(万人次)		5568.59	5772.49
9	港澳同胞入境游客(万人次)		9762.5	9987.35
10	台湾同胞入境游客(万人次)		720.25	498.02
11	入境过夜游客(万人次)		5315.59	6182.49
12	国际旅游外汇收入(百万美元)	56910	51663.54	50030
13	国内居民出境人数(万人次)	11659	9818.52	8318.17
14	国内居民因私出境人数(万人次)		9197.08	7705.51
15	国内游客(万人次)	363200	321500	305700
16	国际旅游外汇收入(百万美元)	40010	51383.54	62030
17	国内旅游总花费(亿元)	30311.9	26276.12	22706.2

图2-38 查看替换数据

2.3.2 公式也可以查找和替换

小李

王Sir，这个表格中本应该使用【PRODUCT】函数，可是下面的同事却全部使用了【SUM】函数，我是不是得重新做呀？

王Sir

小李，查找和替换功能可以让你更省心。

就算是公式用错了，也可以使用**替换功能将错误的公式替换**，免去了挨个查找公式修改的烦恼。

例如，要在“6月9日销售清单”工作簿中使用替换功能将【SUM】函数替换成【PRODUCT】函数，具体操作方法如下。

Step01：设置替换参数。❶按下Ctrl+H组合键，打开【查找和替换】对话框，单击【替换】选项卡，❷分别输入要查找的函数及要替换的函数，❸在【查找范围】下拉列表中选择【公式】选项，❹单击【全部替换】按钮，如图2-39所示。

Step02：查看替换效果。在弹出的提示对话框中单击【确定】按钮，返回工作表中，即可查看到公式已经更改，如图2-40所示。

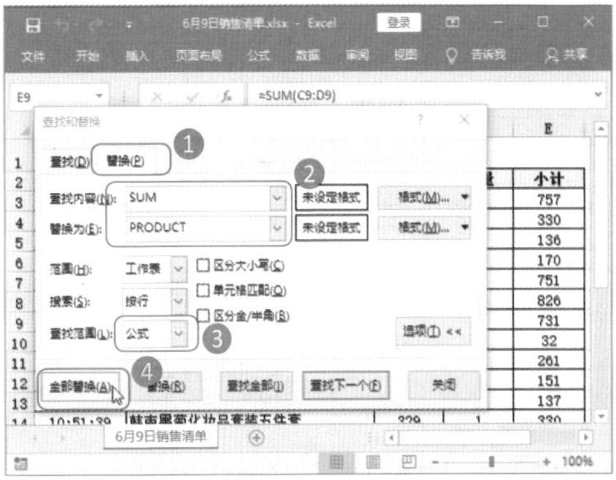

图2-39 设置替换参数

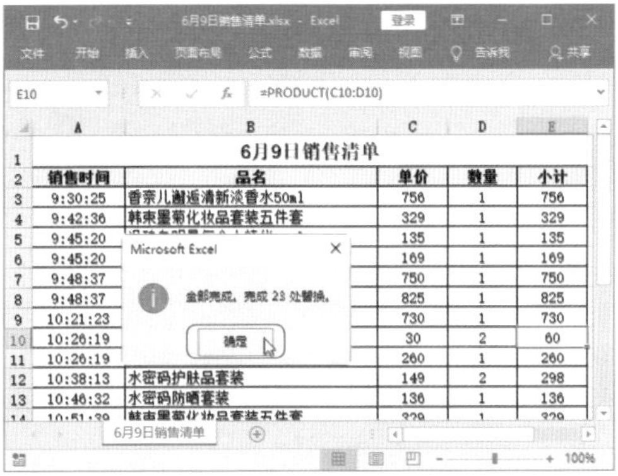

图2-40 查看替换效果

2.3.3 为查找到的数据设置指定格式

小李

王Sir，这个工作表中有一个产品型号我需要找出来重点标注，逐个找太麻烦，你有办法吗？

王Sir

小李，查找和替换功能除了可以替换内容之外，还可以指定格式。

找到想要指定格式的内容后，再**为内容设置字体格式、单元格填充颜色**等，就可以重点标注了。

例如，要在“销售清单”工作簿中对查找到的单元格设置填充颜色，操作方法如下。

Step01：单击【格式】按钮。按下Ctrl+H组合键，打开【查找和替换】对话框，①单击【替换】选项卡，②分别输入要查找的内容和要替换的内容，③在【替换为】文本框右侧单击【格式】按钮，如图2-41所示。

Step02：设置填充颜色。弹出【替换格式】对话框，①在【填充】选项卡的【背景色】栏中选择需要填充的颜色，②单击【确定】按钮，如图2-42所示。

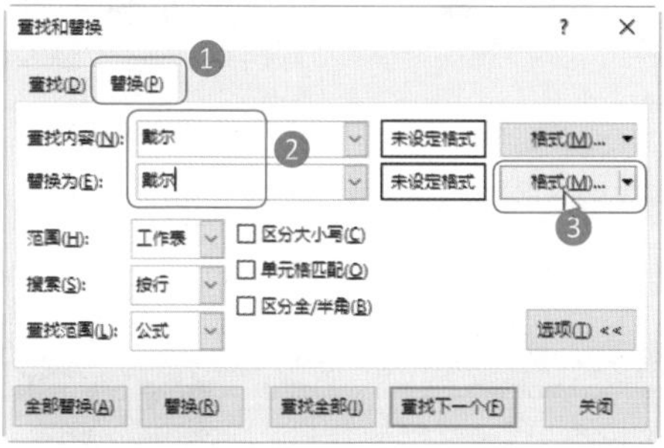

图2-41　单击【格式】按钮

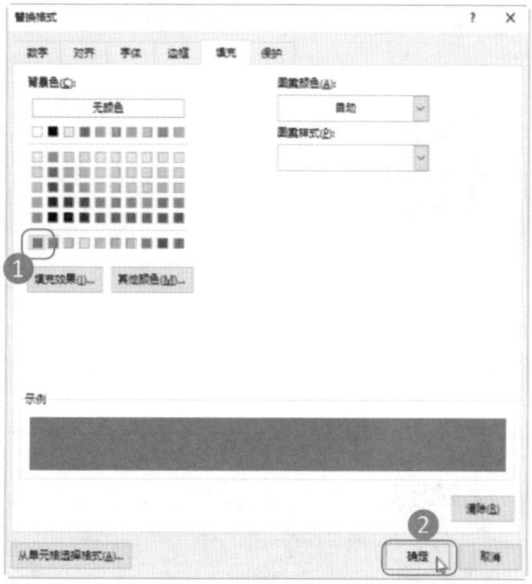

图2-42　设置填充颜色

Step03：单击【全部替换】按钮。返回【查找和替换】对话框，可看到填充色的预览效果，单击【全部替换】按钮进行替换，如图2-43所示。

Step04：查看替换数据。替换完成后会弹出提示框，提示已完成替换，单击【确定】按钮，返回工作表，即可查看替换后的效果，如图2-44所示。

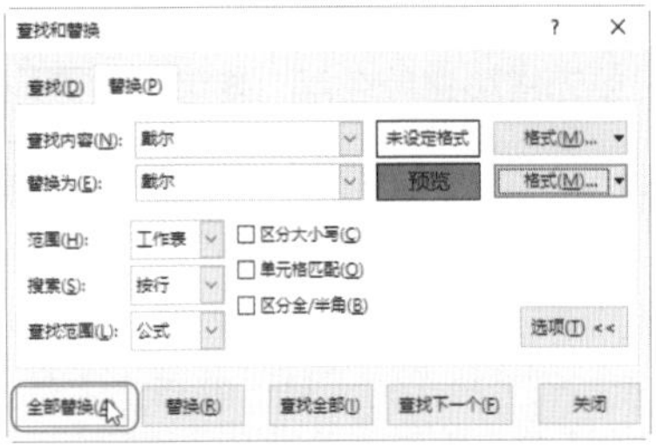

图2-43 单击【全部替换】按钮

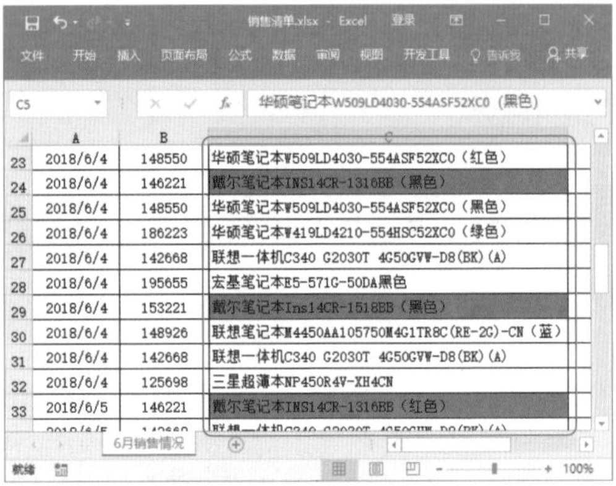

图2-44 查看替换数据

2.4 复制粘贴，方便简单

张经理

小李，你去把昨天的销售订单整理一下给我，我想看看昨天的促销情况，一个小时可以整理出来吗？

小李

张经理，您要的销售订单整理好了，我用复制粘贴，不到一个小时就做好了。

张经理

小李，虽然你这次的表格做得很快，但是错误也很明显。用复制粘贴没有错，可是在用的时候注意使用技巧，会做得更好。

（1）在**粘贴时就可以进行运算**，而不需要单独粘贴数据后再计算。

（2）如果原数据更新了，要想办法**让粘贴的数据也跟着更新**。

（3）不希望粘贴后的数据发生改变，**粘贴成图片**也可以。

（4）对于有些数据，**行列交换**比较好。

（5）**数据验证**很好用，复制到新表格中方便快捷。

2.4.1 在粘贴时进行数据运算

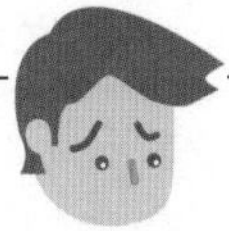

小李

王Sir，销售在做表格的时候把单价弄错了，月初统一提价6元。现在我得把每个单价都加上6，今天准时下班无望了。

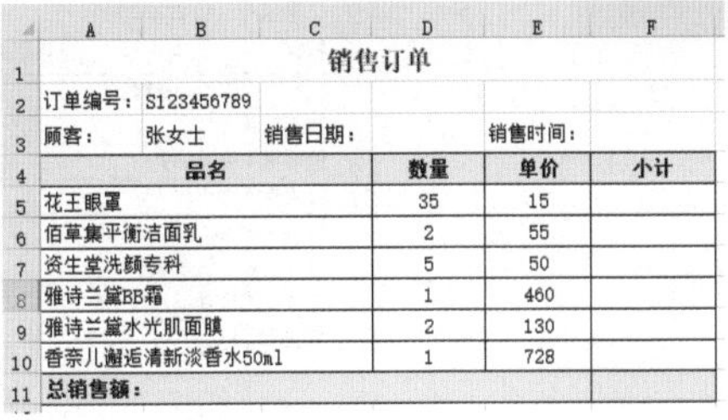

	A	B	C	D	E	F
1	销售订单					
2	订单编号：	S123456789				
3	顾客：	张女士	销售日期：		销售时间：	
4	品名			数量	单价	小计
5	花王眼罩			35	15	
6	佰草集平衡洁面乳			2	55	
7	资生堂洗颜专科			5	50	
8	雅诗兰黛BB霜			1	460	
9	雅诗兰黛水光肌面膜			2	130	
10	香奈儿邂逅清新淡香水50ml			1	728	
11	总销售额：					

王Sir

小李，根据我的经验，你绝对可以按时下班。
在**粘贴的时候，也可以进行运算**，只需要半分钟就可以完成每个单价加6的工作。

例如，在“销售订单”工作表中，要将“单价”都提高6元，操作方法如下。

Step01：复制单元格。❶在任意空白单元格中输入“6”后选择该单元格，按下Ctrl+C组合键进行复制，❷选择要进行计算的目标单元格区域，本例中选择E5: E10，❸在【剪贴板】组中单击【粘贴】按钮下方的下拉按钮，❹在弹出的下拉列表中单击【选择性粘贴】选项，如图2-45所示。

Step02：设置粘贴选项。弹出【选择性粘贴】对话框，❶在【运算】栏中选择计算方式，本例中选择【加】，❷单击【确定】按钮，如图2-46所示。

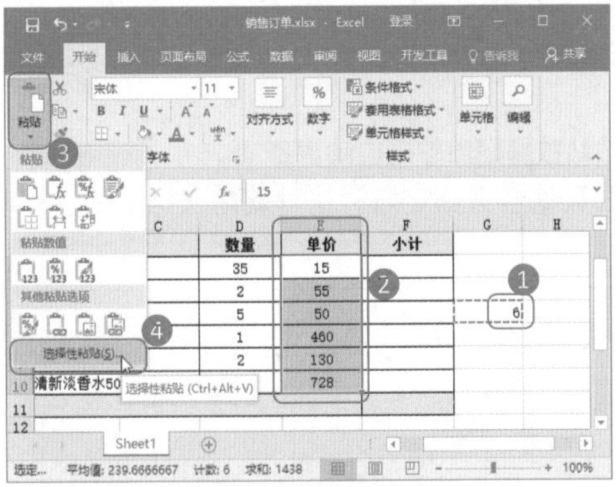

图2-45　复制单元格

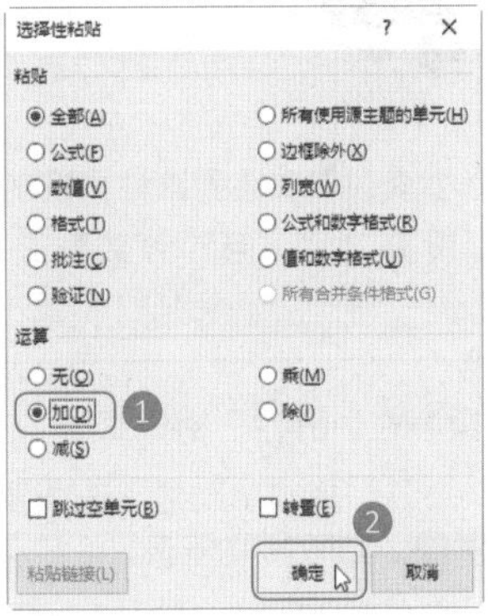

图2-46　设置粘贴选项

Step03：查看粘贴结果。操作完成后，表格中所选区域的数字都加上了6，如图2-47所示。

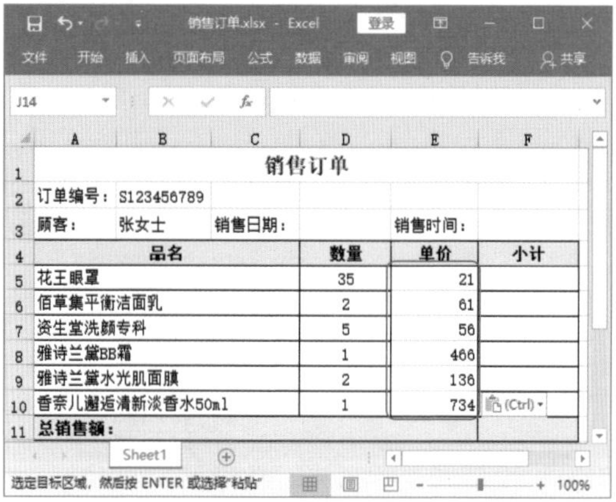

销售订单				
订单编号：S123456789				
顾客：	张女士	销售日期：	销售时间：	
品名		数量	单价	小计
花王眼罩		35	21	
佰草集平衡洁面乳		2	61	
资生堂洗颜专科		5	56	
雅诗兰黛BB霜		1	466	
雅诗兰黛水光肌面膜		2	136	
香奈儿邂逅清新淡香水50ml		1	734	
总销售额：				

图2-47　查看粘贴结果

2.4.2 让粘贴数据随原数据自动更新

小李

王Sir，我复制了产品的价格，可是原价格更改了之后，我忘了更改复制后的价格，导致计算出来的结果有偏差，又得重新做了。

王Sir

小李，下次遇到这种情况的时候，就**设置粘贴数据随原数据自动更新**吧。

设置之后，当对源数据进行更改后，关联数据会自动更新，这样就能保持数据间的同步变化。

如果要在"6月9日销售清单"工作簿中将数据复制为关联数据，操作方法如下。

Step01：复制单元格。选中要复制的单元格或单元格区域，本例中选择C8单元格，按下Ctrl+C组合键进行复制，如图2-48所示。

Step02：设置粘贴选项。❶选中要粘贴数据的单元格或单元格区域，本例中选择C16单元格，

❷在【开始】选项卡的【剪贴板】组中单击【粘贴】下拉按钮，❸在弹出的下拉列表中单击【粘贴链接】选项 即可，如图2-49所示。

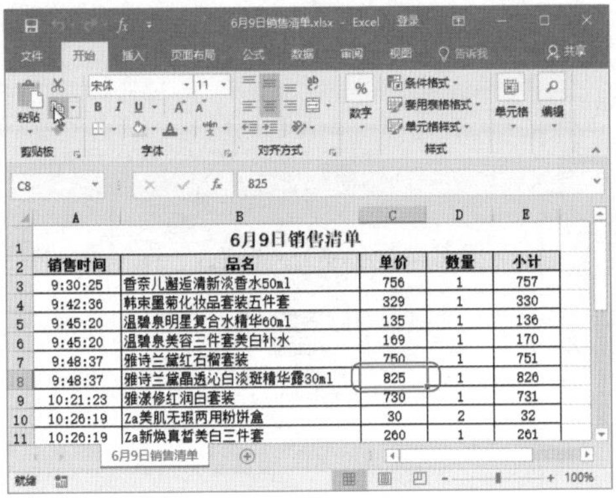

图2-48 复制单元格

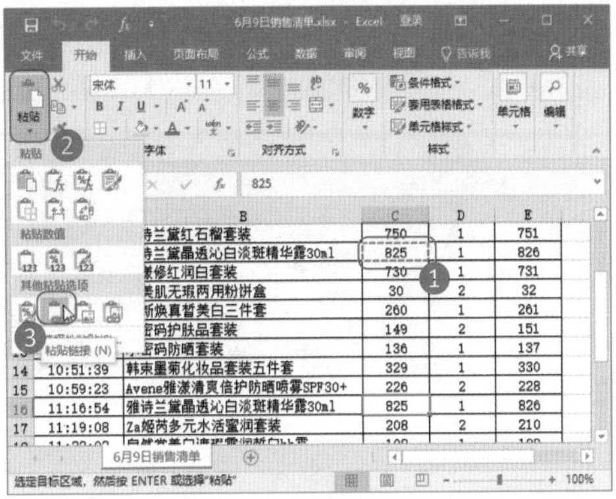

图2-49 设置粘贴选项

2.4.3 让数据表秒变图片

小李

王Sir，员工登记表中的信息我担心被别人不小心误操作，设置密码又不太方便，有什么方法可以让别人既可以查看数据，又不会修改信息？

王Sir

小李，对于有重要数据的工作表，为了防止他人随意修改，除了可以通过设置密码保护实现，还可以通过**复制为图片**的方法来达到目的。

例如，要在“员工信息登记表1”工作簿中将数据复制为图片，操作方法如下。

Step01：单击【复制为图片】选项。❶选中要复制为图片的单元格区域，❷在【开始】选项卡的【剪贴板】中单击【复制】按钮右侧的下拉按钮，❸在弹出的下拉列表中单击【复制为图片】选项，如图2-50所示。

Step02：设置复制选项。弹出【复制图片】对话框，❶在【外观】栏中选择【如屏幕所示】单选按钮，❷在【格式】栏中选择【图片】单选按钮，❸单击【确定】按钮，如图2-51所示。

图2-50 单击【复制为图片】选项

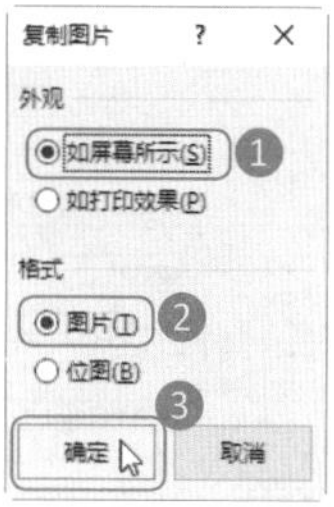

图2-51 设置复制选项

Step03：查看粘贴结果。返回工作表，选择要粘贴的目标单元格，按下Ctrl+V组合键进行粘贴即可，如图2-52所示。

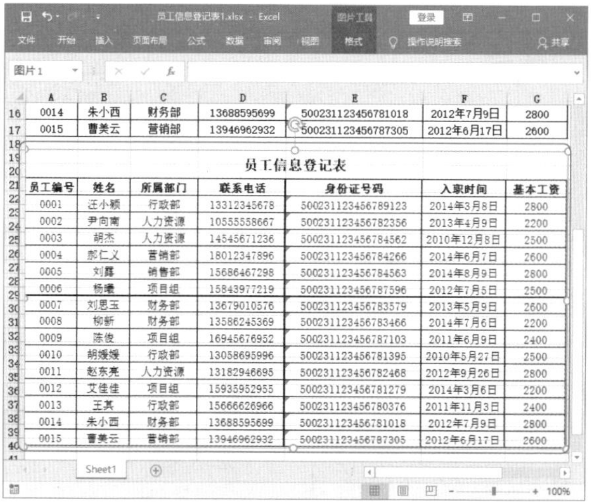

员工信息登记表

员工编号	姓名	所属部门	联系电话	身份证号码	入职时间	基本工资
0001	汪小颖	行政部	13312345678	500231123456789123	2014年3月8日	2800
0002	尹向南	人力资源	10555558667	500231123456782356	2013年4月9日	2200
0003	胡杰	人力资源	14545671236	500231123456784562	2010年12月8日	2500
0004	郝仁义	营销部	18012347896	500231123456784266	2014年6月7日	2600
0005	刘露	销售部	15686467298	500231123456784563	2014年8月9日	2800
0006	杨曦	项目组	15843977219	500231123456787596	2012年7月5日	2500
0007	刘思玉	财务部	13679010576	500231123456783579	2013年5月9日	2600
0008	柳新	财务部	13586245369	500231123456783466	2014年7月6日	2200
0009	陈俊	项目组	16945676952	500231123456787103	2011年6月9日	2400
0010	胡媛媛	行政部	13058695996	500231123456781395	2010年5月27日	2500
0011	赵东亮	人力资源	13182946695	500231123456782468	2012年9月26日	2800
0012	艾佳佳	项目组	15935952955	500231123456781279	2014年3月6日	2200
0013	王其	行政部	15666626966	500231123456780376	2011年11月3日	2400
0014	朱小西	财务部	13688595699	500231123456781018	2012年7月9日	2800
0015	曹美云	营销部	13946962932	500231123456787305	2012年6月17日	2600

图2-52 查看粘贴结果

技能升级

如果要让源数据更改后关联的图片自动更新，可以将数据复制为关联图片，操作方法是：复制单元格区域后选中要粘贴的目标单元格，在【剪贴板】组中单击【粘贴】按钮下方的下拉按钮，在弹出的下拉列表中单击【链接的图片】按钮即可。

2.4.4 让数据行变列，变出新表格

小李

王Sir，有一个表格我觉得行和列调换一下看起来比较好，可是逐个单元格复制又太慢，有什么好方法吗？

王Sir

小李，Excel有一个功能适合你——**行列转置**。

使用行列转置功能，可以将原来的行变成列，将原来的列变成行。

例如，在“海尔冰箱销售统计1”工作簿中将数据进行转置，操作方法如下。

Step01：单击【转置】按钮。❶在工作表中选择数据区域，本例中选择A2:D14，按下Ctrl+C组合键进行复制操作，选择要粘贴的目标单元格，❷在【剪贴板】组中单击【粘贴】按钮下方的下拉按钮，❸在弹出的下拉列表中单击【转置】按钮，如图2-53所示。

Step02：查看转置效果。转置后，有的单元格内容显示不全，手动调整列宽即可，如图2-54所示。

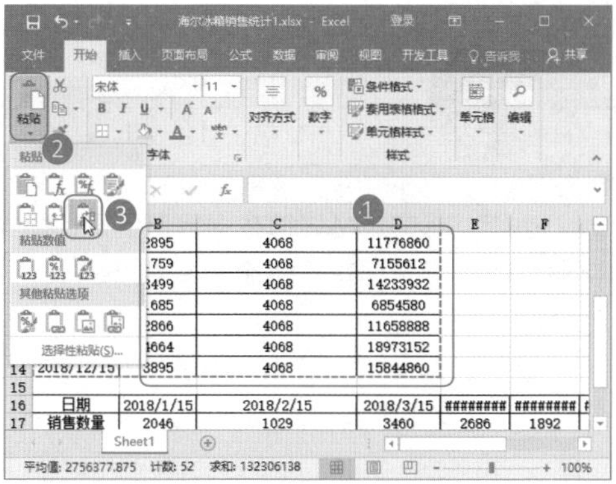

图2-53 单击【转置】按钮

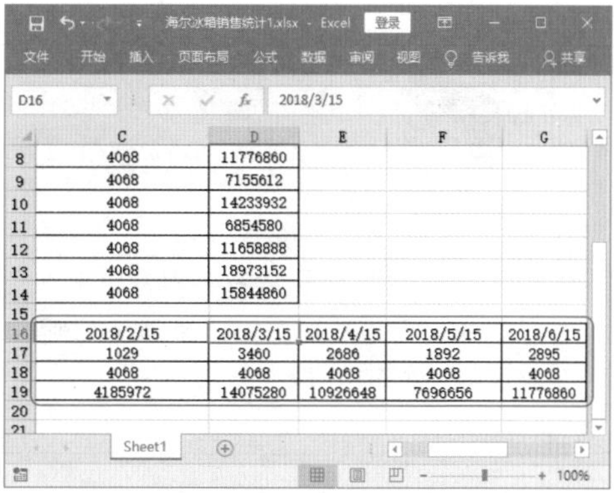

图2-54 查看转置效果

2.5 数据导入，无须输入

张经理

小李，这里有几份文件的资料我马上就要，你整理一下交给我。

小李

张经理，这几份资料里有文本文件、Access文件和网页资料，我全部整理到Excel中可能需要三个小时，你稍等。

张经理

小李，难道你是准备挨个复制粘贴或是直接用键盘输入吗？

你没有听说过**导入数据**吗？这个技能可是整合数据、分析数据的必备技能啊。

2.5.1 导入文本数据

小李

王Sir，这次新员工考核表是用文本文件记录的，可是数据分析还是Excel好用，直接复制过去可以吗？

王Sir

小李，将文本格式的数据复制到Excel当然可以，可是你想过逐个复制需要多长时间吗？

其实，Excel有一个很简单的方法，可以轻松地把**文本数据导入Excel**中。

如果要将文本文件中的数据导入Excel工作表中，具体操作方法如下。

Step01：单击【自文本】按钮。启动Excel程序，单击【数据】选项卡的【获取外部数据】组中的【自文本】按钮，如图2-55所示。

Step02：单击【导入】按钮。弹出【导入文本文件】对话框，❶选中要导入的文本文件，❷单击【导入】按钮，如图2-56所示。

图2-55 单击【自文本】按钮

图2-56 单击【导入】按钮

Step03：选择【分隔符号】单选按钮。弹出【文本导入向导-第1步，共3步】对话框，❶在【请选择最合适的文件类型】栏中选择【分隔符号】单选按钮，❷单击【下一步】按钮，如图2-57所示。

Step04：勾选【逗号】复选框。弹出【文本导入向导-第2步，共3步】对话框，❶在【分隔符号】栏中勾选【逗号】复选框，❷单击【下一步】按钮，如图2-58所示。

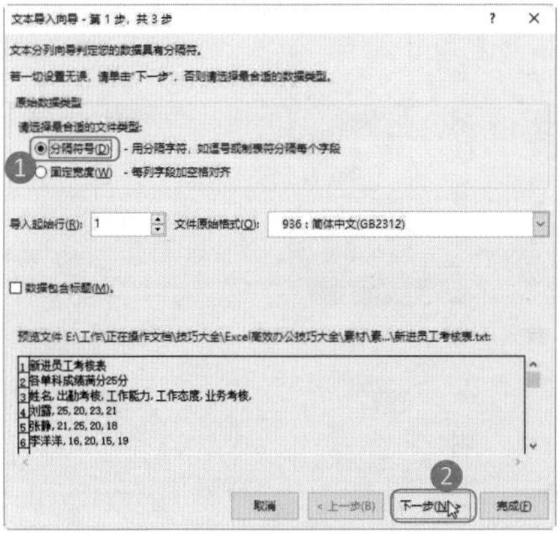

图2-57 选择【分隔符号】单选按钮

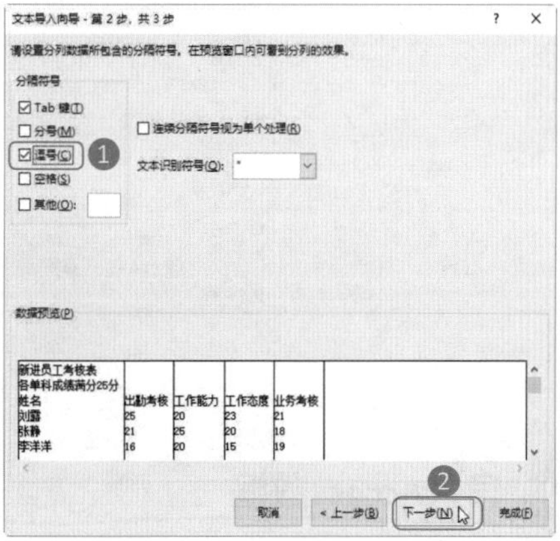

图2-58 勾选【逗号】复选框

Step05：选择【常规】单选按钮。弹出【文本导入向导-第3步，共3步】对话框，❶在【列数据格式】栏中选择【常规】单选按钮，❷单击【完成】按钮，如图2-59所示。

Step06：单击【确定】按钮。弹出【导入数据】对话框，直接单击【确定】按钮，如图2-60所示。

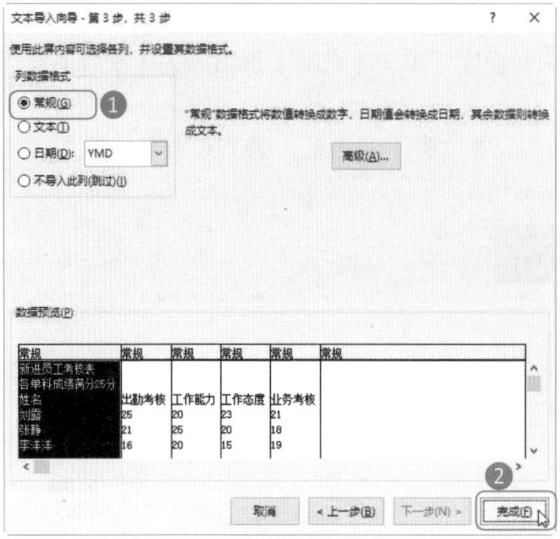

图2-59 选择【常规】单选按钮

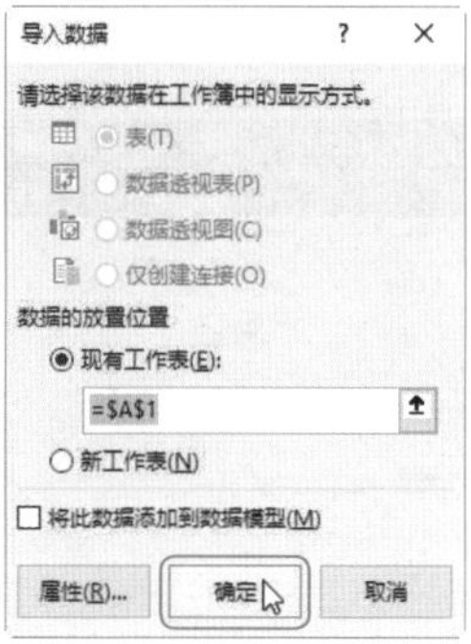

图2-60 单击【确定】按钮

Step07：查看导入数据。返回工作表，可以看到系统将文本文件中的数据导入到了当前工作表中，如图2-61所示。

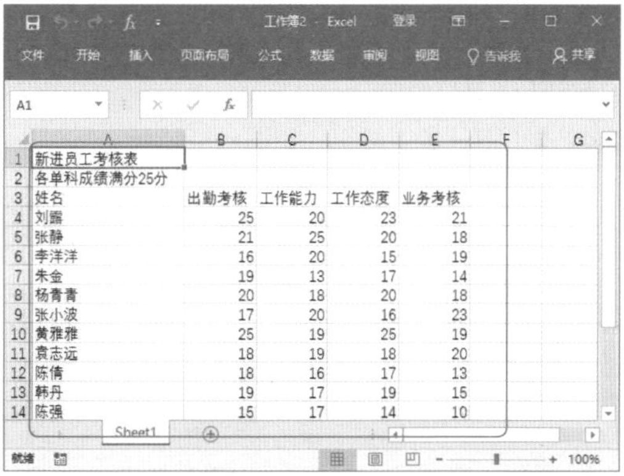

图2-61 查看导入数据

2.5.2 导入Access数据

小李

王Sir，我从公司数据库中找到的资料都是用Access记录的，可以用导入的方法输入到Excel中吗？

王Sir

小李，公司数据库中的资料是数据分析资料的最佳来源，可是Access的数据分析功能较弱。使用Excel的导入功能**将Access中的数据导入表格**中，可以更好地分析数据。

如果要将Access中的数据导入Excel工作表中，具体操作方法如下。

Step01：单击【自Access】按钮。启动Excel程序，单击【数据】选项卡的【获取外部数据】组中的【自Access】按钮，如图2-62所示。

Step02：选择数据源。打开【选取数据源】对话框，❶选择数据源，❷单击【打开】按钮，如图2-63所示。

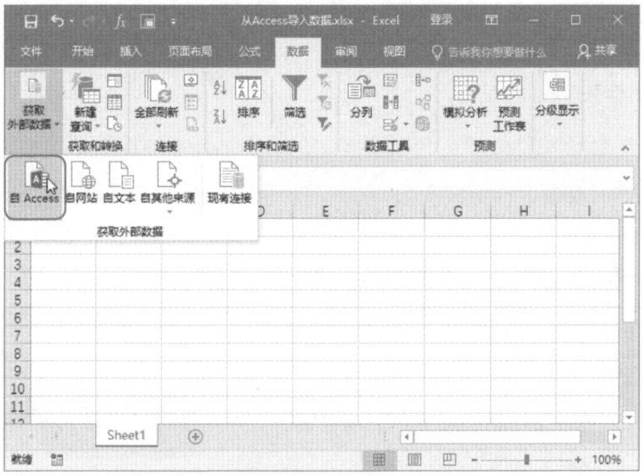

图2-62 单击【自Access】按钮

图2-63 选择数据源

Step03：选择表格。打开【选择表格】对话框，❶在列表框中选择要导入的表格，❷单击【确定】按钮，如图2-64所示。

Step04：选择放置位置。打开【导入数据】对话框，❶在【请选择该数据在工作簿中的显示方式】栏中选择【表】单选按钮，❷在【数据的放置位置】栏中选择【现有工作表】单选按钮，并选择A1单元格作为放置数据的起始单元格，❸单击【确定】按钮，如图2-65所示。

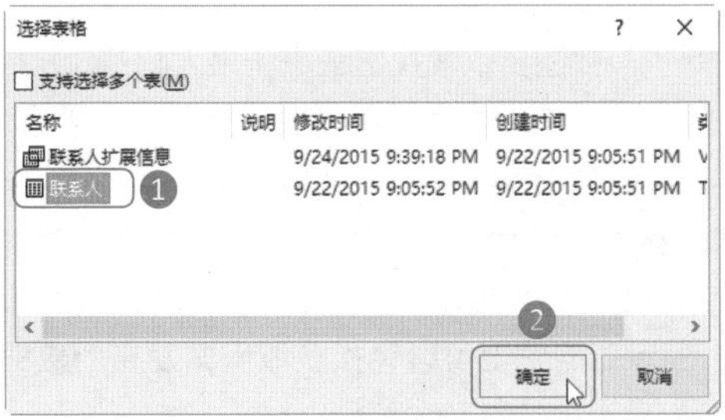

图2-64 选择表格

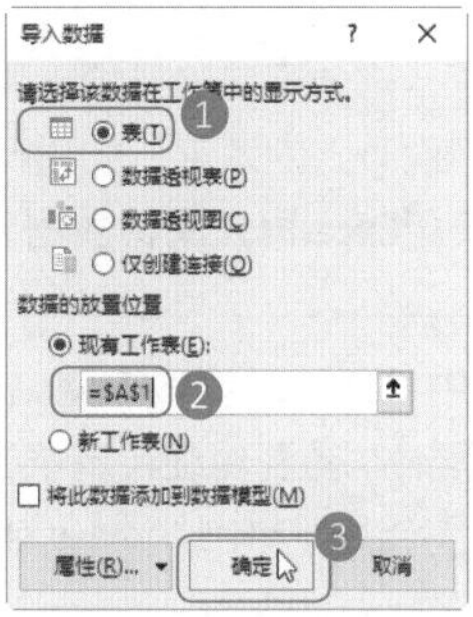

图2-65 选择放置位置

Step05：查看工作表。返回工作表即可查看到Access中的数据已经导入工作表中，如图2-66所示。

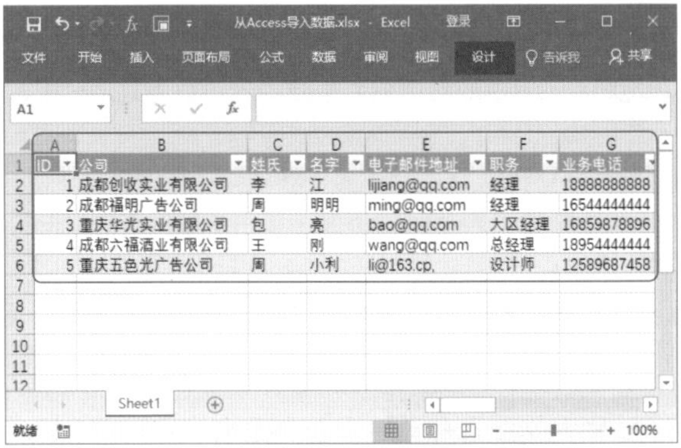

图2-66　查看工作表

2.5.3 导入网站数据

小李

王Sir，我昨天从网站上找到了一些数据资料，加了一晚上的班还没有录完，今天再努力一下应该就可以录完了。

王Sir

小李，你一直是这样录入网站数据的吗？
先不说录入的速度，如果网站的数据更新了，你还要依次找出来重新录入吗？
如果**用Excel导入网站数据**就不一样了，不仅可以快速导入，还能随时更新。

在工作中，经常需要导入网站数据，以便能及时、准确地获取需要的数据。需要注意的是，在导入网页中的数据时，需要保证计算机连接网络。

在国家统计局（http://www.stats.gov.cn/）等专业网站上可以轻松获取网站发布的数据，如固定资产投资和房地产、价格指数、旅游业、金融业等。

如果要从网页导入数据到工作表中，具体操作方法如下。

Step01：单击【自网站】按钮。启动Excel程序，单击【数据】选项卡的【获取外部数据】组中的【自网站】按钮，如图2-67所示。

Step02：选择网页内容。弹出【新建Web查询】对话框，❶在地址栏中输入要导入数据的网址，❷单击【转到】按钮，❸打开网页内容，单击表格前的图标，如图2-68所示。

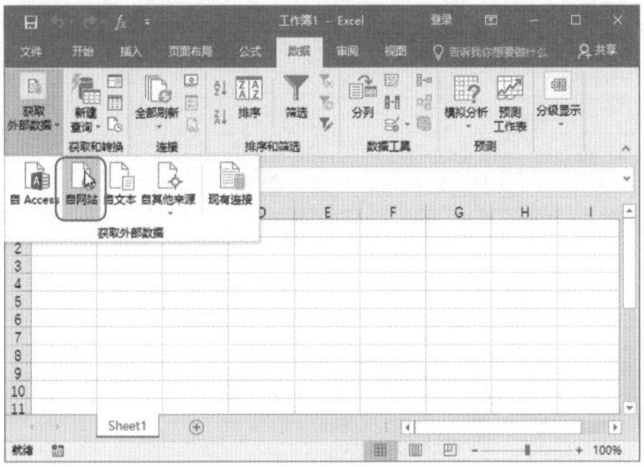

图2-67 单击【自网站】按钮

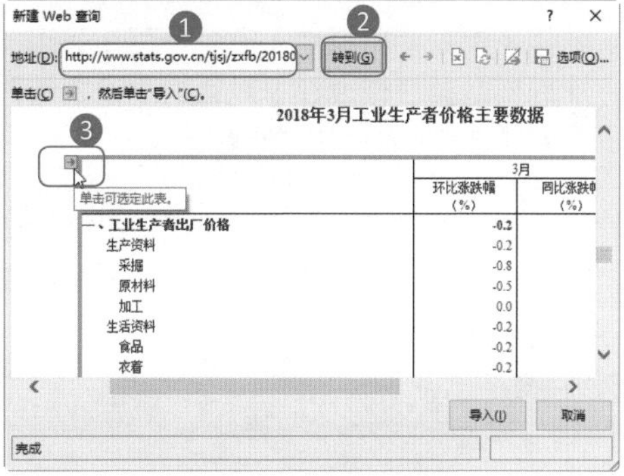

图2-68 选择网页内容

Step03：单击【导入】按钮。此时图标变成图标，此时表格呈选中状态，单击【导入】按钮，如图2-69所示。

Step04：选择放置位置。弹出【导入数据】对话框，直接单击【确定】按钮，如图2-70所示。

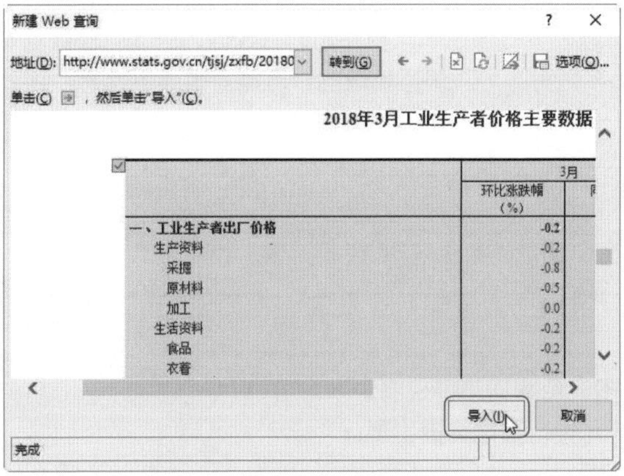

图2-69 单击【导入】按钮

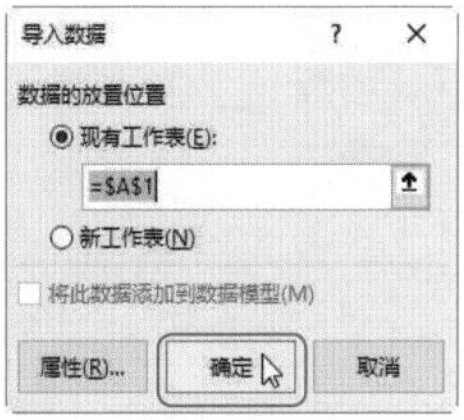

图2-70 选择放置位置

Step05：查看工作表。返回工作表，系统将会从网页上获取数据，完成获取后，就会在工作表中显示数据内容，如图2-71所示。

温馨提示

在导入的网站数据所在区域中选中任意单元格，使用鼠标右键对其单击，在弹出的快捷菜单中选择【刷新】命令，也可实现更新操作。此外，若在快捷菜单中选择【数据范围属性】命令，可在弹出的【外部数据区域属性】对话框中设置定时刷新或打开文件时刷新数据。

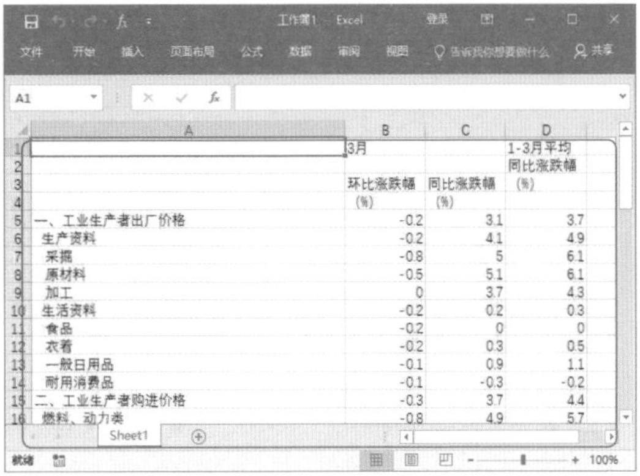

图2-71 查看工作表

2.6 数据验证，不再出错

张经理

小李，你这张表格怎么乱七八糟，多了几个0都不知道吗？

小李

对不起，张经理，因为有些数据是其他同事填写的，可能对表格不熟悉。但最主要还是因为我没有检查，下次不会这样了。

张经理

小李，给别人填写的表格，难道你不会用数据验证控制录入内容吗？

（1）只能填写数字的地方，绝对**不允许有其他数据出现**。

（2）固定的内容，**用下拉菜单来选择**。

（3）唯一数据不要**重复填写**。

（4）**给数据的大小定一个范围**，不要填写上限和下限以外的数据。

（5）**给数据的长度定一个范围**，不要超过上限，也不要低于下限。

2.6.1 只允许在单元格中输入数值

小李

王Sir，这个表格在“销售数量”那一列只能填写数值，可是经常有人把产品名称填写到那里，应该怎么提醒他们？

王Sir

小李，数据验证了解过吗？

如果你只想在某个单元格中输入数据，只要使用公式来设置就可以了。设置完成后，如果**输入数值以外的数据，都会弹出错误提示。**

例如，要在“海尔冰箱销售统计”工作簿中设置单元格区域只能输入数值，具体操作方法如下。

Step01：单击【数据验证】按钮。❶选择要设置内容限制的单元格区域，本例中选择B3:B14；❷单击【数据】选项卡的【数据工具】组中的【数据验证】按钮，如图2-72所示。

技能升级

在Excel 2007、2010中是通过【数据有效性】对话框进行设置，打开该对话框的操作方法为：切换到【数据】选项卡，单击【数据工具】中的【数据有效性】按钮即可。

Step02：设置数据验证。弹出【数据验证】对话框，❶在【允许】下拉列表中选择【自定义】选项，❷在【公式】文本框中输入“=ISNUMBER(B3)”（ISNUMBER函数用于测试输入的内容是否为数值，【B3】是指选择单元格区域的第一个活动单元格），❸单击【确定】按钮，如图2-73所示。

图2-72 单击【数据验证】按钮

图2-73 设置数据验证

Step03：错误提示。经过以上操作后，在B3:B14中如果输入除数字以外的其他内容就会出现错误提示的警告，如图2-74所示。

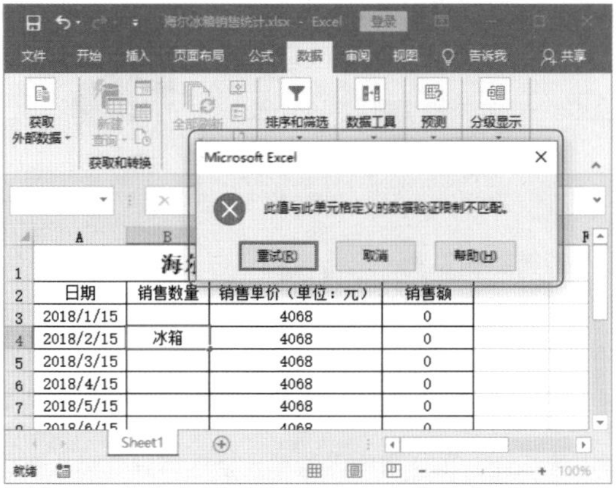

图2-74 错误提示

2.6.2 创建下拉选择列表简单输入

小李

王Sir，张经理让我把员工信息登记表的“所属部门”那一栏弄一个下拉菜单，用鼠标选择就可以输入了，应该怎么做呢？

王Sir

小李，使用数据验证的序列功能就可以满足你的需求。

在【数据验证】对话框中设置好单元格的内容，在输入的时候，就可以从中选择，不仅效率高，还不容易出错。

例如，要在“员工信息登记表2”中为“所属部门”设置下拉选择列表，具体操作方法如下。

Step01：单击【数据验证】按钮。❶选择要设置内容限制的单元格区域，❷单击【数据】选项卡的【数据工具】组中的【数据验证】按钮，如图2-75所示。

Step02：设置数据验证。弹出【数据验证】对话框，❶在【允许】下拉列表中选择【序列】选项，❷在【来源】文本框中输入以英文逗号为间隔的序列内容，❸单击【确定】按钮，如图2-76所示。

图2-75 单击【数据验证】按钮

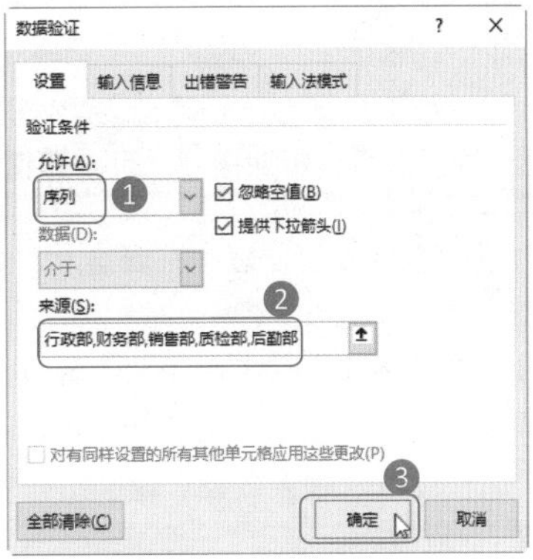

图2-76 设置数据验证

温馨提示

在设置下拉选择列表时，在【数据验证】对话框的【设置】选项卡中一定要确保【提供下拉箭头】为勾选状态（默认是勾选状态），否则选择设置了数据有效性下拉列表的单元格后，不会出现下拉箭头，从而无法弹出下拉列表供用户选择。

Step03：选择输入内容。返回工作表中，单击设置了下拉选择列表的单元格，其右侧会出现一个下拉箭头，单击该箭头，将弹出一个下拉列表，单击某个选项，即可快速在该单元格中输入所选内容，如图2-77所示。

图2-77 选择输入内容

2.6.3 重复数据禁止输入

小李

王Sir，我一不小心就看错了员工登记表中的身份证号码，经常会重复输入，校对起来也比较麻烦，太考验人了。

王Sir

小李，身份证号码、发票号码之类的数据都具有唯一性，如果在输入过程中，担心会因为输入错误而导致数据相同，可以**通过【数据验证】功能防止重复输入**。

为了防止在工作表中重复输入，要在“员工信息登记表1”中设置数据验证，操作方法如下。

Step01：设置数据验证。选中要设置防止重复输入的单元格区域，打开【数据验证】对话框。❶在【允许】下拉列表中选择【自定义】选项，❷在【公式】文本框中输入“=COUNTIF($A$3:$A$17,A3)<=1”，❸单击【确定】按钮，如图2-78所示。

Step02：输入数据。返回工作表中，当在A3:A17中输入重复数据时，就会出现错误提示的警告，如图2-79所示。

图2-78 设置数据验证

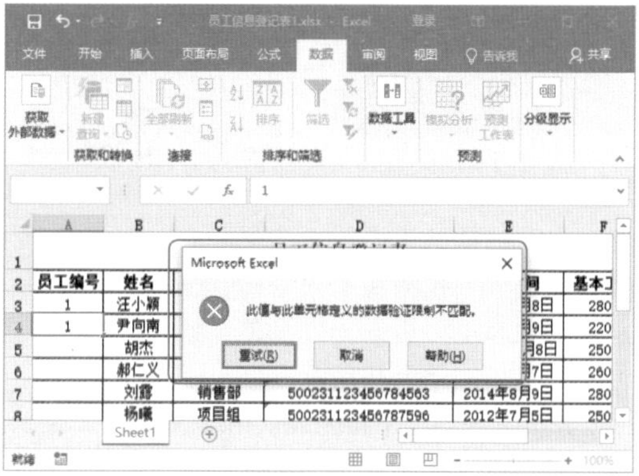

图2-79 输入数据

2.6.4 设置数值的输入范围

小李

王Sir，这个商品定价表的价格只能在320~650，可是填写的时候总会有人多填一个0或者少填一个0，为了这事，总是被张经理骂。

	A	B
1	商品定价表	
2	商品名称	定价（元）
3	料理机	
4	豆浆机	
5	电饭煲	
6	微波炉	
7	电烤箱	
8	电磁炉	

王Sir

小李，这个骂你挨得可不冤，多一个0或者少一个0那差距可就大了。
其实，在填写数据之前，先**使用数据验证把输入值的范围固定**不就行了。

例如，要在“商品定价表”中设置单元格数值输入范围，操作方法如下。

Step01：设置数据验证。选中要设置数值输入范围的单元格区域B3:B8，打开【数据验证】对话框，❶在【允许】下拉列表中选择【整数】选项，❷在【数据】下拉列表中选择【介于】选项，❸分别设置文本长度的最大值和最小值，如最小值为【320】，最大值为【650】，❹单击【确定】按钮，如图2-80所示。

Step02：输入数据。返回工作表中，在B3:B8中输入320~650之外的数据时，会出现错误提示的警告，如图2-81所示。

图2-80 设置数据验证

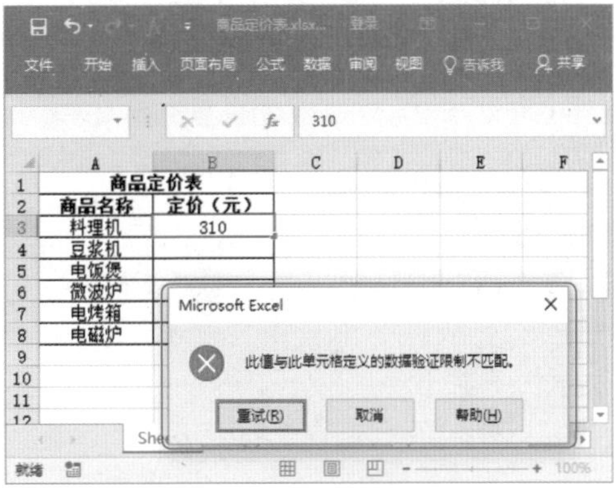

图2-81 输入数据

2.6.5 设置文本的输入长度

小李

王Sir，身份证号码这么长，一不小心就少输了一位数或者多输了一位数，这样可不行，有一劳永逸的办法吗？

王Sir

小李，身份证号码多一位或者少一位都不行。

为了加强输入数据的准确性，可以**限制单元格的文本输入长度**，当输入的内容超过或低于设置的长度时，系统就会出现错误提示的警告。

例如，要在“身份证号码采集表”中将输入身份证号码的单元格文本输入长度设置为“18”，操作方法如下。

Step01：设置数据验证。选中要设置文本长度的单元格区域，打开【数据验证】对话框，❶在【允许】下拉列表中选择【文本长度】选项，❷在【数据】下拉列表中选择【等于】选项，❸设置文本长度为【18】，❹单击【确定】按钮，如图2-82所示。

Step02：输入数据。返回工作表中，在单元格中输入内容时，若文本长度不等于18，则会出现错误提示的警告，如图2-83所示。

图2-82 设置数据验证

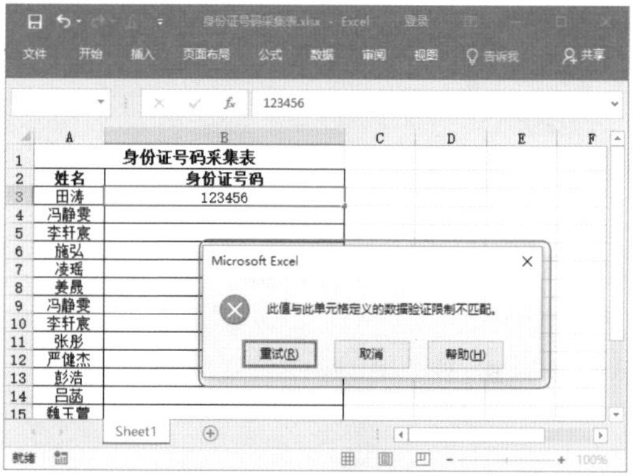

图2-83 输入数据

CHAPTER 3

简单常用，数据分析的5大法宝

小 李

一直以来，我都认为通过详细的数据才能更好地看清楚市场规律，可是张经理却不这么想。

张经理看了我的表，对我提出了更多的要求。他不要明细表，他要查看的是数据趋势、产品重点、结果汇总等数据。

为了达到张经理的要求，我及时请教王Sir，他让我用各种方法处理数据，让张经理一眼就可以看到重点数据。

经过处理后的数据果然一目了然。而不浪费领导的时间，是我这段时间收获的最大体会。

很多人觉得，数据越详细越好，所以小李总是把明细数据表上交。

可是张经理每天要看的表很多，他希望看到的是一张重点明确的数据表。

所以，就需要小李把手中的数据进行整理：把重点标出来、让数据井然有序、把符合条件的数据筛选出来、把明细数据汇总、把相关数据合并计算……

如果数据会说话，那么明细数据就是碎碎念，经过数据分析整理后的数据则是重点清晰的发言稿。

王 Sir

3.1 条件格式，用色彩展现数据

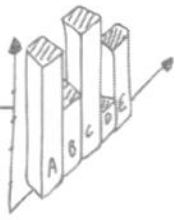

张经理

小李，你把上个月的销售提成结算表给我，我要给他们发奖金了。

小李

张经理，这是上个月的员工销售提成结算表。

	A	B	C	D	E
1	员工销售提成结算				
2	员工姓名	销量	单价	销售总额	销售提成
3	张浩	39	710	27690	1820
4	刘妙儿	33	855	28215	2080
5	吴欣	45	776	34920	2340
6	李冉	50	698	34900	2340
7	朱杰	56	809	45304	3120
8	王欣雨	32	629	20128	1300
9	林霖	37	640	23680	1560
10	黄佳华	47	703	33041	2340
11	杨笑	65	681	44265	3120
12	吴佳佳	45	645	29025	2080

张经理

小李，虽然我要的确实是销售提成结算表，但是那么多数据，你让我怎么找？

（1）把我需要的**数据突出显示**，我要一眼就看到。

（2）如果有**重复的数据**，我也要看到。

（3）**根据范围区分一下数据**，我要看到高、中、低的分布。可以用图标区分，也可以用颜色区分，你自己看着办。

小李

天啊，我要怎么做才能把要求的数据区分出来呢？看来要去请教王Sir了。

3.1.1 特定单元格，特别显示

小李

王Sir，我要把工作表中包含某个产品名称的数据找出来突出显示，只能用查找功能吗？

王Sir

小李，你想的不会是用查找功能找出来之后，再手动加底纹吧？
这种方法不仅慢，最重要的是会出错，在职场中是没有人会用这种方法的。
用**条件格式**吧，**只要用鼠标点两下，符合要求的数据就可以突出显示了。**

例如，要在“销售清单1”工作簿中将符合特定条件的单元格突出显示，操作方法如下。

Step01：选择【文本包含】选项。❶选择要设置条件格式的单元格区域，❷在【开始】选项卡的【样式】组中单击【条件格式】按钮，❸在弹出的下拉列表中单击【突出显示单元格规则】选项，❹在弹出的扩展菜单中选择条件，如【文本包含】，如图3-1所示。

Step02：设置单元格样式。弹出【文本中包含】对话框，❶设置具体条件及显示方式，❷单击【确定】按钮即可，如图3-2所示。

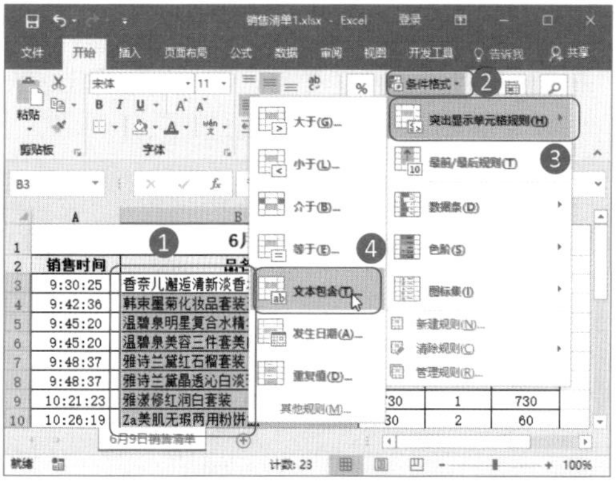

图3-1 选择【文本包含】选项

图3-2 设置单元格样式

Step03：查看效果。返回工作表，可看到设置后的效果，如图3-3所示。

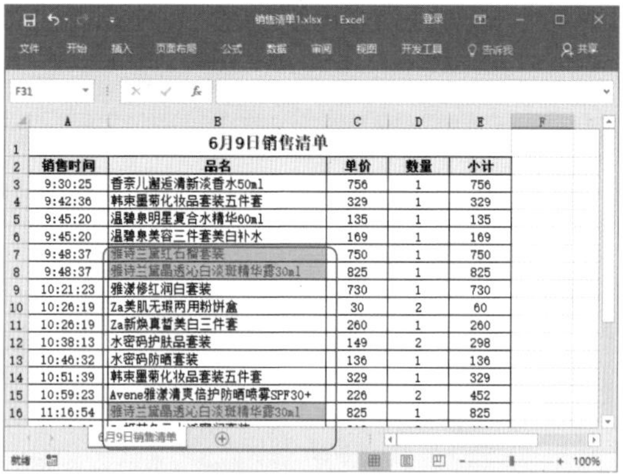

图3-3 查看效果

技能升级

如果要清除设置了包含条件格式的单元格区域，可单击【条件格式】按钮，在弹出的下拉列表中单击【清除规则】选项，在弹出的扩展菜单中单击【清除所选单元格的规则】选项即可。

3.1.2 找出排名前几位的数据

小李

王Sir，我要把销售提成结算表中销售额前3位的数据找出来，应该怎么办？

	A	B	C	D	E
1	员工销售提成结算				
2	员工姓名	销量	单价	销售总额	销售提成
3	张浩	39	710	27690	1820
4	刘妙儿	33	855	28215	2080
5	吴欣	45	776	34920	2340
6	李冉	50	698	34900	2340
7	朱杰	56	809	45304	3120
8	王欣雨	32	629	20128	1300
9	林霖	37	640	23680	1560
10	黄佳华	47	703	33041	2340
11	杨笑	65	681	44265	3120
12	吴佳佳	45	645	29025	2080

王Sir

小李，通过条件格式的【前10项】功能，可以找出排名前10位的数据。
如果你只是要找出前3位，在对话框中设置就可以了。

例如，要在“员工销售表”中将销售总额排名前3位的数据突出显示，操作方法如下。

Step01：单击【最前/最后规则】选项。❶选中要设置条件格式的单元格区域，❷单击【条件格式】按钮，❸在弹出的下拉列表中单击【最前/最后规则】选项，❹在弹出的扩展菜单中单击【前10项】选项，如图3-4所示。

Step02：设置单元格格式。弹出【前10项】对话框，❶在微调框中将值设置为【3】，然后在【设置为】下拉列表中选择需要的格式，❷单击【确定】按钮，如图3-5所示。

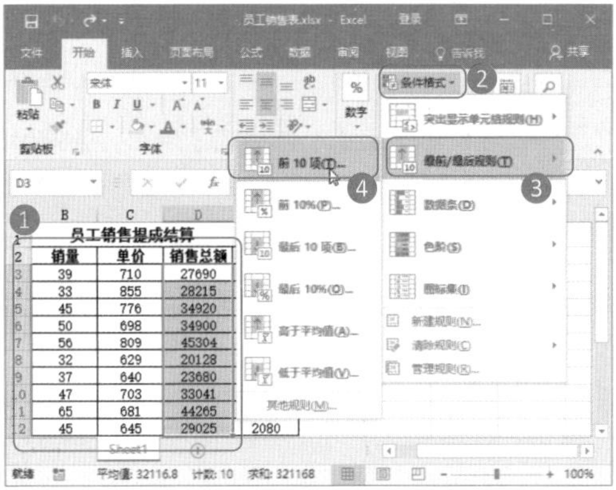

图3-4 单击【最前/最后规则】选项

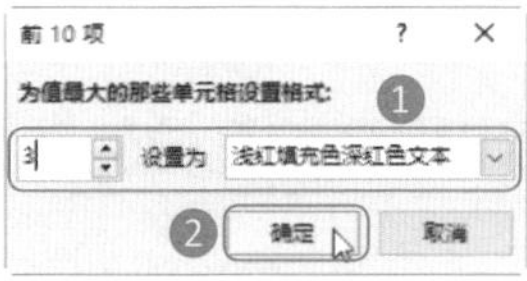

图3-5 设置单元格格式

Step03：查看效果。返回工作表，即可看到突出显示了销售总额排名前3位的数据，如图3-6所示。

	A	B	C	D	E
1	员工销售提成结算				
2	员工姓名	销量	单价	销售总额	销售提成
3	张浩	39	710	27690	1820
4	刘妙儿	33	855	28215	2080
5	吴欣	45	776	34920	2340
6	李冉	50	698	34900	2340
7	朱杰	56	809	45304	3120
8	王欣雨	32	629	20128	1300
9	林霖	37	640	23680	1560
10	黄佳华	47	703	33041	2340
11	杨笑	65	681	44265	3120
12	吴佳佳	45	645	29025	2080

图3-6 查看效果

3.1.3 突出显示重复的数据

小李

王Sir，这份职员招聘报名表登记的数据有重复项，怎么才能找出来呢？

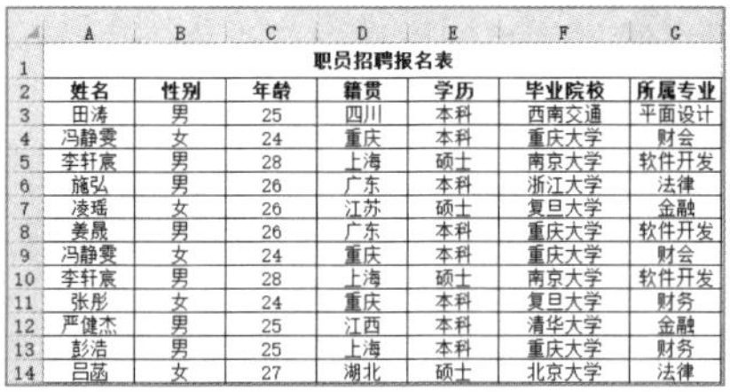

	A	B	C	D	E	F	G
1	职员招聘报名表						
2	姓名	性别	年龄	籍贯	学历	毕业院校	所属专业
3	田涛	男	25	四川	本科	西南交通	平面设计
4	冯静雯	女	24	重庆	本科	重庆大学	财会
5	李轩宸	男	28	上海	硕士	南京大学	软件开发
6	施弘	男	26	广东	本科	浙江大学	法律
7	凌瑶	女	26	江苏	硕士	复旦大学	金融
8	姜晟	男	26	广东	本科	重庆大学	软件开发
9	冯静雯	女	24	重庆	本科	重庆大学	财会
10	李轩宸	男	28	上海	硕士	南京大学	软件开发
11	张彤	女	24	重庆	本科	复旦大学	财务
12	严健杰	男	25	江西	本科	清华大学	金融
13	彭浩	男	25	上海	本科	重庆大学	财务
14	吕菡	女	27	湖北	硕士	北京大学	法律

王Sir

小李，如果要找出重复的数据，使用条件格式也很简单。

使用条件格式中的重复值功能，可以把重复值用指定的颜色和底纹标记出来，是不是很简单？

例如，要在“职员招聘报名表”中将表格中重复的姓名标记出来，操作方法如下。

Step01：单击【突出显示单元格规则】选项。❶选中要设置条件格式的单元格区域，❷单击【条件格式】按钮，❸在弹出的下拉列表中单击【突出显示单元格规则】选项，❹在弹出的扩展菜单中单击【重复值】选项，如图3-7所示。

Step02：设置单元格格式。弹出【重复值】对话框，❶设置重复值的显示格式，❷单击【确定】按钮，如图3-8所示。

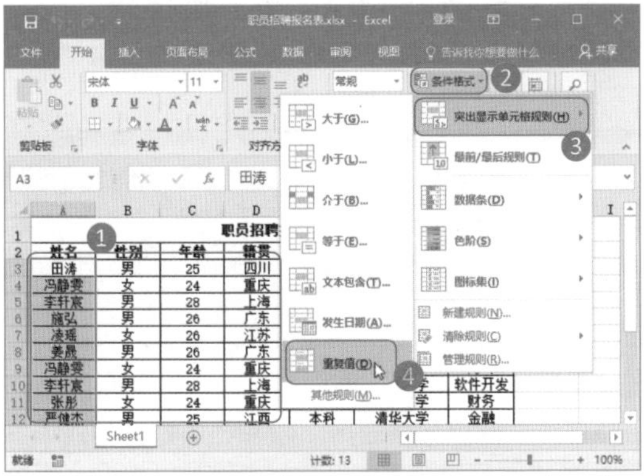

图3-7　单击【突出显示单元格规则】选项

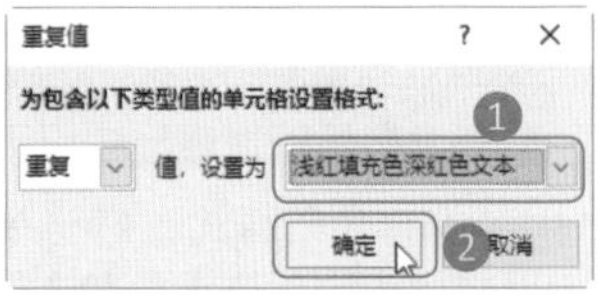

图3-8　设置单元格格式

Step03：查看效果。返回工作表，可看到突出显示了重复的姓名，如图3-9所示。

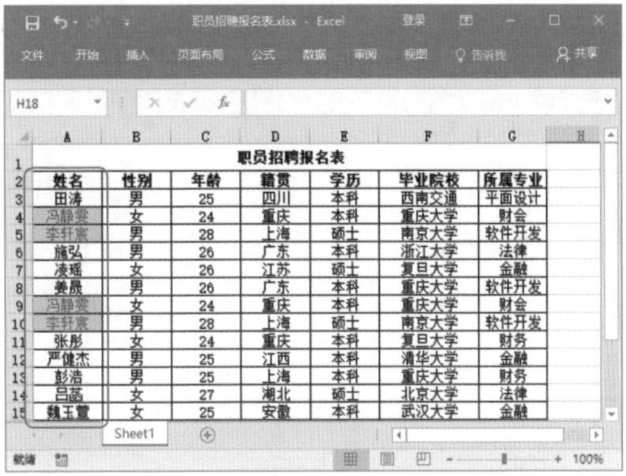

图3-9　查看效果

3.1.4 范围不同，颜色不同

小李

王Sir，我想把销售提成的金额按照范围设置成不同的颜色可以吗？

员工姓名	销量	单价	销售总额	销售提成
张浩	39	710	27690	1820
刘妙儿	33	855	28215	2080
吴欣	45	776	34920	2340
李冉	50	698	34900	2340
朱杰	56	809	45304	3120
王欣雨	32	629	20128	1300
林霖	37	640	23680	1560
黄佳华	47	703	33041	2340
杨笑	65	681	44265	3120
吴佳佳	45	645	29025	2080

王Sir

小李，你使用Excel的色阶功能。

使用色阶功能可以**在单元格区域中以双色渐变或三色渐变直观显示数据**，帮助用户了解数据的分布和变化。

例如，要在“员工销售表”中以不同颜色显示单元格不同范围的数据，操作方法如下。

Step01：选择色阶样式。❶选中要设置条件格式的单元格区域，❷单击【条件格式】下拉按钮，❸在弹出的下拉列表中单击【色阶】选项，❹在弹出的扩展菜单中选择一种双色渐变方式的色阶样式，如图3-10所示。

Step02：查看效果。返回工作表，可看到设置了不同颜色显示不同范围数据的效果，如图3-11所示。

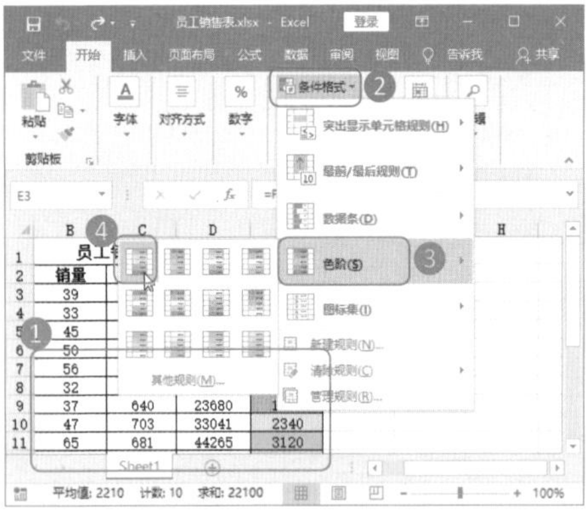

图3-10 选择色阶样式

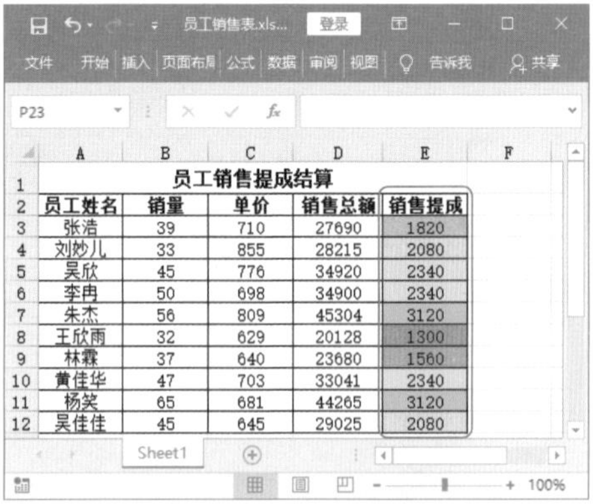

图3-11 查看效果

3.1.5 只要数据条，不要数据值

小李

王Sir，如果我想要数据后面的单元格中使用数据条来表示，而且数据条上不能显示数值，能实现吗？

	A	B	C
1	各级别职员工资总额对比		
2	级别	平均工资年收入（元）	数据条
3	总裁	1500000	
4	副总	800000	
5	总监	500000	
6	经理	300000	
7	主管	150000	
8	组长	100000	
9	普通职员	60000	

王Sir

当然可以。

使用数据条可以一目了然地查看数据的大小情况，当需要隐藏数值时，还可以设置让数据条不显示单元格数值。

如果要在“各级别职员工资总额对比”工作簿中使用数据条表示数据，并不显示数据值，操作方法如下。

Step01：输入公式。在C3单元格中输入公式“=B3”，然后利用填充功能向下复制公式，如图3-12所示。

Step02：选择数据条样式。❶选中单元格区域C3:C9，单击【开始】选项卡的【样式】组中的【条件格式】下拉按钮，❷在弹出的下拉列表中选择【数据条】选项，❸在弹出的扩展菜单中单击需要的数据条样式，如图3-13所示。

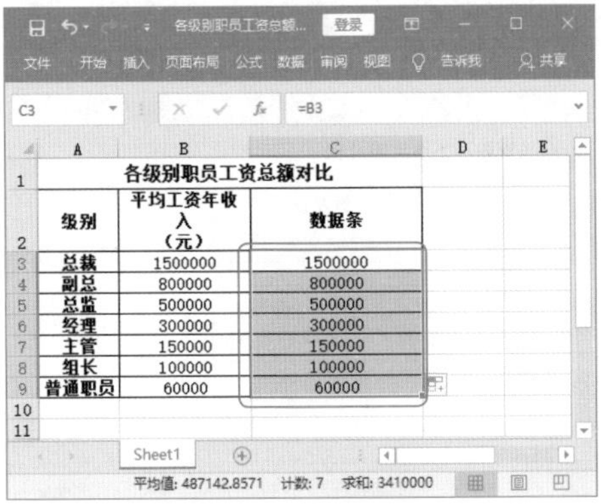

图3-12 输入公式

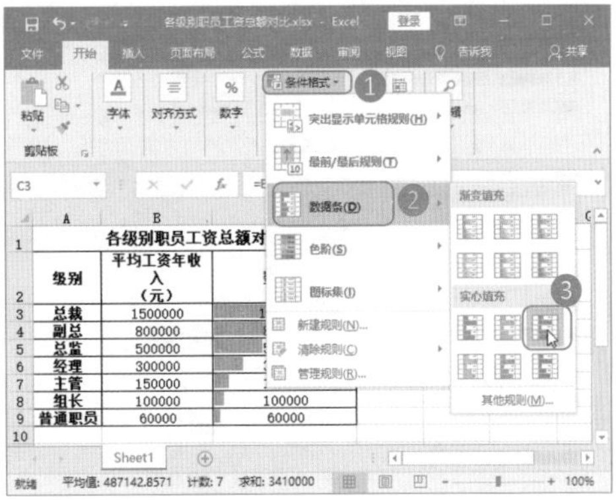

图3-13 选择数据条样式

Step03：单击【管理规则】选项。❶保持单元格区域C3:C9的选中状态，单击【条件格式】下拉按钮，❷在弹出的下拉列表中单击【管理规则】选项，如图3-14所示。

Step04：单击【编辑规则】按钮。弹出【条件格式规则管理器】对话框，❶在列表框中选中【数据条】选项，❷单击【编辑规则】按钮，如图3-15所示。

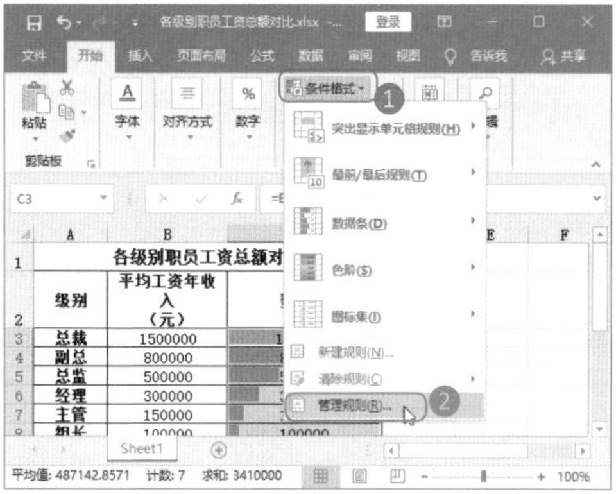

图3-14 单击【管理规则】选项

图3-15 单击【编辑规则】按钮

Step05：勾选【仅显示数据条】复选框。弹出【编辑格式规则】对话框，❶在【编辑规则说明】栏中勾选【仅显示数据条】复选框，❷单击【确定】按钮，如图3-16所示。

Step06：查看效果。返回【条件格式规则管理器】对话框，单击【确定】按钮，在返回的工作表中即可查看效果，如图3-17所示。

图3-16 勾选【仅显示数据条】复选框

图3-17 查看效果

3.1.6 范围数据，图标区分

小李

王Sir，这次的考核成绩出来了，我想在数据旁边加上图标，让张经理可以更方便地区分优、良、差，应该怎么做？

王Sir

小李，你可以使用图标集呀。

图标集用于对数据进行注释，并可以按值的大小将数据分为3~5个类别，每个图标代表一个数据范围。

例如，要在“新进员工考核表”中将员工考核成绩通过图标集进行标识，操作方法如下。

Step01：选择图标集样式。❶选择单元格区域B4: E14，单击【条件格式】按钮，❷在弹出的下拉列表中单击【图标集】选项，❸在弹出的扩展菜单中选择图标集样式，如图3-18所示。

Step02：查看效果。返回工作表，可查看设置后的效果，如图3-19所示。

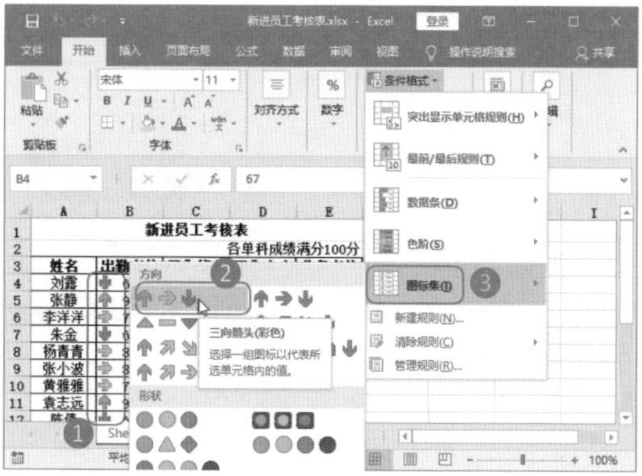

图3-18　选择图标集样式

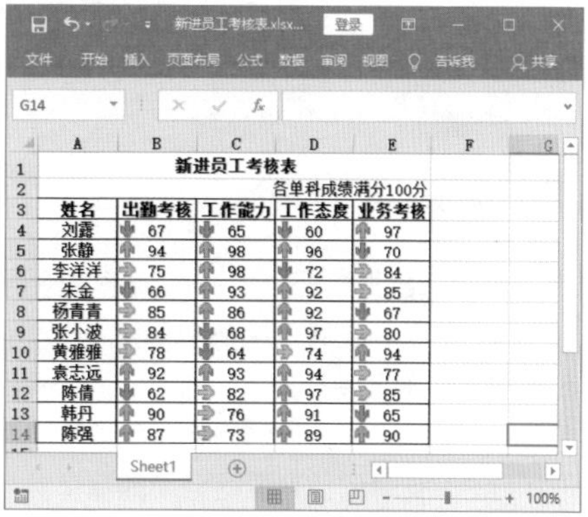

图3-19　查看效果

3.2 排序，让数据排队站好

张经理

小李，你把去年的销售业绩统计一下，我要看看每个人的销售总量数据，销量好的加以奖励，销量差的找出问题。

小 李

好的，张经理。

这就是你要的销售业绩统计表。

	A	B	C	D	E	F	G
1	销售业绩表						
2	销售地区	员工姓名	一季度	二季度	三季度	四季度	销售总量
3	西北	王其	1666	1296	796	2663	6421
4	东北	艾佳佳	1596	3576	1263	1646	8081
5	西北	陈俊	863	2369	1598	1729	6559
6	西南	胡媛媛	2599	1479	2069	966	7113
7	总部	赵东亮	1026	3025	1566	1964	7581
8	东北	柳新	2059	1059	866	1569	5553
9	总部	汪心依	1795	2589	3169	2592	10145
10	西南	刘思玉	1025	896	2632	1694	6247
11	西北	刘露	1729	1369	2699	1086	6883
12	西南	胡杰	2369	1899	1556	1366	7190
13	总部	郝仁义	1320	1587	1390	2469	6766
14	东北	汪小颖	798	1692	1585	2010	6085
15	总部	杨曦	1899	2695	1066	2756	8416
16	西北	严小琴	1696	1267	1940	1695	6598
17	西南	尹向南	2692	860	1999	2046	7597

张经理

小李，身为数据分析师，难道你还要我来做数据分析工作吗？

（1）我要查看的销售总量数据必须一眼看清谁的销量最高，谁的销量最低，而不是还需要我自己来找哪些是一二三，你**必须按从高到低的顺序排好再给我**。

（2）除了总销量的排名，季度排名我也要看，**同时多个字段的排序也很重要**。

（3）有时候还要**根据公司的具体要求排序**。

排序是最基本的数据分析方法，必须掌握。

3.2.1 一个关键字，排序员工销量数据

小李

王Sir，张经理让我把销售总量按从高到低排列，应该怎么排呢？

王Sir

小李，**排序是最基本的数据分析方法。**

使用排序功能，不仅可以把数据从高到低排列，也可以从低到高排列，想怎么排就怎么排。

例如，在“销售业绩表”中，如果要按【销量总量】降序排列，操作方法如下。

Step01：单击【降序】按钮。①选中【销售总量】列中的任意单元格，②单击【数据】选项卡的【排序和筛选】组中的【降序】按钮，如图3-20所示。

Step02：查看排序结果。此时，工作表中的数据将按照关键字【销量总量】进行降序排列，如图3-21所示。

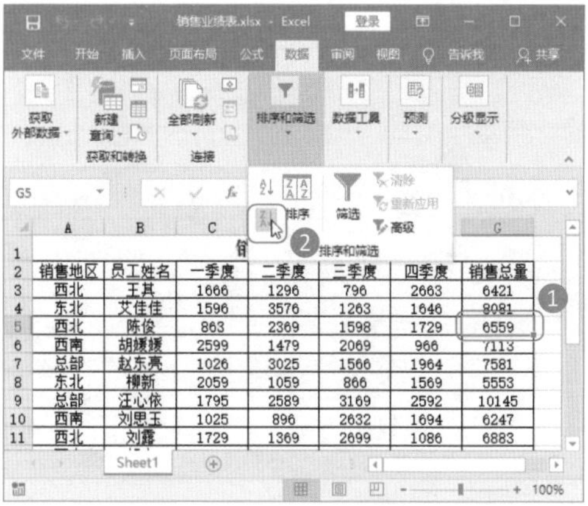

销售地区	员工姓名	一季度	二季度	三季度	四季度	销售总量
西北	王其	1666	1296	796	2663	6421
东北	艾佳佳	1596	3576	1263	1646	8081
西北	陈俊	863	2369	1598	1729	6559
西南	胡媛媛	2599	1479	2069	966	7113
总部	赵东亮	1026	3025	1566	1964	7581
东北	柳新	2059	1059	866	1569	5553
总部	汪心依	1795	2589	3169	2592	10145
西南	刘思玉	1025	896	2632	1694	6247
西北	刘露	1729	1369	2699	1086	6883

图3-20 单击【降序】按钮

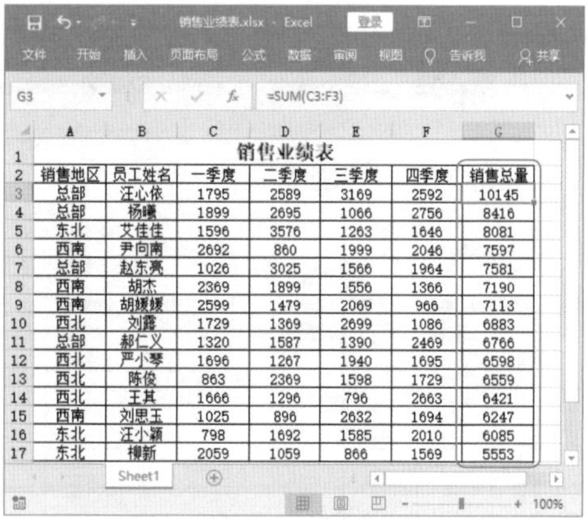

销售地区	员工姓名	一季度	二季度	三季度	四季度	销售总量
总部	汪心依	1795	2589	3169	2592	10145
总部	杨曦	1899	2695	1066	2756	8416
东北	艾佳佳	1596	3576	1263	1646	8081
西南	尹向南	2692	860	1999	2046	7597
总部	赵东亮	1026	3025	1566	1964	7581
西南	胡杰	2369	1899	1556	1366	7190
西南	胡媛媛	2599	1479	2069	966	7113
西北	刘露	1729	1369	2699	1086	6883
总部	郝仁义	1320	1587	1390	2469	6766
西北	严小琴	1696	1267	1940	1695	6598
西北	陈俊	863	2369	1598	1729	6559
西北	王其	1666	1296	796	2663	6421
西南	刘思玉	1025	896	2632	1694	6247
东北	汪小颖	798	1692	1585	2010	6085
东北	柳新	2059	1059	866	1569	5553

图3-21 查看排序结果

3.2.2 多个关键字，排序符合双重条件的数据

小李

王Sir，如果有多个关键字要排序怎么办呢？我用了两次排序功能，可是结果会被覆盖。

王Sir

小李，多个关键字排序可不是排序两次就可以。

当要排序多个关键字时，需要**打开【排序】对话框，然后添加条件才能完成排序。**

遇到问题时勇于尝试是对的，但此路不通时，一定要记得不耻下问。

例如，在“销售业绩表”中，如果要按【销量总量】和【四季度】的销售情况来排列，操作方法如下。

Step01：单击【排序】按钮。❶选中数据区域中的任意单元格，❷单击【数据】选项卡的【排序和筛选】组中的【排序】按钮，如图3-22所示。

Step02：设置主要关键字排序依据。弹出【排序】对话框，❶在【主要关键字】下拉列表中选择排序关键字，在【排序依据】下拉列表中选择排序依据，在【次序】下拉列表中选择排序方式，❷单击【添加条件】按钮，如图3-23所示。

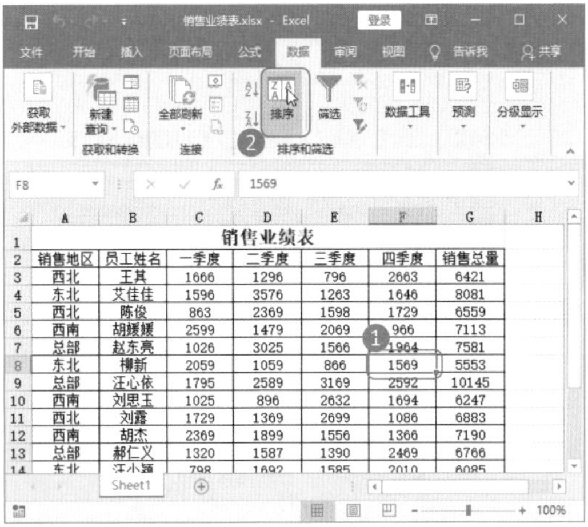

图3-22 单击【排序】按钮

图3-23 设置主要关键字排序依据

Step03：设置次要关键字排序依据。❶使用相同的方法设置次要关键字，❷完成后单击【确定】按钮，如图3-24所示。

Step04：查看排序结果。此时，工作表中的数据将按照关键字【销量总量】和【四季度】进行升序排列，如图3-25所示。

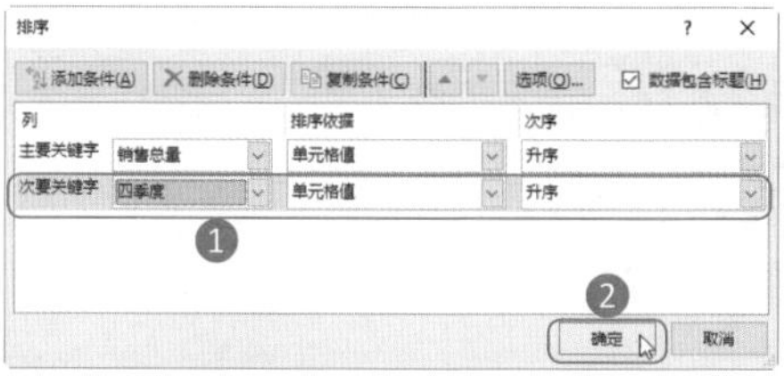

图3-24 设置次要关键字排序依据

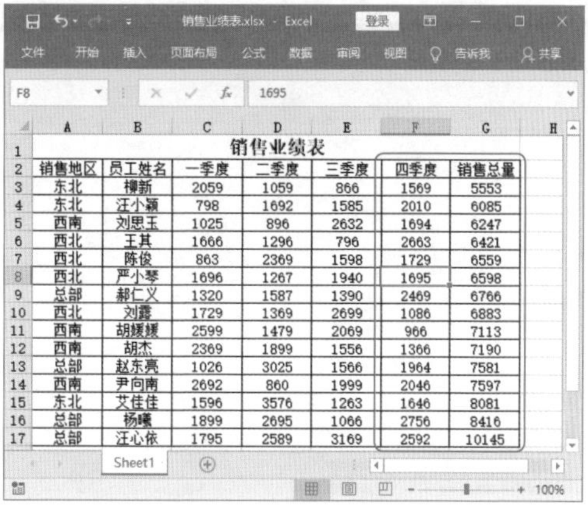

销售业绩表						
销售地区	员工姓名	一季度	二季度	三季度	四季度	销售总量
东北	柳新	2059	1059	866	1569	5553
东北	汪小颖	798	1692	1585	2010	6085
西南	刘思玉	1025	896	2632	1694	6247
西北	王其	1666	1296	796	2663	6421
西北	陈俊	863	2369	1598	1729	6559
西北	严小琴	1696	1267	1940	1695	6598
总部	郝仁义	1320	1587	1390	2469	6766
西北	刘露	1729	1369	2699	1086	6883
西南	胡媛媛	2599	1479	2069	966	7113
西南	胡杰	2369	1899	1556	1366	7190
总部	赵东亮	1026	3025	1566	1964	7581
西南	尹向南	2692	860	1999	2046	7597
东北	艾佳佳	1596	3576	1263	1646	8081
总部	杨曦	1899	2695	1066	2756	8416
总部	汪心依	1795	2589	3169	2592	10145

图3-25 查看排序结果

3.2.3 自定义排序，按你的想法排序

小李

王Sir，张经理让我根据公司部门设置来排序，第一是人力资源部、第二是行政部、第三是财务部……，怎么才能排成这样？通过文本排序吗？

王Sir

小李，文本排序可不行。

让文本数据按照字母顺序进行排序，是按照拼音的首字母进行降序（Z到A的字母顺序）或升序（A到Z的字母顺序）排序。

可是，张经理要求的排序是**按自己的意愿排序，需要进行自定义序列排序。**

例如，要在“员工信息登记表”中将【所属部门】按照自定义序列进行排序，操作方法如下。

Step01：单击【自定义序列】选项。❶选中数据区域中的任意单元格，打开【排序】对话框，在【主要关键字】下拉列表中选择排序关键字，❷在【次序】下拉列表中单击【自定义序列】选项，如图3-26所示。

Step02：设置排序序列。弹出【自定义序列】对话框，❶在【输入序列】文本框中输入排序序列，❷单击【添加】按钮，将其添加到【自定义序列】列表框中，❸单击【确定】按钮，如图3-27所示。

图3-26 单击【自定义序列】选项

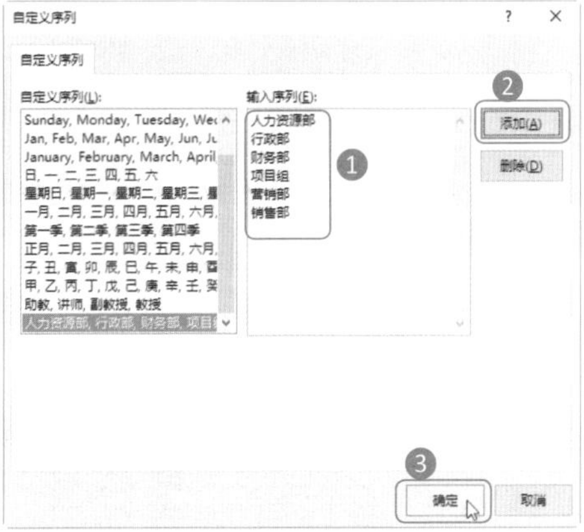

图3-27 设置排序序列

Step03：查看排序结果。返回【排序】对话框，单击【确定】按钮，在返回的工作表中即可查看排序后的效果，如图3-28所示。

图3-28 查看排序结果

3.3 筛选，让目标数据无处藏身

小李

张经理，去年的销售业绩表在这里，你看还有什么要补充的吗？

	A	B	C	D	E	F	G
1	销售业绩表						
2	销售地区	员工姓名	一季度	二季度	三季度	四季度	销售总量
3	西北	王其	1666	1296	796	2663	6421
4	东北	艾佳佳	1596	3576	1263	1646	8081
5	西北	陈俊	863	2369	1598	1729	6559
6	西南	胡媛媛	2599	1479	2069	966	7113
7	总部	赵东亮	1026	3025	1566	1964	7581
8	东北	柳新	2059	1059	866	1569	5553
9	总部	汪心依	1795	2589	3169	2592	10145
10	西南	刘思玉	1025	896	2632	1694	6247
11	西北	刘露	1729	1369	2699	1086	6883
12	西南	胡杰	2369	1899	1556	1366	7190
13	总部	郝仁义	1320	1587	1390	2469	6766
14	东北	汪小颖	798	1692	1585	2010	6085
15	总部	杨曦	1899	2695	1066	2756	8416
16	西北	严小琴	1696	1267	1940	1695	6598
17	西南	尹向南	2692	860	1999	2046	7597

张经理

小李，这次我的要求有点多，你记下来：

（1）我**只要显示西南地区的数据**，其他的数据都不要。

（2）我还**要西南地区销售总额大于7000的数据**。

（3）有时候我会不记得字段的名称，或者只记得一两个字，你要**把匹配的都找出来**。

记住了吗？

3.3.1 一个条件，简单筛选一个数据

小李

王Sir，张经理只要看西南地区的销售数据，我应该怎么做？把其他地区的都删除吗？

王Sir

小李，**使用筛选功能就可以把需要的数据筛选出来了。**
至于筛选后不需要的数据，当然是隐藏起来最方便，删除之后可就没有了。

例如，在“销售业绩表”中筛选【西南】地区的数据，操作方法如下。

Step01：单击【筛选】按钮。❶选中数据区域中的任意单元格，❷单击【数据】选项卡的【排序和筛选】组中的【筛选】按钮，如图3-29所示。

Step02：勾选【西南】复选框。打开筛选状态，❶单击【销售地区】列右侧的下拉按钮，❷在弹出的下拉列表中设置筛选条件，本例中勾选【西南】复选框，❸单击【确定】按钮，如图3-30所示。

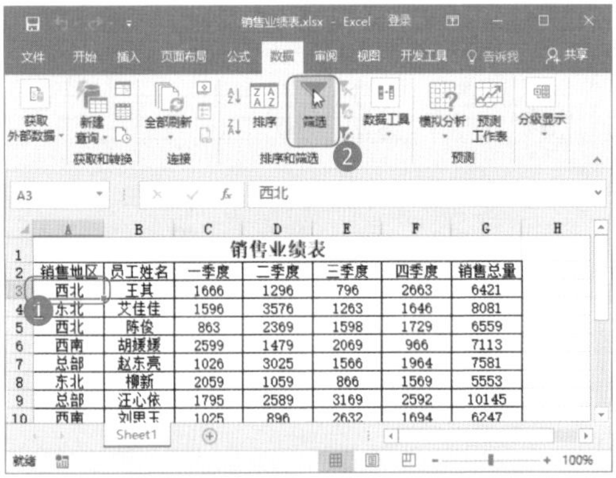

图3-29 单击【筛选】按钮

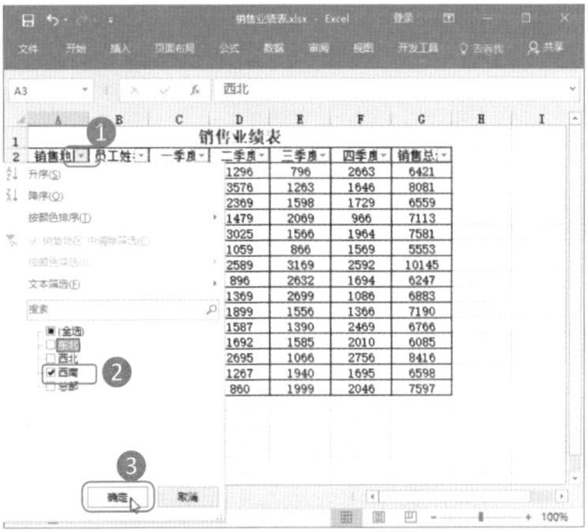

图3-30 勾选【西南】复选框

技能升级

表格数据呈筛选状态时，单击【筛选】按钮可退出筛选状态。若在【排序和筛选】组中单击【清除】按钮，可快速清除当前设置的所有筛选条件，将所有数据显示出来，但不退出筛选状态。

Step03：查看筛选结果。返回工作表，可看见表格中只显示了【销售地区】为【西南】的数据，且列标题【销售地区】右侧的下拉按钮将变为漏斗形状的按钮，表示【销售地区】为当前数据区域的筛选条件，如图3-31所示。

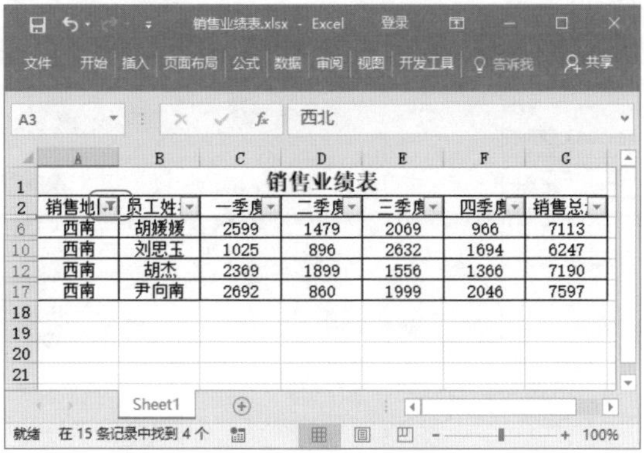

	A	B	C	D	E	F	G
1	销售业绩表						
2	销售地	员工姓	一季度	二季度	三季度	四季度	销售总
6	西南	胡媛媛	2599	1479	2069	966	7113
10	西南	刘思玉	1025	896	2632	1694	6247
12	西南	胡杰	2369	1899	1556	1366	7190
17	西南	尹向南	2692	860	1999	2046	7597
18							
19							
20							
21							

图3-31 查看筛选结果

3.3.2 多个条件，随心筛选多个数据

小李

王Sir，张经理要“西南地区”销售总额大于“7000”的数据，可是我只会一个条件筛选，两个条件可以筛选吗？

王Sir

小李，两个条件当然可以筛选。

如果有两个或两个以上的条件需要筛选，**可以先筛选一个条件，然后在其中再进一步地筛选。**

筛选的条件越多，获得的数据就越精准。

如果要筛选“西南地区”销售总额大于“7000”的数据，操作方法如下。

Step01：勾选【西南】复选框。打开筛选状态，❶单击【销售地区】列右侧的下拉按钮，❷在弹出的下拉列表中设置筛选条件，本例中勾选【西南】复选框，❸单击【确定】按钮，如图3-32所示。

Step02：设置筛选条件。返回工作表，❶单击【销售总量】列右侧的下拉按钮，❷在弹出的下拉列表中设置筛选条件，本例中单击【数字筛选】选项，❸在弹出的扩展菜单中单击【大于】选项，如图3-33所示。

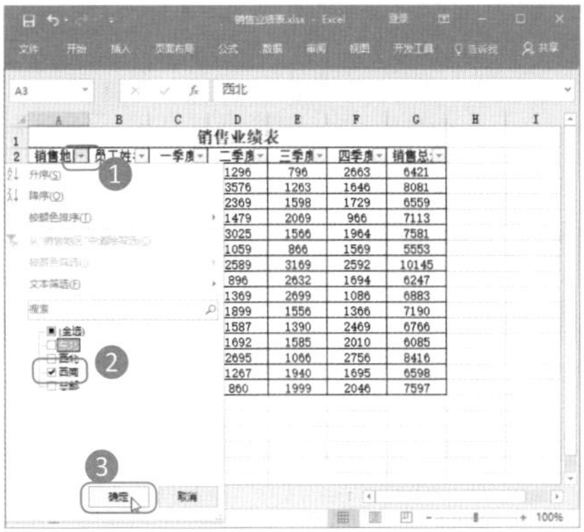

图3-32　勾选【西南】复选框

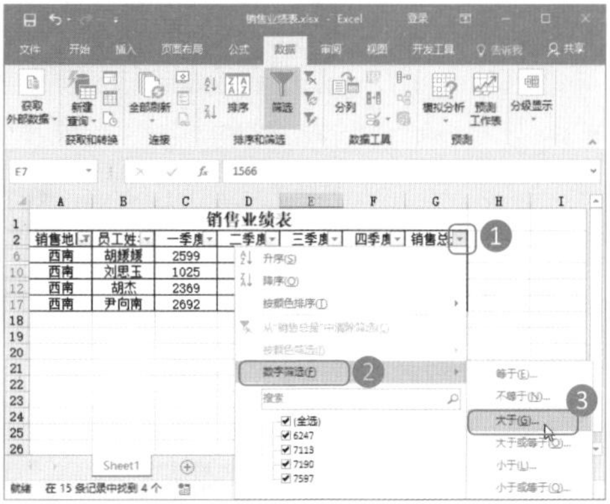

图3-33　设置筛选条件

Step03：自定义筛选方式。①弹出【自定义自动筛选方式】对话框，在文本框中输入“7000”，②单击【确定】按钮，如图3-34所示。

Step04：查看筛选结果。返回工作表，可看见只显示了“销售地区”为“西南”、“销售总量”在“7000”以上的数据，如图3-35所示。

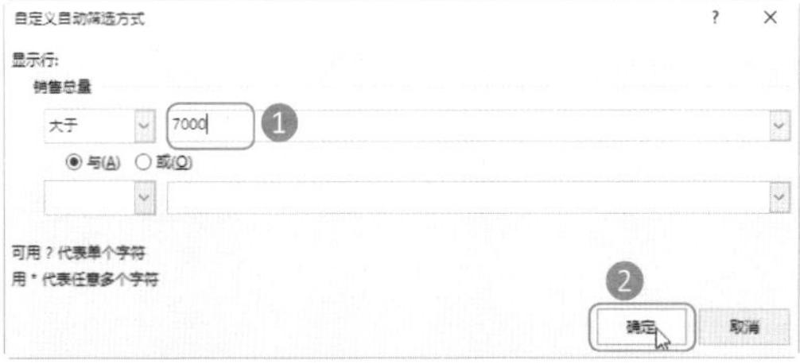

图3-34　自定义筛选方式

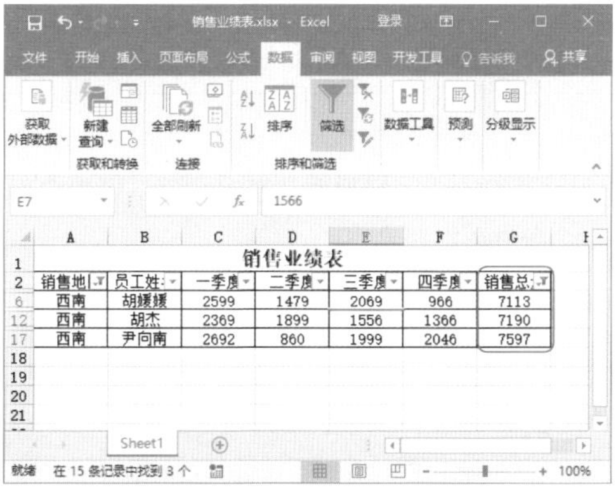

图3-35　查看筛选结果

3.3.3 使用通配符，模糊筛选符合条件的数据

小李

王Sir，筛选的内容我不太明确，只知道其中的一两个字，应该怎么筛选呢？

王Sir

小李，使用模糊筛选就可以了。

筛选数据时，如果不能明确指定筛选的条件时，可以使用通配符进行模糊筛选。常见的通配符有“？”和“*”，其中“？”代表单个字符，“*”代表任意多个连续的字符。

例如，要在“销售清单”中筛选“品名”中含有“雅”字的数据，操作方法如下。

Step01：单击【自定义筛选】选项。❶选中数据区域中的任意单元格，打开筛选状态，单击【品名】列右侧的下拉按钮，❷在弹出的下拉列表中单击【文本筛选】选项，❸在打开的扩展菜单中单击【自定义筛选】选项，如图3-36所示。

Step02：输入筛选内容。弹出【自定义自动筛选方式】对话框，❶设置筛选条件，本例中在第一个下拉列表中选择【等于】选项，在右侧文本框中输入【雅*】，❷单击【确定】按钮即可，如图3-37所示。

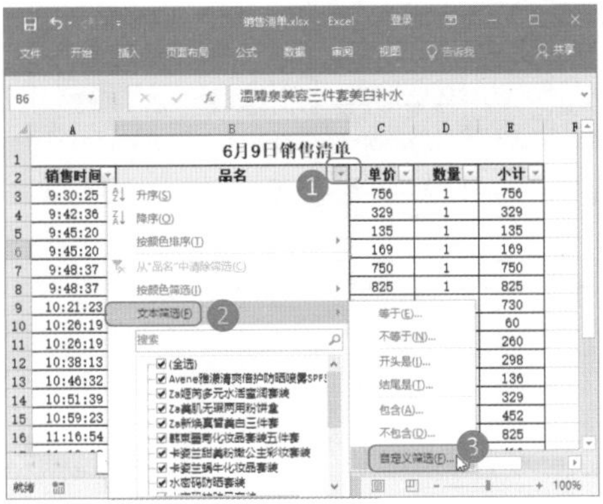

图3-36 单击【自定义筛选】选项

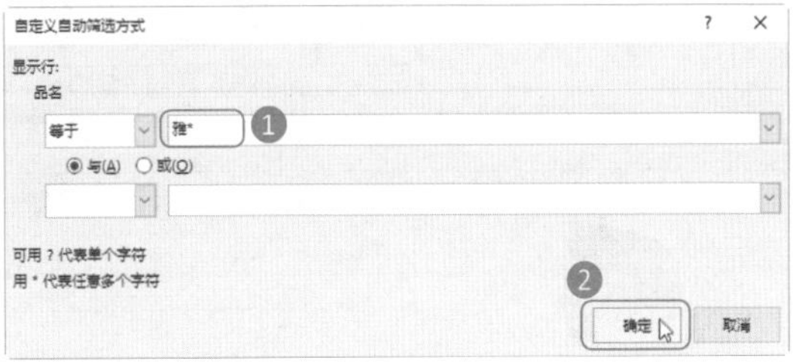

图3-37 输入筛选内容

Step03：查看筛选结果。返回工作表，即可查看筛选效果，如图3-38所示。

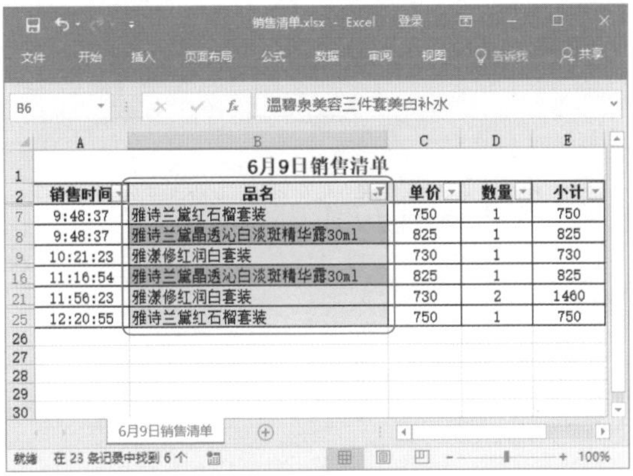

图3-38 查看筛选结果

3.3.4 利用筛选功能巧删空白行

王Sir

小李，你看这张表格中有那么多空行，如果让你删除，你会怎么做？

	A	B	C	D	E
1	收银日期	商品号	商品描述	数量	销售金额
2	2019/6/2	142668	联想一体机C340 G2030T 4G50GVW-D8(BK)(A)	1	3826
3	2019/6/2	153221	戴尔笔记本Ins14CR-1518BB（黑色）	1	3489
4	2019/6/2	148550	华硕笔记本W509LD4030-554ASF52XC0（黑色）	1	4250
5					
6	2019/6/2	148926	联想笔记本M4450AA105750M4G1TR8C(RE-2G)-CN（红）	1	4800
7	2019/6/3	148550	华硕笔记本W509LD4030-554ASF52XC0（白色）	1	4250
8					
9					
10	2019/6/3	172967	联想ThinkPad笔记本E550C20E0A00CCD	1	2500
11	2019/6/3	142668	联想一体机C340 G2030T 4G50GVW-D8(BK)(A)	1	3826
12	2019/6/3	125698	三星超薄本NP450R4V-XH4CN	1	1800
13					
14	2019/6/3	148550	华硕笔记本W509LD4030-554ASF52XC0（黑色）	1	4250
15	2019/6/3	148550	华硕笔记本W509LD4030-554ASF52XC0（蓝色）	1	4250
16					
17	2019/6/3	146221	戴尔笔记本INS14CR-1316BB（白色）	1	3500
18					

小李

王Sir，你是在藐视我的智商吧，选中之后再删除就可以了，我学过。

王Sir

小李，难怪你经常加班到天明，就你这工作效率，明年都没有时间谈恋爱。

如果按照常规的方法一个一个删除，工程非常烦琐。而你明明可以**通过筛选功能先筛选出空白行，然后一次性将其删除。**

是不是简单多了？

例如，要在“数码产品销售清单”工作簿中利用筛选功能快速删除所有空白行，操作方法如下。

Step01：单击【筛选】按钮。❶通过单击列标选中A列，❷单击【数据】选项卡的【排序和筛选】组中的【筛选】按钮，如图3-39所示。

Step02：勾选【（空白）】复选框。❶打开筛选状态，单击A列中的自动筛选下拉按钮，❷取消勾选【全选】复选框，然后勾选【（空白）】复选框，❸单击【确定】按钮，如图3-40所示。

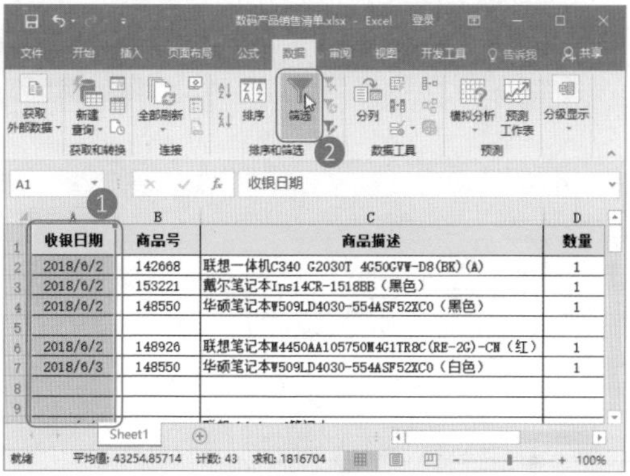

图3-39 单击【筛选】按钮

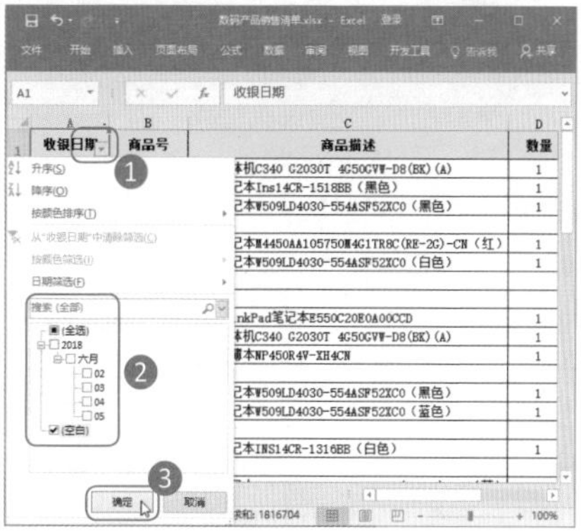

图3-40 勾选【（空白）】复选框

Step03：单击【删除】按钮。❶系统将自动筛选出所有空白行，选中所有空白行，❷单击【开始】选项卡的【单元格】组中的【删除】按钮，如图3-41所示。

Step04：查看删除后的效果。单击【数据】选项卡的【排序和筛选】组中的【筛选】按钮取消筛选状态，即可看到所有空白行已经被删除掉了，如图3-42所示。

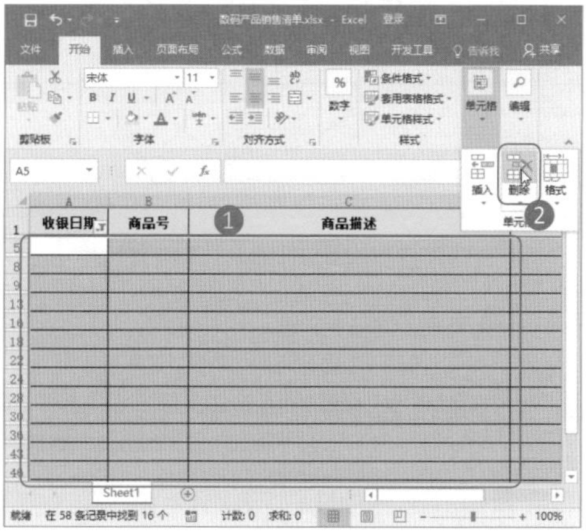

图3-41 单击【删除】按钮

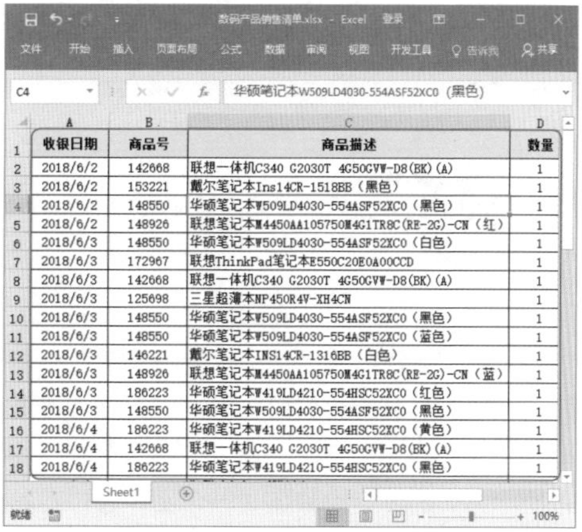

图3-42 查看删除后的效果

3.4 分类汇总，让数据各归各位

小李

张经理，您要的最近几天的销售数据已经统计出来了！

	A	B	C	D	E	F	G
1	家电销售情况						
2	**销售人员**	**销售日期**	**商品类别**	**品牌**	**销售单价**	**销售数量**	**销售额**
3	杨曦	2019/6/4	电视	长虹	4500	20	90000
4	刘思玉	2019/6/4	空调	格力	4300	32	137600
5	汪小颖	2019/6/4	洗衣机	海尔	3750	19	71250
6	赵东亮	2019/6/4	冰箱	海尔	3400	29	98600
7	杨曦	2019/6/4	电视	索尼	3600	34	122400
8	郝仁义	2019/6/5	空调	美的	3200	18	57600
9	汪小颖	2019/6/5	洗衣机	美的	3120	16	49920
10	胡杰	2019/6/5	空调	格力	4300	27	116100
11	胡媛媛	2019/6/5	电视	康佳	2960	20	59200
12	柳新	2019/6/5	冰箱	美的	3780	19	71820
13	艾佳佳	2019/6/5	洗衣机	海尔	3750	27	101250
14	刘思玉	2019/6/6	空调	美的	3200	14	44800
15	柳新	2019/6/6	冰箱	西门	4250	24	102000
16	杨曦	2019/6/6	电视	长虹	4500	28	126000
17	赵东亮	2019/6/6	冰箱	海尔	3400	13	44200
18	刘露	2019/6/6	洗衣机	美的	3120	30	93600
19	胡媛媛	2019/6/7	电视	索尼	3600	19	68400
20	胡杰	2019/6/7	空调	格力	4300	24	103200

张经理

小李，希望你能明确数据分析师的职责，明细数据我拿来干什么？

（1）我要按商品类别**查看销售额汇总值**。

（2）汇总的数据每次都是在下面，**不同的场合放到不同的位置**不是更科学吗？

（3）同一个字段，我希望**进行多项不同汇总方式的汇总**。

（4）汇总结果放在同一个工作表中看起来太杂乱，**分别放在不同的工作表**吧。

3.4.1 创建分类汇总

王Sir

小李，我来考考你。如果要你把“冰箱”的销售数据统计出来，你会怎么做？

	A	B	C	D	E	F	G
1	家电销售情况						
2	销售人员	销售日期	商品类别	品牌	销售单价	销售数量	销售额
3	杨曦	2019/6/4	电视	长虹	4500	20	90000
4	刘思玉	2019/6/4	空调	格力	4300	32	137600
5	汪小颖	2019/6/4	洗衣机	海尔	3750	19	71250
6	赵东亮	2019/6/4	冰箱	海尔	3400	29	98600
7	杨曦	2019/6/4	电视	索尼	3600	34	122400
8	郝仁义	2019/6/5	空调	美的	3200	18	57600
9	汪小颖	2019/6/5	洗衣机	美的	3120	16	49920
10	胡杰	2019/6/5	空调	格力	4300	27	116100
11	胡媛媛	2019/6/5	电视	康佳	2960	20	59200
12	柳新	2019/6/5	冰箱	美的	3780	19	71820
13	艾佳佳	2019/6/5	洗衣机	海尔	3750	27	101250
14	刘思玉	2019/6/6	空调	美的	3200	14	44800
15	柳新	2019/6/6	冰箱	西门	4250	24	102000
16	杨曦	2019/6/6	电视	长虹	4500	28	126000
17	赵东亮	2019/6/6	冰箱	海尔	3400	13	44200
18	刘露	2019/6/6	洗衣机	美的	3120	30	93600
19	胡媛媛	2019/6/7	电视	索尼	3600	19	68400
20	胡杰	2019/6/7	空调	格力	4300	24	103200

小李

这还不简单，我先把商品类别排序，“冰箱”的销售数据就在一起了，然后再加起来就可以了呗。

王Sir

呵呵，要是张经理知道你用这种方法来统计数据，又该抓狂了。用你的方法倒是可以算出结果，可是效率呢？准确度呢？

小李，**试试用分类汇总**吧，鼠标点几下，数据就蹦出来了。

分类汇总是指根据指定的条件对数据进行分类，并计算各分类数据的汇总值。在进行分类汇总前，应先以需要进行分类汇总的字段为关键字进行排序，以避免无法达到预期的汇总效果。

例如，在“家电销售情况”工作簿中，以【商品类别】为分类字段，对销售额进行求和汇总，操作方法如下。

Step01：单击【升序】按钮。❶在【商品类别】列中选中任意单元格，❷单击【排序和筛选】组中的【升序】按钮进行排序，如图3-43所示。

Step02：单击【分类汇总】按钮。❶选择数据区域中的任意单元格，❷单击【数据】选项卡的【分级显示】组中的【分类汇总】按钮，如图3-44所示。

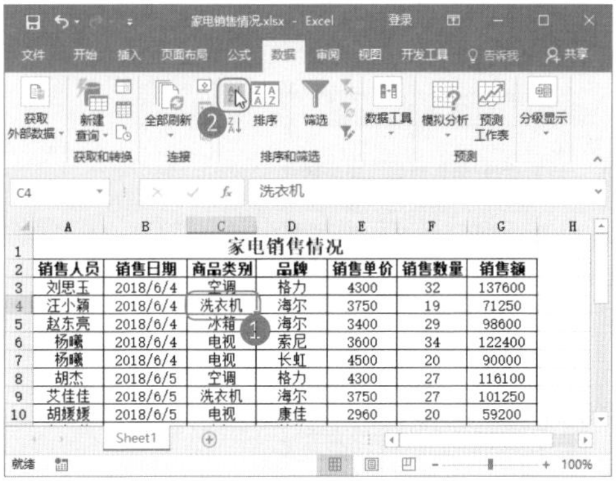

图3-43 单击【升序】按钮

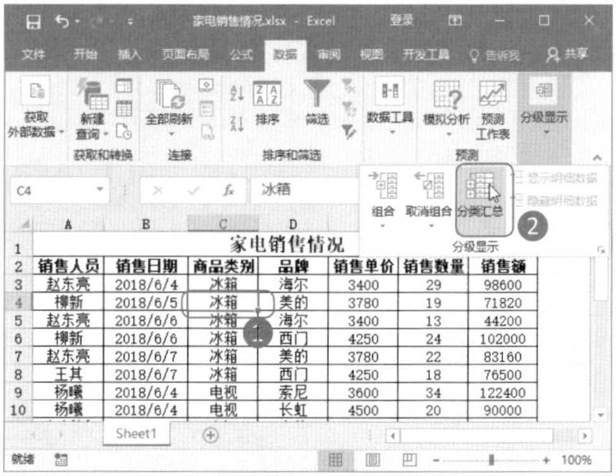

图3-44 单击【分类汇总】按钮

Step03：设置分类汇总参数。弹出【分类汇总】对话框，❶在【分类字段】下拉列表中选择要进行分类汇总的字段，本例中选择【商品类别】，❷在【汇总方式】下拉列表中选择需要的汇总方式，本例中选择【求和】，❸在【选定汇总项】列表框中设置要进行汇总的项目，本例中选择【销售额】，❹单击【确定】按钮，如图3-45所示。

Step04：查看分类汇总数据。返回工作表，工作表数据完成分类汇总。分类汇总后，工作表左侧会出现一个分级显示栏，通过分级显示栏中的分级显示符号可分级查看相应的表格数据，如图3-46所示。

图3-45 设置分类汇总参数

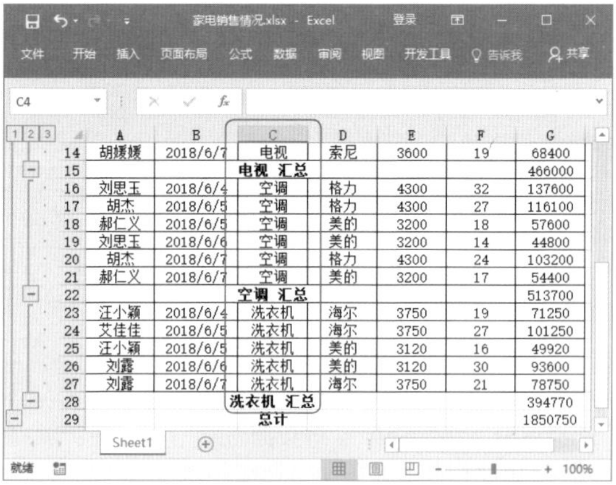

图3-46 查看分类汇总数据

3.4.2 随心显示汇总项位置

小李

王Sir，分类汇总果然好用，可是分类汇总的结果只能在下面吗？移到上面行不行？

王Sir

小李，虽然默认的分类汇总项显示在数据的下方，可是具体问题具体处理。
如果你希望**把分类汇总项放在顶端**，也可以在创建分类汇总的时候进行设置。

例如，在“家电销售情况”工作簿中以【销售日期】为分类字段，对销售额进行求和汇总，并将汇总项显示在数据上方，操作方法如下。

Step01：排序销售日期。以【销售日期】为关键字，对表格数据进行升序排列，如图3-47所示。

Step02：设置单元格样式。❶选择数据区域中的任意单元格，打开【分类汇总】对话框，在【分类字段】下拉列表中选择【销售日期】选项，❷在【汇总方式】下拉列表中选择【求和】选项，❸在【选定汇总项】列表框中勾选【销售额】复选框，❹取消选中【汇总结果显示在数据下方】复选框，❺单击【确定】按钮，如图3-48所示。

图3-47 排序销售日期

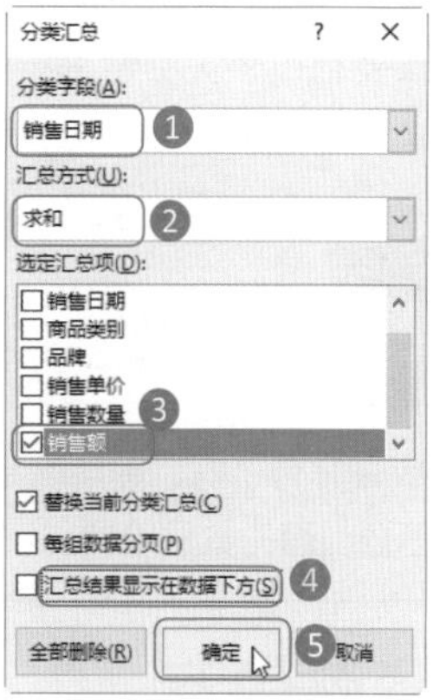

图3-48 设置单元格样式

Step03：查看求和汇总结果。返回工作表，即可看到表格数据以【销售日期】为分类字段，对销售额进行了求和汇总，且汇总项显示在数据上方，如图3-49所示。

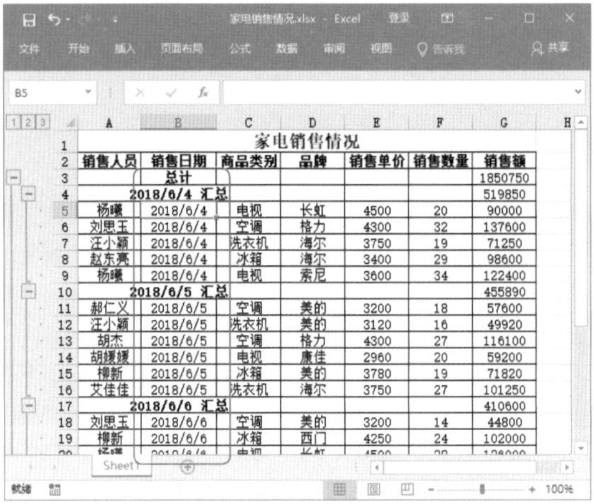

家电销售情况						
销售人员	销售日期	商品类别	品牌	销售单价	销售数量	销售额
	总计					1850750
	2018/6/4 汇总					519850
杨曦	2018/6/4	电视	长虹	4500	20	90000
刘思玉	2018/6/4	空调	格力	4300	32	137600
汪小颖	2018/6/4	洗衣机	海尔	3750	19	71250
赵东亮	2018/6/4	冰箱	海尔	3400	29	98600
杨曦	2018/6/4	电视	索尼	3600	34	122400
	2018/6/5 汇总					455890
郝仁义	2018/6/5	空调	美的	3200	18	57600
汪小颖	2018/6/5	洗衣机	美的	3120	16	49920
胡杰	2018/6/5	空调	格力	4300	27	116100
胡媛媛	2018/6/5	电视	康佳	2960	20	59200
柳新	2018/6/5	冰箱	美的	3780	19	71820
艾佳佳	2018/6/5	洗衣机	海尔	3750	27	101250
	2018/6/6 汇总					410600
刘思玉	2018/6/6	空调	美的	3200	14	44800
柳新	2018/6/6	冰箱	西门	4250	24	102000

图3-49 查看求和汇总结果

3.4.3 对表格数据进行嵌套分类汇总

王Sir

小李，我再来考考你。在汇总的时候，如果要把一个关键字进行多项不同的汇总，应该怎么做？

小李

一个关键字进行多项不同的汇总？难道要对一个关键字执行多个汇总操作吗？

王Sir

小伙子开窍了呀，理解倒是没错，可是操作起来可不仅仅是多汇总几次。如果只是多汇总几次，还不把前面的数据给覆盖了。我们要执行的是嵌套分类汇总。

对表格数据进行分类汇总时，如果希望对某一关键字段进行多项不同汇总方式的汇总，可通过嵌套分类汇总方式实现。

例如，在“员工信息表”工作簿中，以【部门】为分类字段，先对【缴费基数】进行求和汇总，再对【年龄】进行平均值汇总，操作方法如下。

Step01：排序字段。以【部门】为关键字，对表格数据进行升序排列，如图3-50所示。

Step02：设置分类汇总参数。❶选择数据区域中的任意单元格，打开【分类汇总】对话框，在【分类字段】下拉列表中选择【部门】选项，❷在【汇总方式】下拉列表中选择【求和】选项，❸在【选定汇总项】列表框中勾选【缴费基数】复选框，❹单击【确定】按钮，如图3-51所示。

图3-50 排序字段

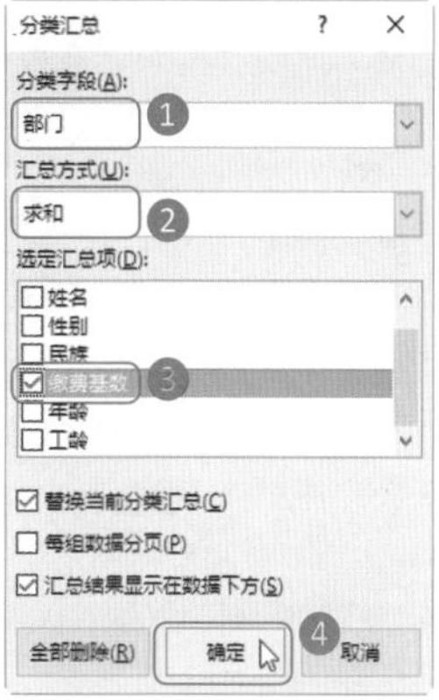

图3-51 设置分类汇总参数

Step03：查看汇总结果。返回工作表，可看到以【部门】为分类字段、对【缴费基数】进行求和汇总后的效果，如图3-52所示。

Step04：设置分类汇总参数。选择数据区域中的任意单元格，打开【分类汇总】对话框，❶在【分类字段】下拉列表中选择【部门】选项，❷在【汇总方式】下拉列表中选择【平均值】选项，❸在【选定汇总项】列表框中勾选【年龄】复选框，❹取消选中【替换当前分类汇总】复选框，❺单击【确定】按钮，如图3-53所示。

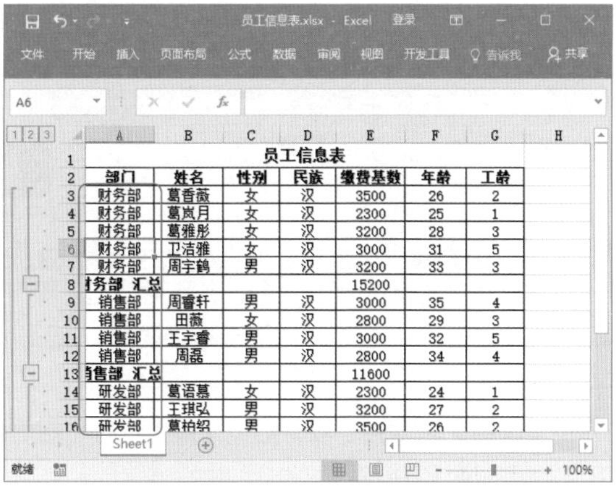

图3-52 查看汇总结果

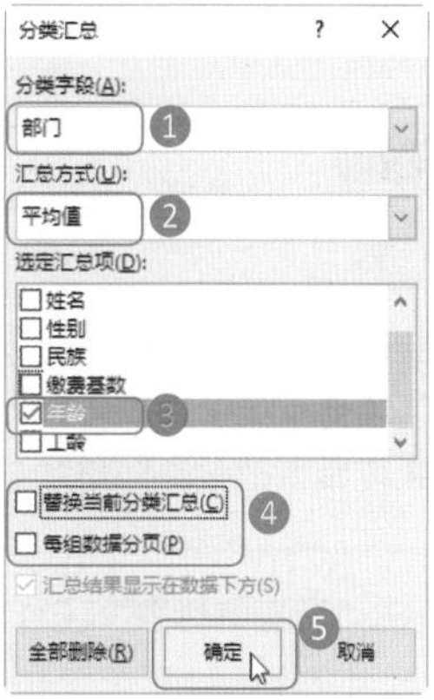

图3-53 设置分类汇总参数

Step05：查看汇总结果。返回工作表，可查看嵌套汇总后的最终效果，如图3-54所示。

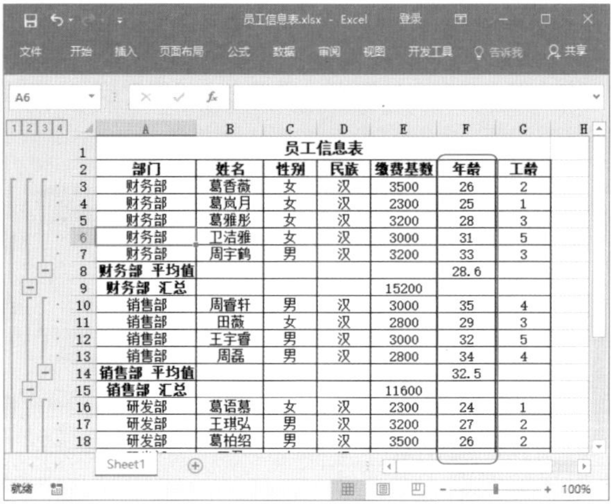

	A	B	C	D	E	F	G
1	员工信息表						
2	部门	姓名	性别	民族	缴费基数	年龄	工龄
3	财务部	葛香薇	女	汉	3500	26	2
4	财务部	葛岚月	女	汉	2300	25	1
5	财务部	葛雅彤	女	汉	3200	28	3
6	财务部	卫洁雅	女	汉	3000	31	5
7	财务部	周宇鹤	男	汉	3200	33	3
8	财务部 平均值					28.6	
9	财务部 汇总				15200		
10	销售部	周睿轩	男	汉	3000	35	4
11	销售部	田薇	女	汉	2800	29	3
12	销售部	王宇睿	男	汉	3000	32	5
13	销售部	周磊	男	汉	2800	34	4
14	销售部 平均值					32.5	
15	销售部 汇总				11600		
16	研发部	葛语慕	女	汉	2300	24	1
17	研发部	王琪弘	男	汉	3200	27	2
18	研发部	葛柏绍	男	汉	3500	26	2

图3-54　查看汇总结果

3.4.4 对表格数据进行多字段分类汇总

小 李

王Sir，在汇总数据时，只能使用一个字段进行汇总吗？如果要汇总多个字段可以吗？

王Sir

小李，分类汇总当然也可以汇总多个字段了，学会举一反三才能更好地进行数据分析。
如果需要按多个字段对数据进行分类汇总，只需**按照分类次序多次执行分类汇总操作**即可。
如果你希望把分类汇总项放在顶端，也可以在创建分类汇总的时候进行设置。

例如，在“员工信息表”工作簿中，先按【部门】为分类字段，对【年龄】进行平均值汇总，再按【性别】为分类字段，对【年龄】进行平均值汇总，操作方法如下。

Step01：排序字段。选中数据区域中的任意单元格，打开【排序】对话框。❶设置排序条件，❷单击【确定】按钮，如图3-55所示。

Step02：查看排序效果。返回工作表，可查看排序后的效果，如图3-56所示。

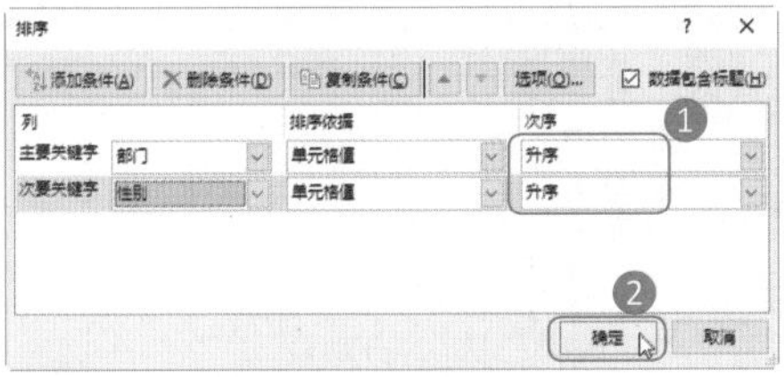

图3-55 排序字段

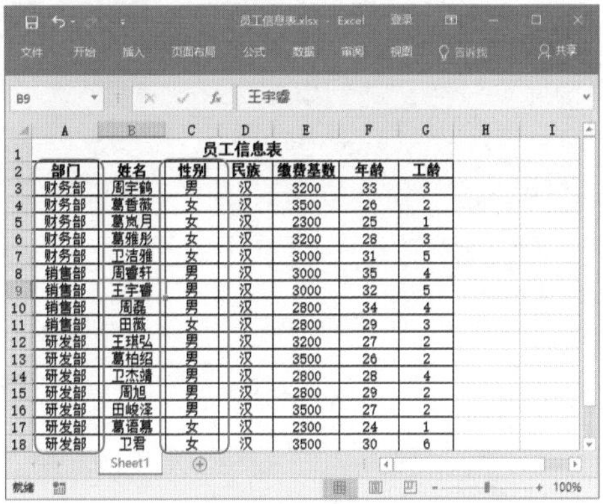

图3-56 查看排序效果

Step03：设置汇总参数。选择数据区域中的任意单元格，打开【分类汇总】对话框，❶在【分类字段】下拉列表中选择【部门】选项，❷在【汇总方式】下拉列表中选择【平均值】选项，❸在【选定汇总项】列表框中勾选【年龄】复选框，❹单击【确定】按钮，如图3-57所示。

Step04：查看汇总结果。返回工作表，可看到以【部门】为分类字段、对【年龄】进行平均值汇总后的效果，如图3-58所示。

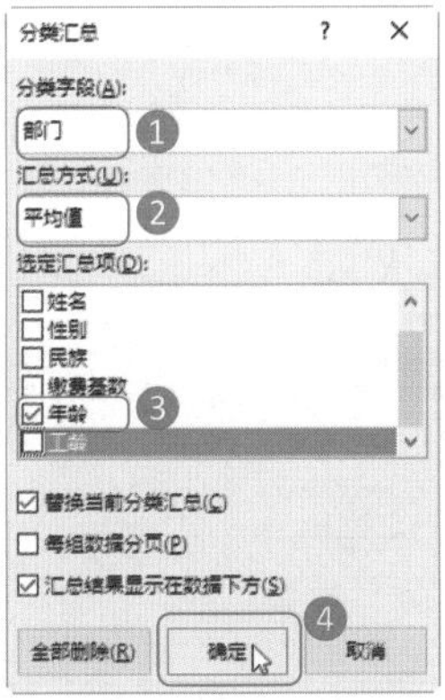

图3-57 设置汇总参数

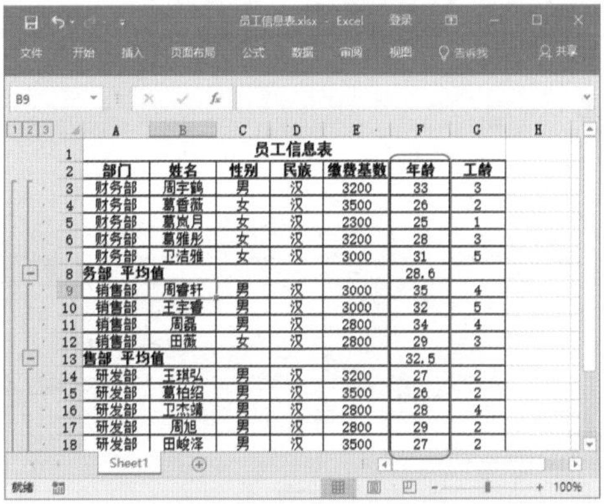

图3-58 查看汇总结果

Step05：设置汇总参数。选择数据区域中的任意单元格，打开【分类汇总】对话框，❶在【分类字段】下拉列表中选择【性别】选项，❷在【汇总方式】下拉列表中选择【平均值】选项，❸在【选定汇总项】列表框中勾选【年龄】复选框，❹取消选中【替换当前分类汇总】复选框，❺单击【确定】按钮，如图3-59所示。

Step06：查看汇总结果。返回工作表，可看到依次按【部门】【性别】为分类字段、对【年龄】进行平均值汇总后的效果，如图3-60所示。

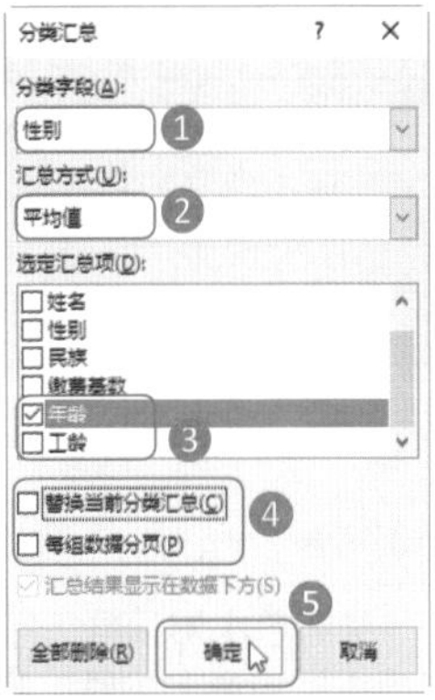

图3-59 设置汇总参数

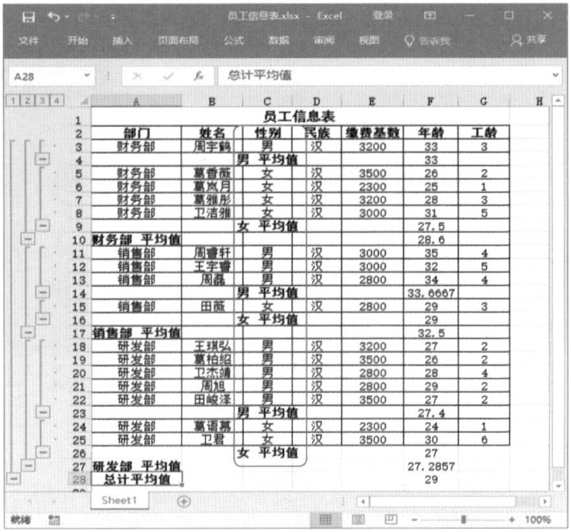

	A	B	C	D	E	F	G
1	员工信息表						
2	部门	姓名	性别	民族	缴费基数	年龄	工龄
3	财务部	周宇鹤	男	汉	3200	33	3
4			男 平均值			33	
5	财务部	葛香薇	女	汉	3500	26	2
6	财务部	葛岚月	女	汉	2300	25	1
7	财务部	葛雅彤	女	汉	3200	28	3
8	财务部	卫洁雅	女	汉	3000	31	5
9			女 平均值			27.5	
10	财务部 平均值					28.6	
11	销售部	周睿轩	男	汉	3000	35	4
12	销售部	王宇睿	男	汉	3000	32	5
13	销售部	周磊	男	汉	2800	34	4
14			男 平均值			33.6667	
15	销售部	田薇	女	汉	2800	29	3
16			女 平均值			29	
17	销售部 平均值					32.5	
18	研发部	王琪弘	男	汉	3200	27	2
19	研发部	葛柏绍	男	汉	3500	26	2
20	研发部	卫杰靖	男	汉	2800	28	4
21	研发部	周旭	男	汉	2800	29	2
22	研发部	田峻泽	男	汉	3500	27	2
23			男 平均值			27.4	
24	研发部	葛语嫣	女	汉	2300	24	1
25	研发部	卫君	女	汉	3500	30	6
26			女 平均值			27	
27	研发部 平均值					27.2857	
28	总计平均值					29	

图3-60 查看汇总结果

3.4.5 汇总结果，分页存放

小李

王Sir，分类汇总后的数据看起来太杂乱了，我想把每组数据分页存放，用复制粘贴应该也花不了多长时间吧。

王Sir

小李，如果你把分类汇总的结果分页后再打印，张经理肯定会夸你。

不过，复制粘贴虽然好用，用在这里可不合适，还是**直接在分类汇总中设置**更加简单。

如果你希望把分类汇总项放在顶端，也可以在创建分类汇总的时候进行设置。

例如，要在“家电销售情况”工作簿中将分类汇总分页存放，操作方法如下。

Step01：设置分类汇总参数。将【品牌】按升序排列，然后打开【分类汇总】对话框，❶设置分类汇总的相关条件，❷勾选【每组数据分页】复选框，❸单击【确定】按钮，如图3-61所示。

Step02：查看汇总结果。经过以上操作后，在每组汇总数据的后面会自动插入分页符，切换到【分页预览】视图，可以查看最终效果，如图3-62所示。

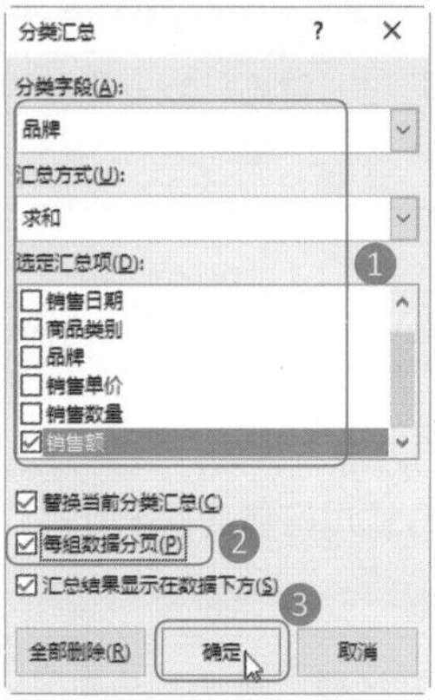

图3-61　设置分类汇总参数

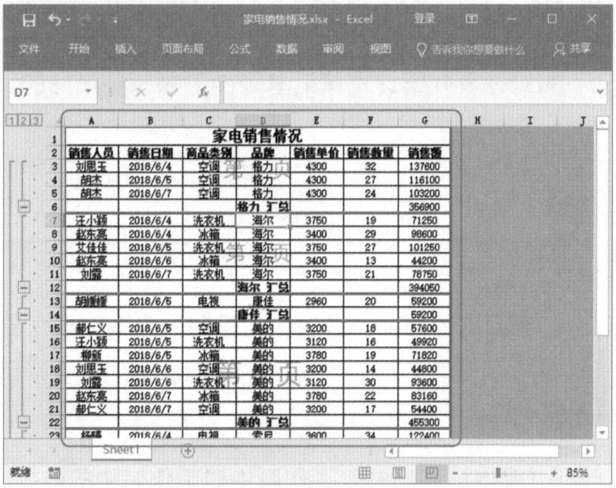

图3-62　查看汇总结果

3.5　合并计算，使过程变得简单

张经理

小李，你把这个月的销售汇总表统计一下，我要看一下每一种产品的销售数量和销售额。

小李

好的，张经理。

可是数据有点多，我明天早上再给你可以吗？

张经理

小李，这一点数据你居然需要明天早上才能统计出来？

（1）**合并计算**会吗？这可是最基本的数据统计工具。

（2）如果有几个工作表要统计，那你不是要加班到天亮，**多表合并计算**赶紧去学。

3.5.1 对同一张工作表的数据进行合并计算

小李

王Sir，张经理要我统计销售汇总表中的每一种产品的销售数据和销售额，我要用什么公式才可以？

王Sir

小李，你遇到这种情况都是用公式来解决吗？明明有更简单的方法，你为什么要去走弯路。

合并计算可以将多个相似格式的工作表或数据区域**按指定的方式进行自动匹配计算**，用来统计数据最合适不过。

例如，要在“家电销售汇总”工作簿中对工作表中的数据进行合并计算，操作方法如下。

Step01：单击【合并计算】按钮。①选中汇总数据要存放的起始单元格，②单击【数据】选项卡的【数据工具】组中的【合并计算】按钮，如图3-63所示。

Step02：设置合并计算参数。弹出【合并计算】对话框，①在【函数】下拉列表中选择汇总方式，如【求和】，②将插入点定位到【引用位置】参数框，在工作表中拖动鼠标选择参与计算的数据区域，③完成选择后，单击【添加】按钮，将选择的数据区域添加到【所有引用位置】列表框中，④在【标签位置】栏中勾选【首行】和【最左列】复选框，⑤单击【确定】按钮，如图3-64所示。

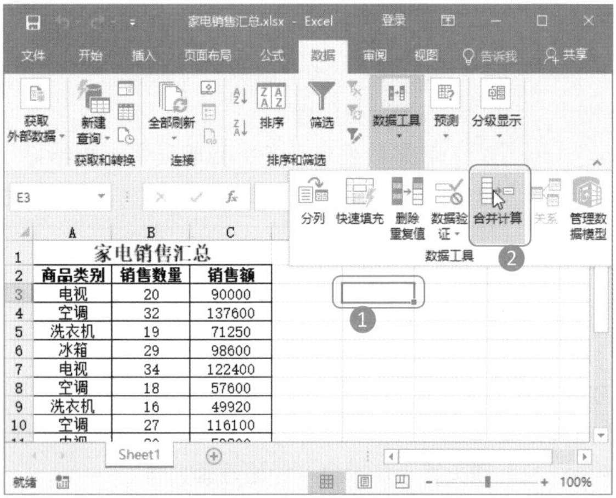

图3-63 单击【合并计算】按钮

图3-64 设置合并计算参数

Step03：查看结果。返回工作表即可完成合并计算，如图3-65所示。

	A	B	C	D	E	F	G
1	家电销售汇总						
2	商品类别	销售数量	销售额				
3	电视	20	90000			销售数量	销售额
4	空调	32	137600		电视	74	271600
5	洗衣机	19	71250		空调	91	356100
6	冰箱	29	98600		洗衣机	62	222420
7	电视	34	122400		冰箱	48	170420
8	空调	18	57600				
9	洗衣机	16	49920				
10	空调	27	116100				
11	电视	20	59200				
12	冰箱	19	71820				
13	洗衣机	27	101250				

图3-65 查看结果

3.5.2 对不同工作表的数据进行合并计算

小李

王Sir，去年的销售数据虽然有4个工作表，但这些工作表都在同一个工作簿中，要统计销售数量和销售额，也可以使用合并计算吗？

王Sir

小李，当然可以。

在制作销售报表、汇总报表等类型的表格时，经常**需要对多张工作表的数据进行统计**，这个时候使用合并计算简单多了。

例如，要在“家电销售年度汇总”工作簿中将“一季度”“二季度”“三季度”和“四季度”的数据进行合并计算，操作方法如下。

Step01：单击【合并计算】按钮。❶在要存放结果的工作表中选中汇总数据要存放的起始单元格，❷单击【数据工具】组中的【合并计算】按钮，如图3-66所示。

Step02：定位【引用位置】参数框。弹出【合并计算】对话框，❶在【函数】下拉列表中单击汇总方式，如【求和】，❷将光标插入点定位到【引用位置】参数框，如图3-67所示。

Step03：选择数据区域。❶单击参与计算的工作表的标签，❷在工作表中拖动鼠标选择参与计算的数据区域，如图3-68所示。

Step04：单击【添加】按钮。完成选择后，单击【添加】按钮，将选择的数据区域添加到【所有引用位置】列表框中，如图3-69所示。

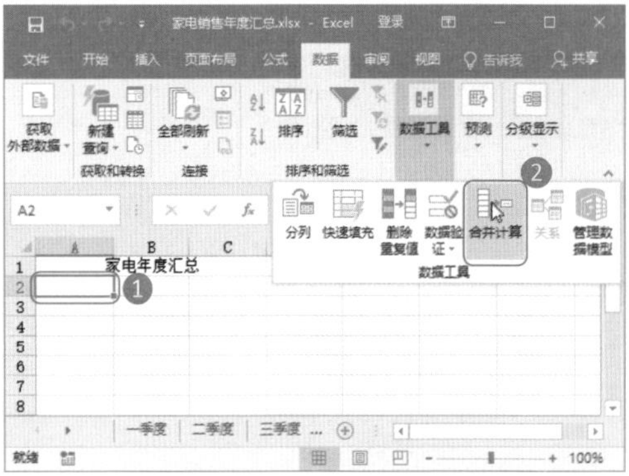

图3-66 单击【合并计算】按钮

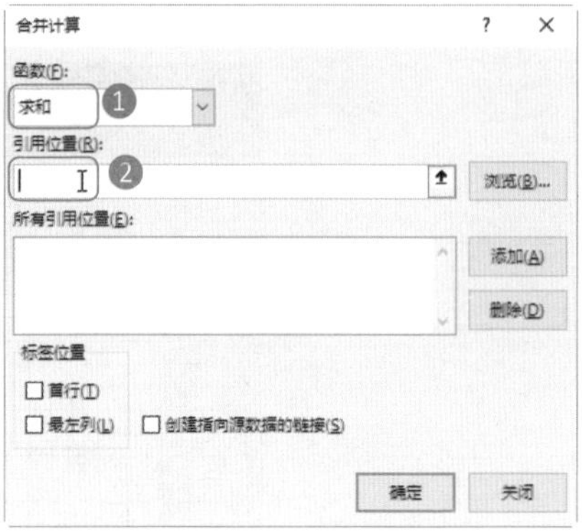

图3-67 定位【引用位置】参数框

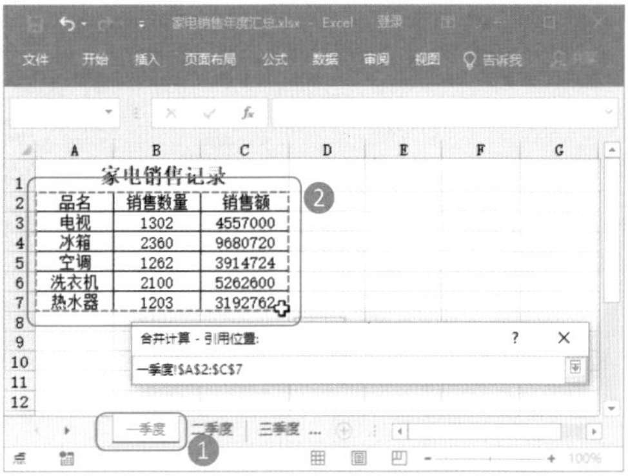

图3-68 选择数据区域

图3-69 单击【添加】按钮

Step05：添加其他数据区域。❶参照上述方法，添加其他需要参与计算的数据区域，❷勾选【首行】和【最左列】复选框，❸单击【确定】按钮，如图3-70所示。

Step06：查看计算结果。返回工作表，完成对多张工作表的合并计算，如图3-71所示。

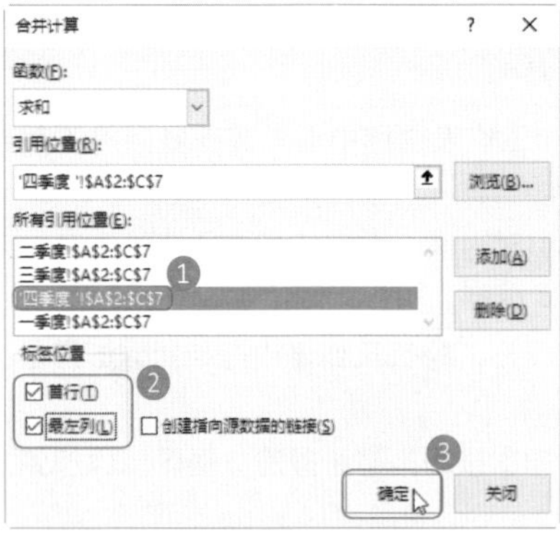

图3-70 添加其他数据区域

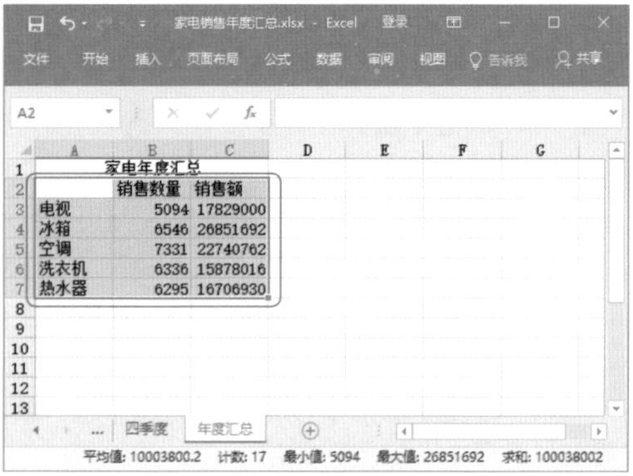

图3-71 查看计算结果

CHAPTER 4

公式与函数，数据计算的好帮手

上班第一周，虽然倍受打击，但我也收获颇丰。

我的打击来源于我对Excel的错误认知。我以为会录入数据、会排序筛选、会几个简单函数，就叫掌握了Excel。

直到张经理看了我的表，对我厉声批评：数据这么严谨的东西，你的数值格式、单位、字段…… 却漏洞百出。小伙子，你制表的标准体现的可是你的工作态度啊！

原来，我的这些零散“伎俩”根本经不住职场考验。

还好，经过王Sir的指点，再加上我的实践磨练，我收获了严谨的制表标准。更重要的是，我收获了工作的责任和态度。

小 李

觉得Excel“很简单”，是很多职场新人会犯的错。正所谓学得越多，才会越发现自己的无知与浅薄。

小李入职第一周受到了打击，但是立刻调整心态，谦虚地向我请教。

我告诉他，用Excel记录数据，要懂方法，更要讲标准和格式。这其中包含了很多学问，具体到什么类型的数据要如何录入、单元格的高度和宽度多少才恰当、表头怎么做、对齐方式如何调……

细节决定成败，学会正确制表，是职场新人的第一课。

王 Sir

4.1 公式输入，从引用开始

小李

张经理，您要的促销日的销售清单在这里！

	A	B	C	D	E
1		6月9日销售清单			
2	销售时间	品名	单价	数量	小计
3	9:30:25	香奈儿邂逅清新淡香水50ml	756	3	2268
4	9:42:36	韩束墨菊化妆品套装五件套	329	5	1645
5	9:45:20	温碧泉明星复合水精华60ml	135	1	675
6	9:45:20	温碧泉美容三件套美白补水	169	1	169
7	9:48:37	雅诗兰黛红石榴套装	750	1	750
8	9:48:37	雅诗兰黛晶透沁白淡斑精华露30ml	825	1	825
9	10:21:23	雅漾修红润白套装	730	1	730
10	10:26:19	Za美肌无瑕两用粉饼盒	30	2	60
11	10:26:19	Za新焕真皙美白三件套	260	1	260
12	10:38:13	水密码护肤品套装	149	2	298
13	10:46:32	水密码防晒套装	136	1	136
14	10:51:39	韩束墨菊化妆品套装五件套	329	1	329
15	10:59:23	Avene雅漾清爽倍护防晒喷雾SPF30+	226	2	452

张经理

小李，你这个表格有很明显的错误，难道你看不到？很明显公式输入发生了错误。

（1）你知道**公式引用的3种方式**吗？

（2）你知道怎样**引用同一工作簿中其他工作表的单元格**吗？

（3）你知道怎么**引用其他工作簿中的单元格**吗？

（4）你知道怎样**复制粘贴公式**吗？

这些都不知道，你怎么使用公式的？

4.1.1 认识公式的3种引用方式

王Sir

小李，听说你一直用键盘输入的方法使用公式，难道你没有发现错误频出？

小李

王Sir，我已经注意认真检查了，可是还是避免不了错误，怎么办？

王Sir

你输入公式的方法错了。

在输入数据的时候，你**可以引用其他单元格中的数据**，而不是输入，这样，你就可以只输入运算符，是不是简单了许多，也不容易出错。

1 单元格的相对引用

在使用公式计算数据时，通常会用到单元格的引用。引用的作用在于标识工作表中的单元格或单元格区域，并指明公式中所用的数据在工作表中的位置。通过引用，可在一个公式中使用工作表不同单元格中的数据，或者在多个公式中使用同一个单元格的数值。

默认情况下，Excel使用的是相对引用。在相对引用中，当复制公式时，公式中的引用会根据显示计算结果的单元格位置的不同而相应改变，但引用的单元格与包含公式的单元格之间的相对位置不变。

例如，要在“销售清单”中使用单元格相对引用计算数据，可以在E3单元格中输入公式“=C3*D3”，如图4-1所示。然后将该公式从E3复制到E4单元格时，E4单元格中的公式会变成“=C4*D4”，可以看出为相对引用，如图4-2所示。

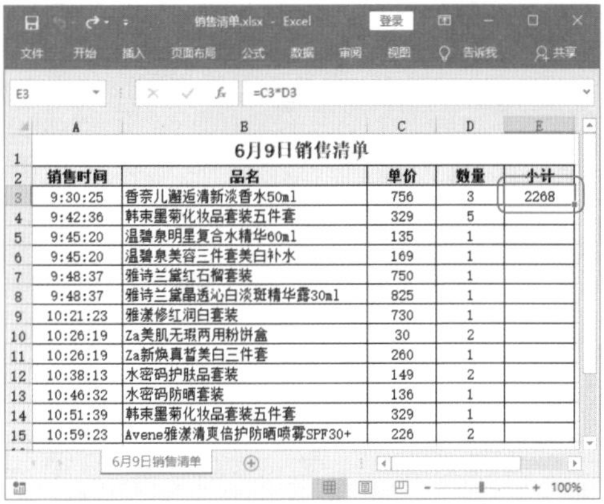

销售时间	品名	单价	数量	小计
9:30:25	香奈儿邂逅清新淡香水50ml	756	3	2268
9:42:36	韩束墨菊化妆品套装五件套	329	5	
9:45:20	温碧泉明星复合水精华60ml	135	1	
9:45:20	温碧泉美容三件套美白补水	169	1	
9:48:37	雅诗兰黛红石榴套装	750	1	
9:48:37	雅诗兰黛晶透沁白淡斑精华露30ml	825	1	
10:21:23	雅漾修红润白套装	730	1	
10:26:19	Za美肌无瑕两用粉饼盒	30	2	
10:26:19	Za新焕真皙美白三件套	260	1	
10:38:13	水密码护肤品套装	149	2	
10:46:32	水密码防晒套装	136	1	
10:51:39	韩束墨菊化妆品套装五件套	329	1	
10:59:23	Avene雅漾清爽倍护防晒喷雾SPF30+	226	2	

图4-1 输入公式

销售时间	品名	单价	数量	小计
9:30:25	香奈儿邂逅清新淡香水50ml	756	3	2268
9:42:36	韩束墨菊化妆品套装五件套	329	5	1645
9:45:20	温碧泉明星复合水精华60ml	135	1	
9:45:20	温碧泉美容三件套美白补水	169	1	
9:48:37	雅诗兰黛红石榴套装	750	1	
9:48:37	雅诗兰黛晶透沁白淡斑精华露30ml	825	1	
10:21:23	雅漾修红润白套装	730	1	
10:26:19	Za美肌无瑕两用粉饼盒	30	2	
10:26:19	Za新焕真皙美白三件套	260	1	
10:38:13	水密码护肤品套装	149	2	
10:46:32	水密码防晒套装	136	1	
10:51:39	韩束墨菊化妆品套装五件套	329	1	
10:59:23	Avene雅漾清爽倍护防晒喷雾SPF30+	226	2	

图4-2 相对引用公式

2 单元格的绝对引用

绝对引用是指将公式复制到目标单元格时，公式中的单元格地址始终保持固定不变。使用绝对引用时，需要在引用的单元格地址的列标和行号前分别添加符号“$”（英文状态下输入）。

例如，要在“销售清单”中使用单元格绝对引用计算数据，可以将E3单元格中的公式输入为“=$C$3*$D$3”，将该公式从E3复制到E4单元格时，E4单元格中的公式仍为“=$C$3*$D$3”（即公式的引用区域没发生任何变化），且计算结果和E3单元格中一样，如图4-3所示。

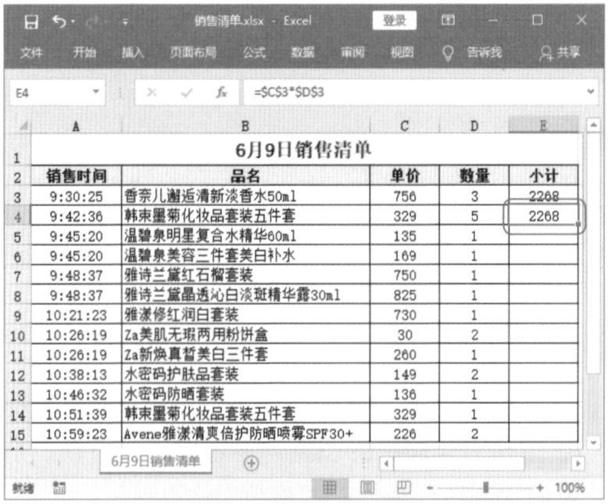

销售时间	品名	单价	数量	小计
9:30:25	香奈儿邂逅清新淡香水50ml	756	3	2268
9:42:36	韩束墨菊化妆品套装五件套	329	5	2268
9:45:20	温碧泉明星复合水精华60ml	135	1	
9:45:20	温碧泉美容三件套美白补水	169	1	
9:48:37	雅诗兰黛红石榴套装	750	1	
9:48:37	雅诗兰黛晶透沁白淡斑精华露30ml	825	1	
10:21:23	雅漾修红润白套装	730	1	
10:26:19	Za美肌无瑕两用粉饼盒	30	2	
10:26:19	Za新焕真皙美白三件套	260	1	
10:38:13	水密码护肤品套装	149	2	
10:46:32	水密码防晒套装	136	1	
10:51:39	韩束墨菊化妆品套装五件套	329	1	
10:59:23	Avene雅漾清爽倍护防晒喷雾SPF30+	226	2	

图4-3 绝对引用公式

3　单元格的混合引用

混合引用是指引用的单元格地址既有相对引用也有绝对引用。混合引用具有绝对列和相对行，或者绝对行和相对列。绝对引用列采用$A1这样的形式，绝对引用行采用A$1这样的形式。如果公式所在单元格的位置改变，则相对引用会发生变化，而绝对引用不变。

例如，要在“销售清单”中使用单元格混合引用计算数据，可以将E3单元格中的公式输入为“=$C3*D$3”，将该公式从E3复制到E4单元格时，E4单元格中的公式会变成“=$C4*D$3”，如图4-4所示。

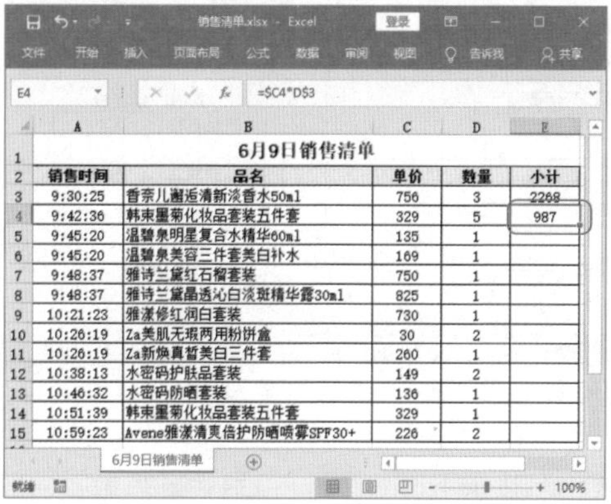

销售时间	品名	单价	数量	小计
9:30:25	香奈儿邂逅清新淡香水50ml	756	3	2268
9:42:36	韩束墨菊化妆品套装五件套	329	5	987
9:45:20	温碧泉明星复合水精华60ml	135	1	
9:45:20	温碧泉美容三件套美白补水	169	1	
9:48:37	雅诗兰黛红石榴套装	750	1	
9:48:37	雅诗兰黛晶透沁白淡斑精华露30ml	825	1	
10:21:23	雅漾修红润白套装	730	1	
10:26:19	Za美肌无瑕两用粉饼盒	30	2	
10:26:19	Za新焕真皙美白三件套	260	1	
10:38:13	水密码护肤品套装	149	2	
10:46:32	水密码防晒套装	136	1	
10:51:39	韩束墨菊化妆品套装五件套	329	1	
10:59:23	Avene雅漾清爽倍护防晒喷雾SPF30+	226	2	

图4-4　混合引用公式

4.1.2 引用同一工作簿中其他工作表的单元格

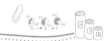

小李

王Sir，使用单元格引用确实很方便。可是，有时候我要引用的是其他工作表中的单元格，应该怎么引用呢？

王Sir

小李，同一工作簿中的其他工作表中的单元格当然也可以引用。

如果要引用其他工作表中的单元格，也非常简单，**输入等号“=”之后，再在引用的单元格上单击**就可以了。

例如，在“美的产品销售情况”的“销售”工作表中，要引用“定价单”中的单元格进行计算，操作方法如下。

Step01：输入运算符。❶选中要存放计算结果的单元格，输入“=”号，选择要参与计算的单元格，并输入运算符，❷单击要引用的工作表的工作表标签名称，如图4-5所示。

Step02：单击要引用的单元格。切换到该工作表，选择要参与计算的单元格，如图4-6所示。

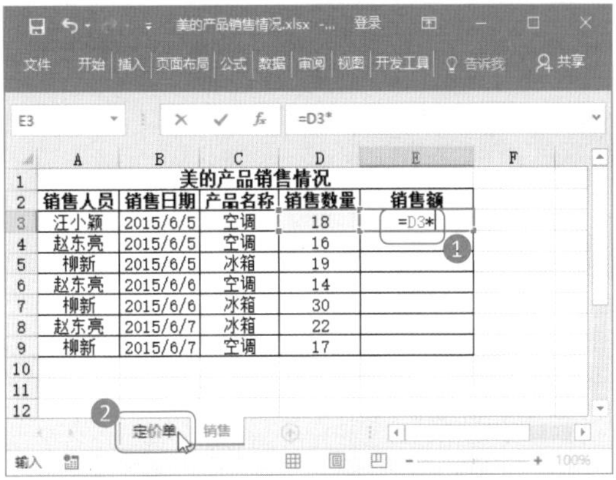

图4-5 输入运算符

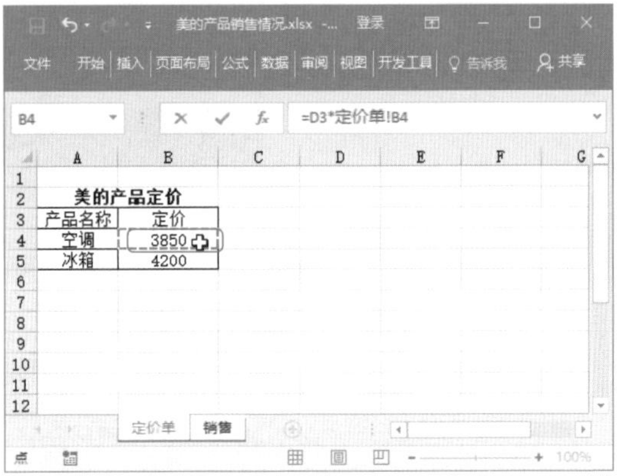

图4-6 单击要引用的单元格

Step03：按下Enter键。直接按下Enter键，得到计算结果，同时并返回原工作表，如图4-7所示。

Step04：查看引用结果。将在【定价单】工作表引用的单元格地址转换为绝对引用，并复制到相应的单元格中，如图4-8所示。

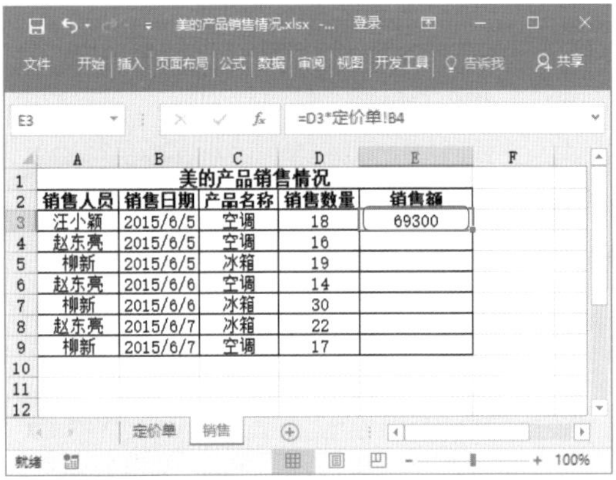

图4-7 按下Enter键

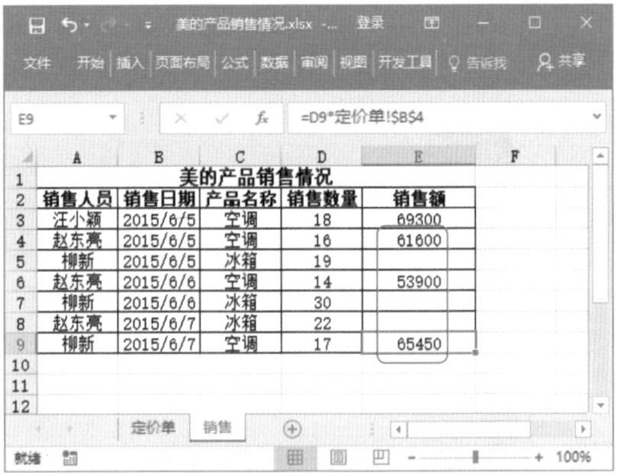

图4-8 查看引用结果

4.1.3 引用其他工作簿中的单元格

王Sir

小李，既然说到了同一工作簿中的单元格引用，那就顺便说说怎样引用其他工作簿中的单元格。

小李

王Sir，你这就小瞧我了吧，举一反三的能力我最强，肯定是在输入运算符之后，再选择其他工作表中的单元格。

王Sir

小伙子，骄傲使人落后哦。

不过，这次你说的倒没有错，引用其他工作簿中的单元格，只需要**切换到其他工作簿中的相应工作表中，再选择单元格**就可以了。

例如，在“美的产品销售情况1”工作簿中计算数据时，需要引用“美的产品销售情况”工作簿中的数据，具体操作方法如下。

Step01：输入运算符。在“美的产品销售情况1”工作簿中选中要存放计算结果的单元格，输入“=”号，选择要参与计算的单元格，并输入运算符，如图4-9所示。

Step02：单击要引用的单元格。切换到“美的产品销售情况”工作簿，在目标工作表中，选择需要引用的单元格，如图4-10所示。

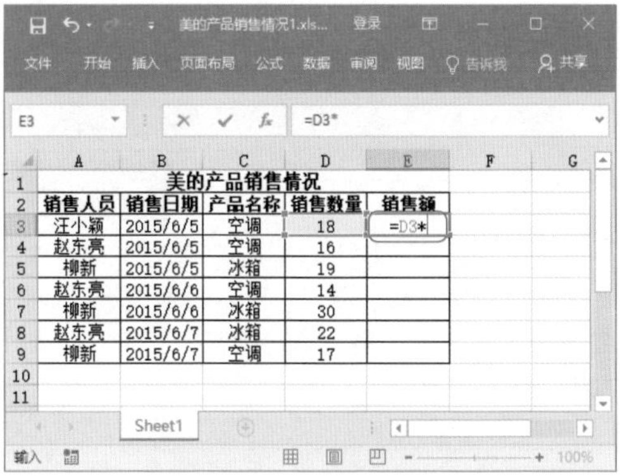

图4-9 输入运算符

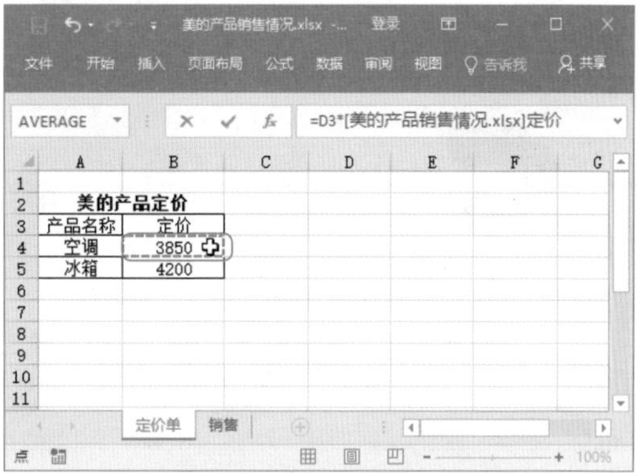

图4-10 单击要引用的单元格

Step03：按下Enter键。直接按下Enter键，得到计算结果，同时并返回原工作表，如图4-11所示。

Step04：计算其他单元格。参照上述操作方法，对其他单元格进行相应的计算即可，如图4-12所示。

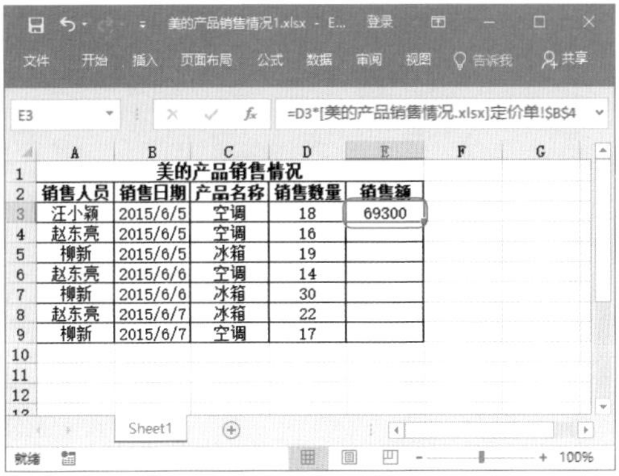

图4-11　按下Enter键

图4-12　计算其他单元格

4.1.4 保护公式不被修改

小李

王Sir，我在工作表中输入的公式，有时候选中之后不小心按到删除键，整个公式就变了，结果也天差地别。有没有什么方法可以将公式保护起来不被修改呢？

王Sir

小李，公式这么重要的数据，一旦有错误，会导致其他数据也发生错误，所以必须保护好。

如果要保护公式不被修改，可以**将输入公式的单元格区域锁定，再为其设置保护密码**，如果要修改公式，则需要取消保护再输入，这样够安全了吧。

例如，要在“美的产品销售情况2”工作簿中对公式设置密码保护，操作方法如下。

Step01：单击【设置单元格格式】选项。❶单击工作表左上角的 按钮，选择整个工作表，❷在工作表中右击，在弹出的快捷菜单中单击【设置单元格格式】选项，如图4-13所示。

Step02：取消勾选【锁定】复选框。打开【设置单元格格式】对话框，❶在【保护】选项卡中取消勾选【锁定】复选框（默认为勾选状态），❷单击【确定】按钮，如图4-14所示。

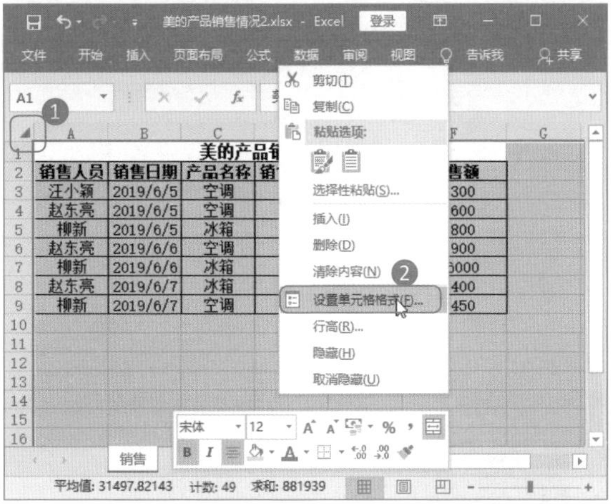

图4-13 单击【设置单元格格式】选项

图4-14 取消勾选【锁定】复选框

温馨提示

默认情况下，整个工作表都处于锁定状态，所以此时需要先取消锁定，然后再锁定输入公式的单元格区域。

Step03：单击【设置单元格格式】选项。❶选择公式所在的单元格区域，❷在该区域右击，在弹出的快捷菜单中单击【设置单元格格式】选项，如图4-15所示。

Step04：勾选【锁定】复选框。打开【设置单元格格式】对话框，❶在【保护】选项卡中勾选【锁定】复选框，❷单击【确定】按钮，如图4-16所示。

Step05：单击【保护工作表】按钮。单击【审阅】选项卡的【保护】组中的【保护工作表】按钮，如图4-17所示。

Step06：输入密码。打开【保护工作表】对话框，❶在【取消工作表保护时使用的密码】文本框中输入密码，❷单击【确定】按钮，如图4-18所示。

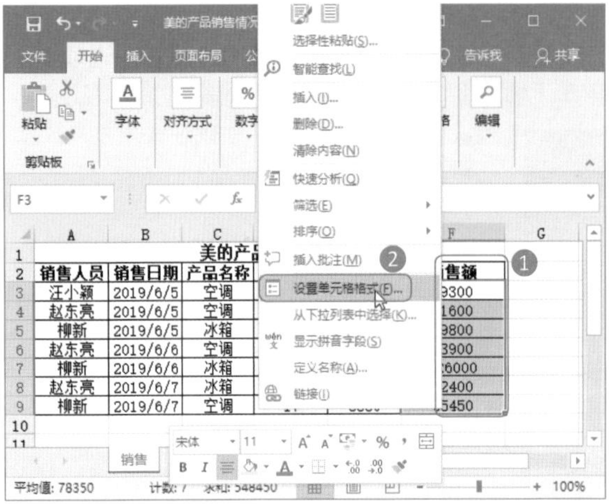

图4-15 单击【设置单元格格式】选项

图4-16 勾选【锁定】复选框

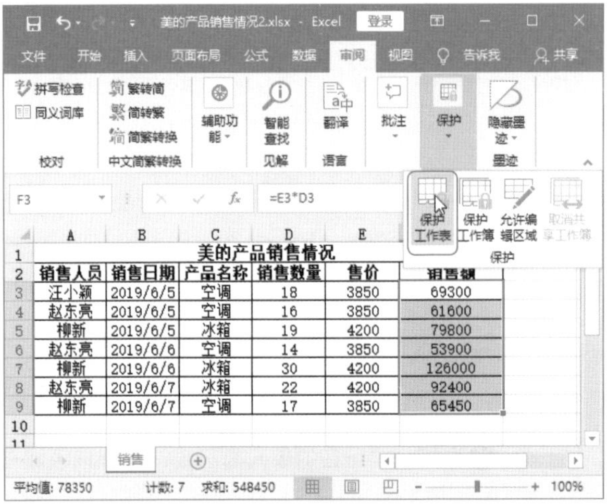

图4-17 单击【保护工作表】按钮

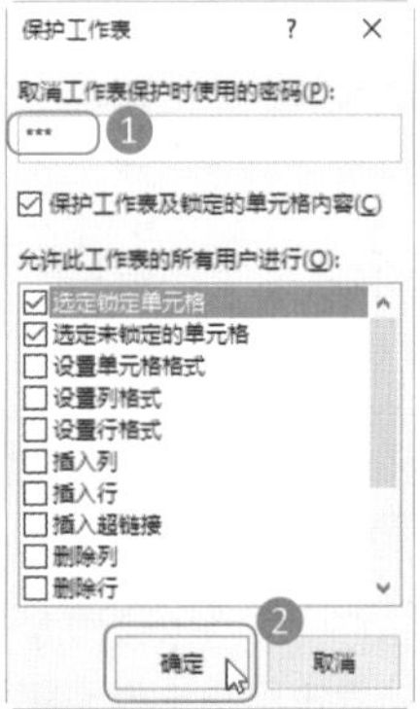

图4-18 输入密码

Step07：再次输入密码。弹出【确认密码】对话框，再次输入保护密码，单击【确定】按钮即可，如图4-19所示。

Step08：修改时弹出提示信息。返回工作表，试图修改所选单元格中的数据时，会弹出提示信息，如图4-20所示。

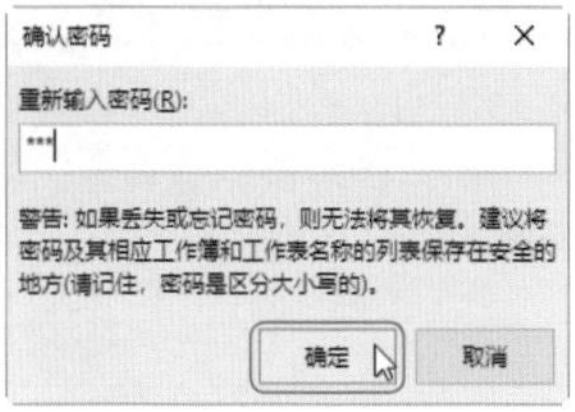

图4-19 再次输入密码

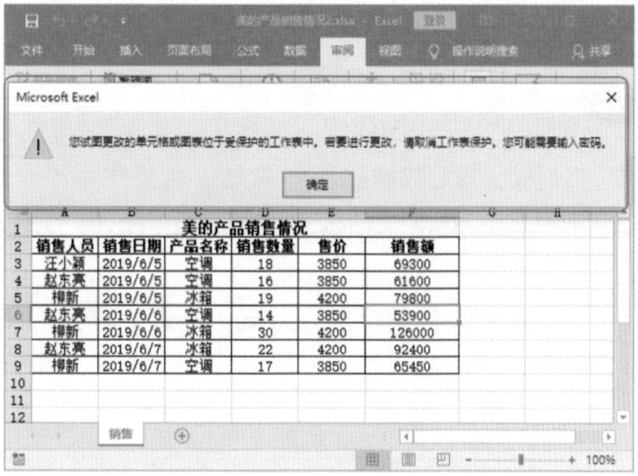

图4-20 修改时弹出提示信息

技能升级

如果要取消公式的保护，可以单击【审阅】选项卡的【保护】组中的【撤销工作表保护】按钮，在弹出的【撤销工作表保护】对话框的【密码】文本框中输入密码，然后单击【确定】按钮即可取消保护。

4.2 技能升级，从数组公式开始

张经理

小李，去把这个月的工资表计算出来，我要应发的实际工资。

小李

张经理，您稍等一下，公司员工比较多，我大概一个小时之后交给您。

张经理

小李，公司的员工数量我当然清楚，可是也用不了那么长的时间。

（1）把基本工资、津贴、补助等**单元格区域都设定一个名称**，选择这些单元格区域的时候会省时省心。

（2）可以把**定义的名称用在公式上**，直接输入名称就可以计算，算算可以节省多少时间？

（3）数组公式了解过吗？**一次就可以完成多个单元格的计算**。

这么简单的操作，你还需要一个小时吗？

4.2.1 为单元格定义名称

小李

王Sir，我在选择单元格区域的时候，发现数据一多，鼠标要拉很远才能选中，还经常误选，又得从头来做。这多浪费时间呀，要是可以像点名一样，点到谁就是谁，那该多好啊！

王Sir

小李，单元格区域真的可以像点名一样，点到谁就是谁。

在Excel中，不管是一个**独立的单元格**，还是**多个不连续的单元格组成的单元格组合**，或者是**连续的单元格区域**，都可以为它定义一个名字。定义完成后，如果要使用那个单元格区域，点名就可以了。

1 定义名称

例如，要为“工资表”中的“基本工资”数据区域定义名称，具体操作方法如下。

Step01：单击【定义名称】按钮。❶选择要定义名称的单元格区域，❷单击【公式】选项卡的【定义的名称】组中的【定义名称】按钮，如图4-21所示。

Step02：输入名称。打开【新建名称】对话框，❶在【名称】框内输入定义的名称，❷单击【确定】按钮，如图4-22所示。

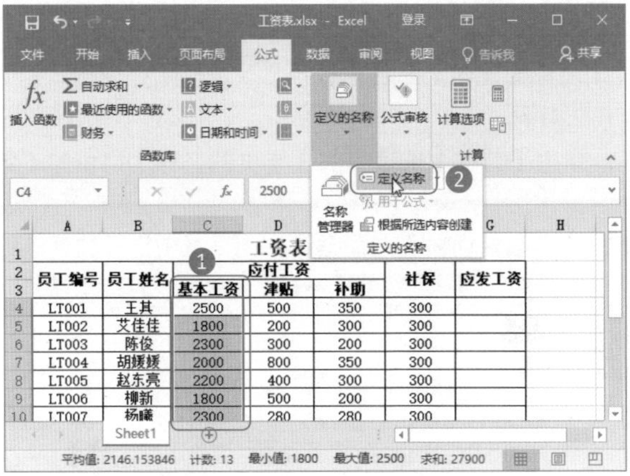

图4-21　单击【定义名称】按钮

图4-22　输入名称

Step03：查看名称。操作完成后，即可为选择的单元格区域定义名称，当再次选择单元格区域时，会在名称框中显示定义的名称，如图4-23所示。

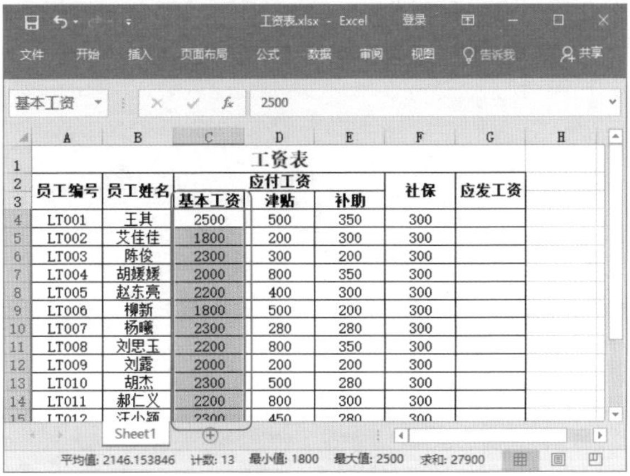

图4-23　查看名称

技能升级

选择要定义的单元格或单元格区域，在【名称】框中直接输入定义的名称后按Enter键也可以定义名称。

2 管理名称

在为单元格定义名称后，还可以通过【名称管理器】对名称进行修改、删除等操作。例如，要在“工资表1”工作簿中管理名称，具体操作方法如下。

Step01：单击【名称管理器】按钮。单击【公式】选项卡的【定义的名称】组中的【名称管理器】按钮，如图4-24所示。

Step02：单击【编辑】按钮。❶弹出【名称管理器】对话框，在列表框中选择要修改的名称；❷单击【编辑】按钮，如图4-25所示。

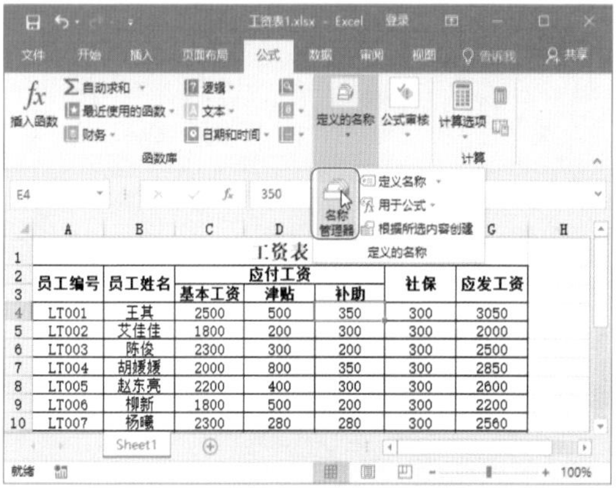

图4-24 单击【名称管理器】按钮

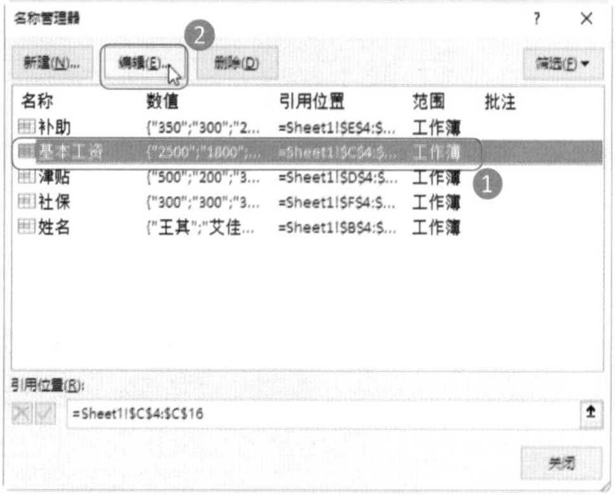

图4-25 单击【编辑】按钮

Step03：重新选择单元格区域。❶弹出【编辑名称】对话框，通过【名称】文本框可进行重命名操作，在【引用位置】参数框中可重新选择单元格区域；❷设置完成后单击【确定】按钮，如图4-26所示。

Step04：单击【删除】按钮。❶返回【名称管理器】对话框，在列表框中选择要删除的名称；❷单击【删除】按钮，如图4-27所示。

图4-26 重新选择单元格区域

图4-27 单击【删除】按钮

Step05：单击【确定】按钮。在弹出的提示对话框中单击【确定】按钮，如图4-28所示。

Step06：单击【关闭】按钮。返回【名称管理器】对话框，单击【关闭】按钮即可，如图4-29所示。

图4-28　单击【确定】按钮

图4-29　单击【关闭】按钮

4.2.2 将自定义名称应用于公式

小李

王Sir，名称是定义好了，可是怎么才能使用这些名称来计算呢？直接输入吗？

王Sir

是的，为单元格区域定义了名称之后，就可以**直接在存放结果的单元格中输入名称计算数据**。

不用一遍遍地选择单元格区域，是不是简单多了？

例如，在定义了名称的“工资表”工作簿中使用名称进行计算，具体操作方法如下。

Step01：输入公式。对相关单元格区域定义名称，本例将C4:C16单元格区域命名为“基本工资”，D4:D16单元格区域命名为“津贴”，E4:E16单元格区域命名为“补助”，F4:F16单元格区域命名为“社保”，然后选中要存放计算结果的单元格，直接输入公式“=基本工资+津贴+补助-社保”，如图4-30所示。

Step02：查看计算结果。按下Enter键得出计算结果，通过填充方式向下拖动鼠标复制公式，自动计算出其他结果，如图4-31所示。

员工编号	员工姓名	应付工资 基本工资	津贴	补助	社保	应发工资
LT001	王其	2500	500	350	=基本工资+津贴+补助-社保	
LT002	艾佳佳	1800	200	300	300	
LT003	陈俊	2300	300	200	300	
LT004	胡媛媛	2000	800	350	300	
LT005	赵东亮	2200	400	300	300	
LT006	柳新	1800	500	200	300	
LT007	杨曦	2300	280	280	300	
LT008	刘思玉	2200	800	350	300	
LT009	刘露	2000	200	200	300	
LT010	胡杰	2300	500	280	300	
LT011	郝仁义	2200	800	300	300	
LT012	汪小颖	2300	450	280	300	

图4-30 输入公式

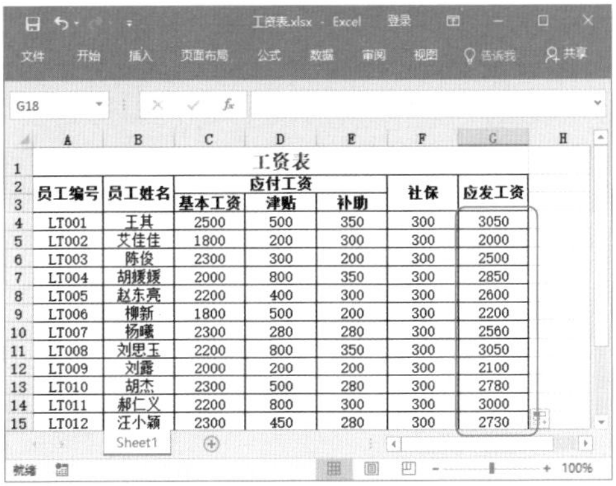

员工编号	员工姓名	应付工资 基本工资	津贴	补助	社保	应发工资
LT001	王其	2500	500	350	300	3050
LT002	艾佳佳	1800	200	300	300	2000
LT003	陈俊	2300	300	200	300	2500
LT004	胡媛媛	2000	800	350	300	2850
LT005	赵东亮	2200	400	300	300	2600
LT006	柳新	1800	500	200	300	2200
LT007	杨曦	2300	280	280	300	2560
LT008	刘思玉	2200	800	350	300	3050
LT009	刘露	2000	200	200	300	2100
LT010	胡杰	2300	500	280	300	2780
LT011	郝仁义	2200	800	300	300	3000
LT012	汪小颖	2300	450	280	300	2730

图4-31 查看计算结果

4.2.3 在单个单元格中使用数组公式进行计算

王Sir

小李，我来考考你，如果让你在“销售订单”表中计算总销售额，你会怎么做？

销售订单			
订单编号：S123456789			
顾客：张女士	销售日期：2019/6/10	销售时间：16:27	
品名		数量	单价
花王眼罩		35	15
佰草集平衡洁面乳		2	55
资生堂洗颜专科		5	50
雅诗兰黛BB霜		1	460
雅诗兰黛水光肌面膜		2	130
香奈儿邂逅清新淡香水50ml		1	728
总销售额：			

小李

当然是先计算出每一个产品的销售额，再把这些数据加起来，这还不简单。

王Sir

你的方法虽然也不错，但是效率太低了。

如果表格中要计算的单元格很多，那你不是要花很长时间来完成这项工作，张经理可等不了那么久。

这个时候，就用数组公式来计算吧。

数组公式是指对**两组或多组参数进行多重计算，并返回一个或多个结果的一种计算公式**。使用数组公式时，要求每个数组参数必须有相同数量的行和列。

例如，要在“销售订单”表中计算总销售额，具体操作方法如下。

Step01：输入公式。选择存放结果的单元格，输入“=SUM()”，再将光标插入点定位在括号内，如图4-32所示。

Step02：选择其他计算区域。拖动鼠标选择要参与计算的第一个单元格区域，输入运算符号“*”号，再拖动鼠标选择第二个要参与计算的单元格区域，如图4-33所示。

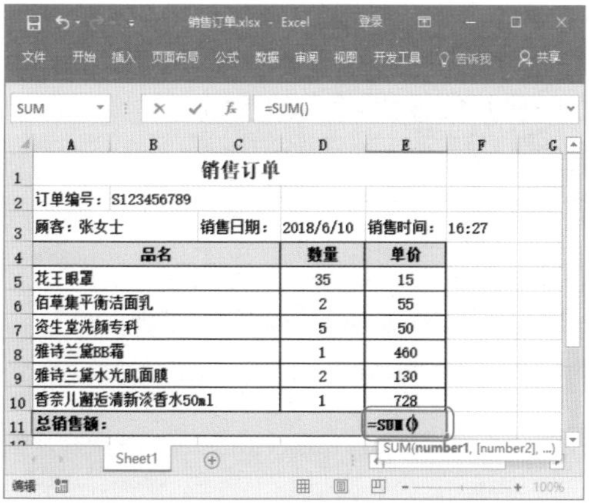

图4-32 输入公式

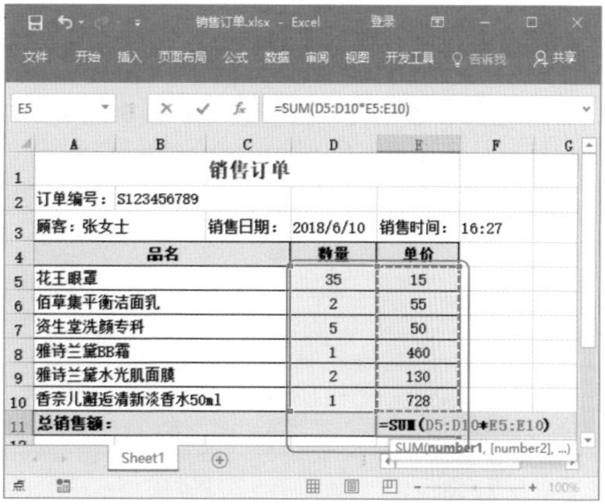

图4-33 选择其他计算区域

Step03：查看计算结果。按下Ctrl+Shift+Enter组合键，得出数组公式计算结果，如图4-34所示。

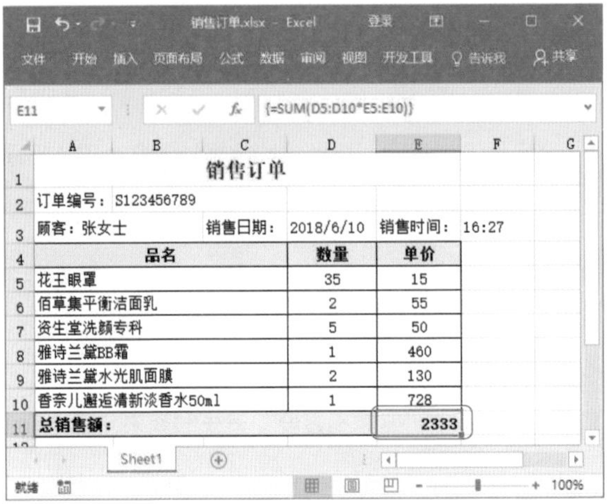

	A	B	C	D	E
1	销售订单				
2	订单编号：S123456789				
3	顾客：张女士		销售日期：	2018/6/10	销售时间： 16:27
4	品名			数量	单价
5	花王眼罩			35	15
6	佰草集平衡洁面乳			2	55
7	资生堂洗颜专科			5	50
8	雅诗兰黛BB霜			1	460
9	雅诗兰黛水光肌面膜			2	130
10	香奈儿邂逅清新淡香水50ml			1	728
11	总销售额：				2333

图4-34 查看计算结果

4.2.4 在多个单元格中使用数组公式进行计算

小李

王Sir，要是在“工资表”中计算应发工资，如果使用数据公式应该怎么计算？

工资表

员工编号	员工姓名	应付工资			社保	应发工资
		基本工资	津贴	补助		
LT001	王其	2500	500	350	300	
LT002	艾佳佳	1800	200	300	300	
LT003	陈俊	2300	300	200	300	
LT004	胡媛媛	2000	800	350	300	
LT005	赵东亮	2200	400	300	300	
LT006	柳新	1800	500	200	300	
LT007	杨曦	2300	280	280	300	
LT008	刘思玉	2200	800	350	300	
LT009	刘露	2000	200	200	300	
LT010	胡杰	2300	500	280	300	
LT011	郝仁义	2200	800	300	300	
LT012	汪小颖	2300	450	280	300	
LT013	尹向南	2000	500	300	300	

王Sir

小李，这种在多个单元格中使用数组公式计算，其实方法和上一个例子差不多，只是在一开始要选择存放结果相应的单元格区域就可以了。

例如，要在“工资表”中计算应发工资，具体操作方法如下。

Step01：选择单元格区域。❶选择存放结果的单元格区域，输入“=”，❷拖动鼠标选择要参与计算的第一个单元格区域，如图4-35所示。

Step02：选择其他单元格区域。参照上述操作方法，继续输入运算符号，并拖动选择要参与计算的单元格区域，如图4-36所示。

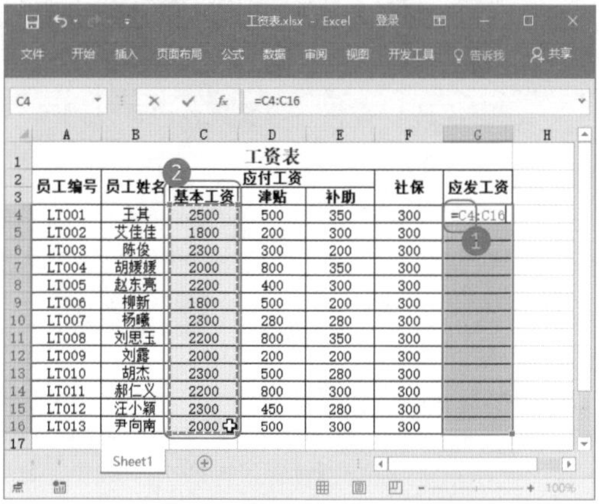

图4-35 选择单元格区域

图4-36 选择其他单元格区域

Step03：查看计算结果。按下Ctrl+Shift+Enter组合键，得出数组公式计算结果，如图4-37所示。

员工编号	员工姓名	应付工资			社保	应发工资
		基本工资	津贴	补助		
LT001	王其	2500	500	350	300	3050
LT002	艾佳佳	1800	200	300	300	2000
LT003	陈俊	2300	300	200	300	2500
LT004	胡媛媛	2000	800	350	300	2850
LT005	赵东亮	2200	400	300	300	2600
LT006	柳新	1800	500	200	300	2200
LT007	杨曦	2300	280	280	300	2560
LT008	刘思玉	2200	800	350	300	3050
LT009	刘露	2000	200	200	300	2100
LT010	胡杰	2300	500	280	300	2780
LT011	郝仁义	2200	800	300	300	3000
LT012	汪小颖	2300	450	280	300	2730
LT013	尹向南	2000	500	300	300	2500

图4-37 查看计算结果

4.3 学习函数，不要以为有多难

张经理

小李，既然在学数据分析，函数的应用那就必不可少了，你现在能熟练使用函数了吗？

小李

张经理，就算不用函数我也可以用其他方法分析数据的。

张经理

小李，这样可不行，函数是数据分析路上必不可少的工具，所以必须掌握。

现在，你需要：

（1）知道函数的**组成与分类**。

（2）能快速**找到常用的函数**。

（3）比较熟悉的函数，**利用提示功能直接输入**。

（4）在**【插入函数】对话框**中，找到需要的函数。

小李

看来我需要好好学习函数，到底怎样才能学好函数呢？我去请教一下王Sir吧。

4.3.1 攻克函数第一关，认识函数

王Sir

小李，我看你每次用函数的时候都比较抗拒，是对函数有什么不了解吗？

小李

王Sir，我也知道函数好用，可是一直以来都没有系统学习过函数，所以用起来有点懵。

王Sir

函数可是数据计算的好帮手，能熟练使用函数，是你不加班的最佳保证。

不过，既然你还处于对函数不太熟悉的阶段，先来认识一下函数是有必要的。

Excel中所提的函数其实是一些预定义的公式，它们使用一些称为参数的特定数值按特定的顺序或结构进行计算。用户可以直接用函数对某个区域内的数值进行一系列运算，如分析和处理日期值、时间值、确定贷款的支付额、确定单元格中的数据类型、计算平均值、排序显示和运算文本数据等。

Excel函数只有唯一的名称且不区分大小写，每个函数都有特定的功能和作用。

1 函数的结构

函数是预先编写的公式，可以将其认作是一种特殊的公式。它一般具有一个或多个参数，可以更加简单、便捷地进行多种运算，并返回一个或多个值。函数与公式的使用方法有很多相似处，如首先需要输入函数才能使用函数进行计算。输入函数前，还需要了解函数的结构。

函数作为公式的一种特殊形式存在，也是由“=”符号开始的，右侧依次是函数名称、左括号、以半角逗号分隔的参数和右括号。具体结构如图4-38所示。

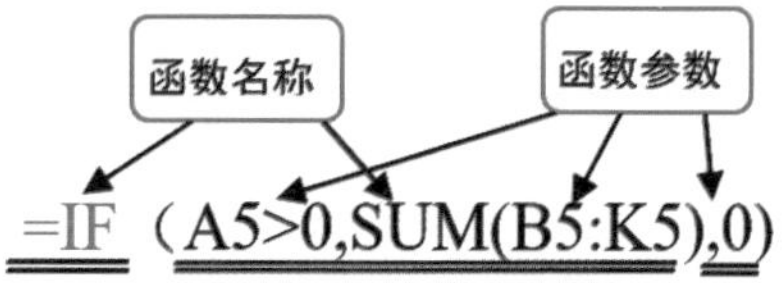

图4-38 函数的结构

2 函数的分类

根据函数的功能，主要可将函数划分为11个类型。函数在使用过程中一般也是依据这个分类进行定位，然后再选择合适的函数。因此，学习函数知识，必须了解函数的分类。11种函数分类的具体介绍如下。

- 财务函数：Excel中提供了非常丰富的财务函数，使用这些函数，可以完成大部分的财务统计和计算。如DB函数可返回固定资产的折旧值，IPMT可返回投资回报的利息部分等。财务人员如果能够正确、灵活地使用Excel进行财务函数的计算，则能大大减轻日常工作中有关指标计算的工作量。
- 逻辑函数：该类型的函数只有7个，用于测试某个条件，总是返回逻辑值TRUE或FALSE。它们与数值的关系为：在数值运算中，TRUE=1，FALSE=0；在逻辑判断中，0=FALSE，所有非0

数值=TRUE。

» 文本函数：在公式中处理文本字符串的函数。主要功能包括截取、查找或所搜文本中的某个特殊字符，或提取某些字符，也可以改变文本的编写状态。如TEXT函数可将数值转换为文本，LOWER函数可将文本字符串的所有字母转换成小写形式等。
» 日期和时间函数：用于分析或处理公式中的日期和时间值。例如，TODAY函数可以返回当前系统日期。
» 查找与引用函数：用于在数据清单或工作表中查询特定的数值，或某个单元格引用的函数。常见的示例是税率表。使用VLOOKUP函数可以确定某一收入水平的税率。
» 数学和三角函数：该类型函数包括很多，主要运用于各种数学计算和三角计算。如RADIANS函数可以把角度转换为弧度等。
» 统计函数：这类函数可以对一定范围内的数据进行统计学分析。例如，可以计算统计数据，如平均值、模数、标准偏差等。
» 工程函数：这类函数常用于工程应用中。它们可以处理复杂的数字，在不同的计数体系和测量体系之间转换。例如，可以将十进制数转换为二进制数。
» 多维数据集函数：用于返回多维数据集中的相关信息，例如返回多维数据集中成员属性的值。
» 信息函数：这类函数有助于确定单元格中数据的类型，还可以使单元格在满足一定的条件时返回逻辑值。
» 数据库函数：用于对存储在数据清单或数据库中的数据进行分析，判断其是否符合某些特定的条件。这类函数在需要汇总符合某一条件的列表中的数据时十分有用。

温馨提示

Excel中还有一类函数是使用VBA创建的自定义工作表函数，称之为“用户定义函数”。这些函数可以像Excel的内部函数一样运行，但不能在“粘贴函数”中显示每个参数的描述。

4.3.2 首次操作，就能输入函数

小李

王Sir，我用了那么久的函数，到现在才知道其实我的函数并没有学好。还有一个问题，我每次要用函数的时候都是在函数库中查找函数来输入，每次都要花费比较长的时间来查找，有什么好方法吗？

王Sir

小李，函数的输入方法很多，你可以根据自己的情况来选择。

如果对函数很熟悉，可以使用**直接输入函数**；如果对函数比较熟悉，可以使用**提示功能**快速输入函数；如果对函数不太熟悉，可以使用**函数库**输入函数；如果是常用函数，则可以在**【自动求和】**下拉列表中选择；如果不能确定函数的正确拼写或计算参数，可以使用**【插入函数】对话框**插入函数。

1 直接输入函数

如果知道函数名称及函数的参数，可以直接在编辑栏中输入表达式，这是最常见的输入方式之一。例如，要在“销售清单”中计算“小计”，操作方法如下。

Step01：输入函数。选中要存放结果的单元格，本例中选择E3，在编辑栏中输入函数表达式“=PRODUCT(C3:D3)”（意为对单元格区域C3:D3中的数值进行乘积运算），如图4-39所示。

Step02：查看计算结果。完成输入后，单击编辑栏中的【输入】按钮 ✓ ，或者按下Enter键进行确认，E3单元格中即可显示计算结果，如图4-40所示。

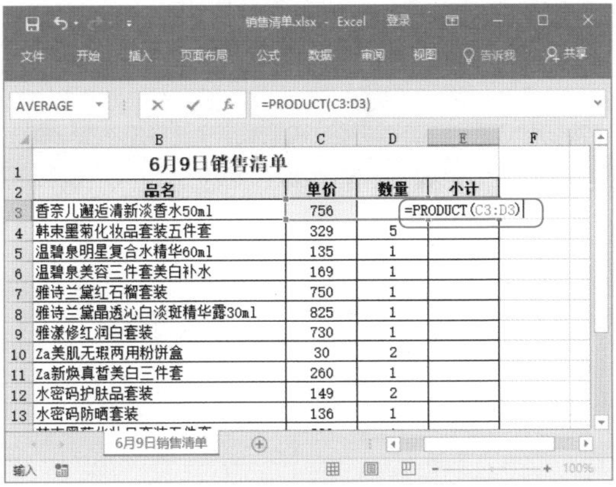

图4-39 输入函数

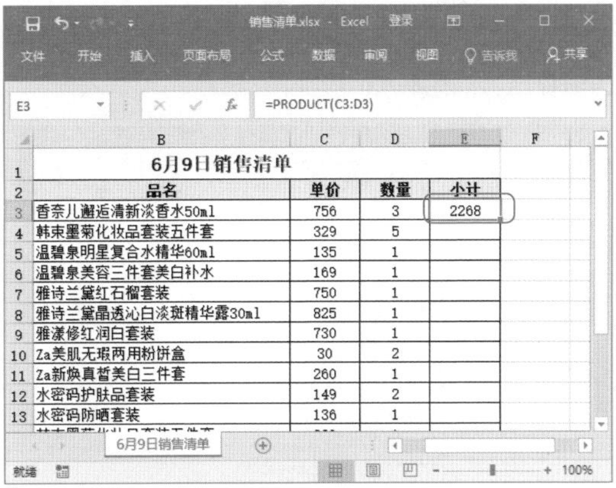

图4-40 查看计算结果

Step03：复制函数。利用填充功能向下复制函数，即可计算出其他产品的销售金额，如图4-41所示。

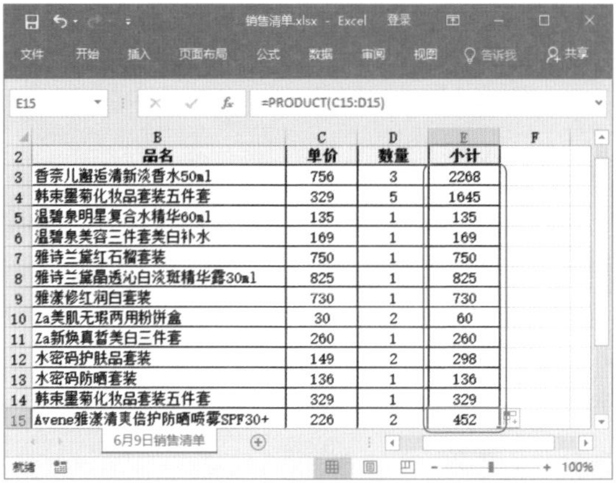

图4-41　复制函数

2 通过提示功能快速输入函数

如果用户对函数并不是非常熟悉，在输入函数表达式的过程中，可以利用函数的提示功能进行输入，以保证输入正确的函数。例如，要在“6月工资表”中计算“实发工资”，操作方法如下。

Step01：输入函数首字母。选中要存放结果的单元格，输入“=”，然后输入函数的首字母，如“S”，此时系统会自动弹出一个下拉列表，该列表中将显示所有“S”开头的函数，此时可在列表框中找到需要的函数，选中该函数时会出现一个浮动框，并说明该函数的含义，如图4-42所示。

Step02：双击函数输入。双击选中的函数，即可将其输入到单元格中，输入函数后可以看到函数语法提示，如图4-43所示。

图4-42　输入函数首字母

图4-43　双击函数输入

Step03：输入函数参数。根据提示输入计算参数，如图4-44所示。

Step04：查看计算结果。完成输入后，按下Enter键，即可得到计算结果，如图4-45所示。

工资表						
部门	基本工资	岗位工资	全勤奖	请假天数	考勤扣款	实发工资
营销部	2000	500	0	-1		=SUM(D3:H3)
市场部	1500	800	500		0	
广告部	2500	600	500		0	
市场部	1500	500	500		0	
财务部	2000	700	0	-1.5	-136	
营销部	2000	500	500		0	
广告部	2500	800	500		0	
广告部	2500	1000	0	-3	-341	
市场部	1500	500	500		0	

图4-44 输入函数参数

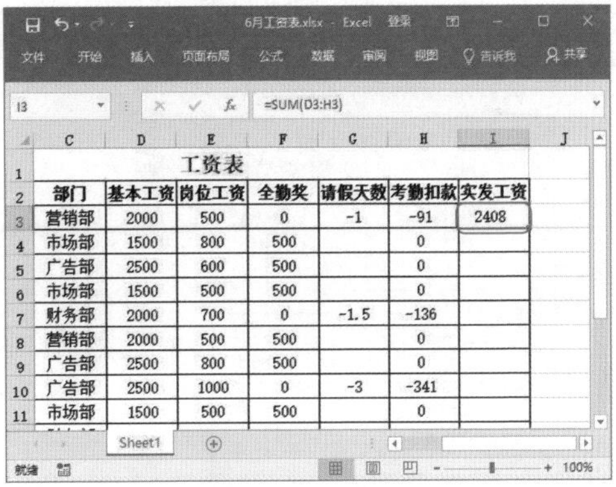

工资表						
部门	基本工资	岗位工资	全勤奖	请假天数	考勤扣款	实发工资
营销部	2000	500	0	-1	-91	2408
市场部	1500	800	500		0	
广告部	2500	600	500		0	
市场部	1500	500	500		0	
财务部	2000	700	0	-1.5	-136	
营销部	2000	500	500		0	
广告部	2500	800	500		0	
广告部	2500	1000	0	-3	-341	
市场部	1500	500	500		0	

图4-45 查看计算结果

Step05：复制函数。利用填充功能向下复制函数，即可计算出其他员工的实发工资，如图4-46所示。

工资表						
部门	基本工资	岗位工资	全勤奖	请假天数	考勤扣款	实发工资
营销部	2000	500	0	-1	-91	2408
市场部	1500	800	500		0	2800
广告部	2500	600	500		0	3600
市场部	1500	500	500		0	2500
财务部	2000	700	0	-1.5	-136	2562
营销部	2000	500	500		0	3000
广告部	2500	800	500		0	3800
广告部	2500	1000	0	-3	-341	3156
市场部	1500	500	500		0	2500

图4-46 复制函数

3 通过【函数库】输入函数

在Excel窗口的功能区中有一个【函数库】，库中提供了多种函数，用户可以非常方便地使用。例如，要在“8月5日销售清算”中计算“产品种类”，操作方法如下。

Step01：选择函数。❶选中要存放结果的单元格，如B15，❷在【公式】选项卡的【函数库】组中单击需要的函数类型，本例中单击【其他函数】下拉按钮，❸在弹出的下拉列表中选择【统计】选项，❹在弹出的扩展菜单中单击需要的函数，本例中单击【COUNTA】，如图4-47所示。

Step02：设置函数参数。弹出【函数参数】对话框，❶在【Value1】参数框中设置要进行计算的参数，❷单击【确定】按钮，如图4-48所示。

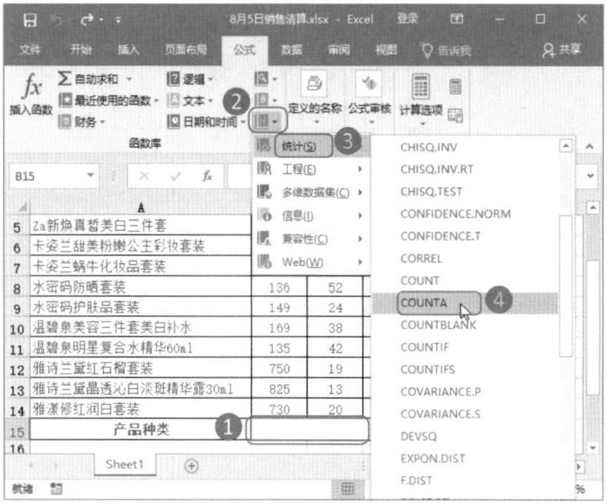

图4-47 选择函数

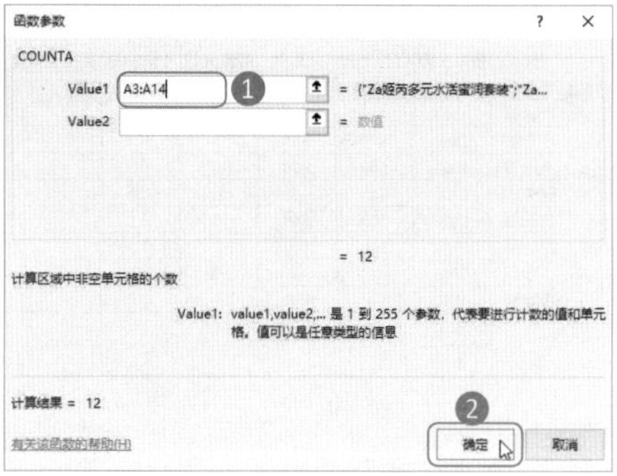

图4-48 设置函数参数

Step03：查看计算结果。返回工作表，即可查看到计算结果，如图4-49所示。

图4-49 查看计算结果

4 使用【求和按钮】输入函数

使用函数计算数据时，求和函数、求平均值函数等函数用得非常频繁，因此Excel提供了【自动求和】按钮，通过该按钮，可快速使用这些函数进行计算。例如，要在“食品销售表”中计算“月平均销量”，操作方法如下。

Step01：选择函数。❶选中要存放结果的单元格，如E4，❷在【公式】选项卡的【函数库】组中单击【自动求和】下拉按钮，❸在弹出的下拉列表中选择【平均值】选项，如图4-50所示。

Step02：选择计算区域。拖动鼠标选择计算区域，如图4-51所示。

图4-50 选择函数

图4-51 选择计算区域

Step03：查看计算结果。按下Enter键，即可得出计算结果，如图4-52所示。

Step04：复制函数。通过填充功能向下复制函数，计算出其他食品的月平均销量，如图4-53所示。

图4-52 查看计算结果

图4-53 复制函数

5 通过【插入函数】对话框调用函数

Excel提供了大约400个函数，如果不能确定函数的正确拼写或计算参数，建议用户使用【插入函数】对话框插入函数。例如，要在“营业额统计周报表”中计算“合计”，操作方法如下。

Step01：单击【插入函数】按钮。❶选择要存放结果的单元格，❷单击编辑栏中的【插入函数】按钮 *fx*，如图4-54所示。

Step02：选择函数。弹出【插入函数】对话框，❶在【或选择类别】下拉列表中选择函数类别，❷在【选择函数】列表框中选择需要的函数，如【SUM】函数，❸单击【确定】按钮，如图4-55所示。

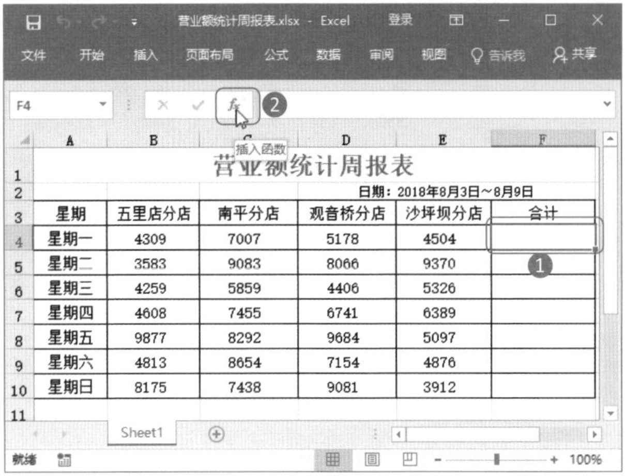

图4-54 单击【插入函数】按钮

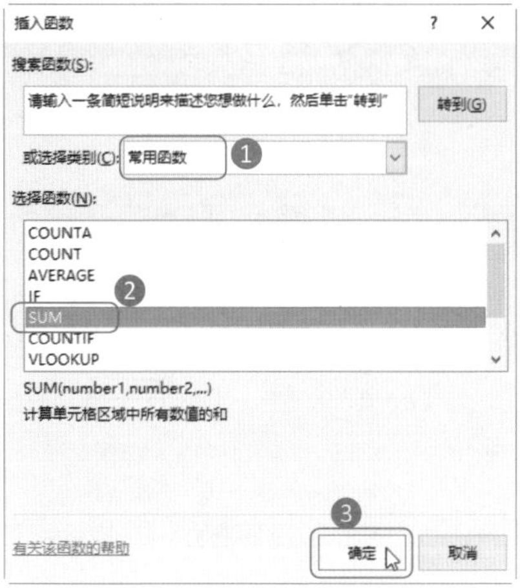

图4-55 选择函数

Step03：输入函数参数。弹出【函数参数】对话框，❶在【Number1】参数框中设置要进行计算的参数，❷单击【确定】按钮，如图4-56所示。

Step04：查看计算结果。返回工作表，可看到计算结果，如图4-57所示。

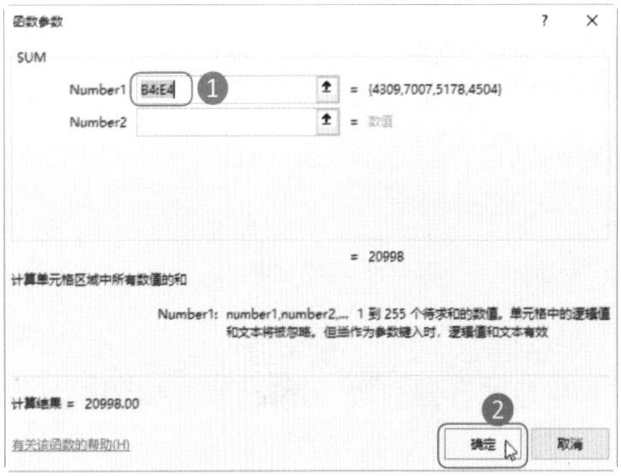

图4-56 输入函数参数

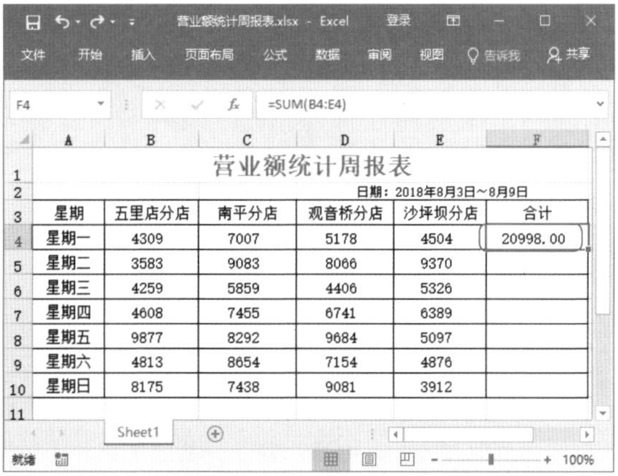

图4-57 查看计算结果

Step05：复制函数。通过填充功能向下复制函数，计算出其他时间的营业额总计，如图4-58所示。

F10 =SUM(B10:E10)

营业额统计周报表					
			日期：2018年8月3日～8月9日		
星期	五里店分店	南平分店	观音桥分店	沙坪坝分店	合计
星期一	4309	7007	5178	4504	20998.00
星期二	3583	9083	8066	9370	30102.00
星期三	4259	5859	4406	5326	19850.00
星期四	4608	7455	6741	6389	25193.00
星期五	9877	8292	9684	5097	32950.00
星期六	4813	8654	7154	4876	25497.00
星期日	8175	7438	9081	3912	28606.00

图4-58　复制函数

技能升级

如果只知道某个函数的功能，不知道具体的函数名，则可以在【搜索函数】文本框中输入函数功能，如【随机】，然后单击【转到】按钮，此时将在【选择函数】列表框中显示Excel推荐的函数，在【选择函数】列表框中选择某个函数后，会在列表框下方显示该函数的作用及语法等信息。

4.4　常用函数，掌握了你就能行

张经理

小李，检验你函数学习成果的时候到了，这次的销售业绩表你用函数把结果都计算出来吧。

小李

张经理，没问题，保证完成任务。

张经理

小李，光说不练假把式，对于你这个初学函数的人，我只提几点要求。

（1）知道怎样使用函数**求和、求平均值**。

（2）知道怎样使用函数**求最大值和最小值**。

（3）知道怎样使用函数**计算排名**。

（4）知道怎样使用函数**计算参数中包含的个数**。

（5）知道怎样使用函数**计算乘积**。

（6）知道怎样使用函数**执行条件检测**。

4.4.1 使用SUM函数进行求和运算

王Sir

小李，一季度的销售业绩统计出来了吗？既然你学了函数，就用函数来统计一下销售总量吧。

	A	B	C	D	E	F	G
1	一季度销售业绩						
2	销售人员	一月	二月	三月	销售总量	平均值	销售排名
3	杨新宇	5532	2365	4266			
4	胡敏	4699	3789	5139			
5	张含	2492	3695	4592			
6	刘晶晶	3469	5790	3400			
7	吴欢	2851	2735	4025			
8	黄小梨	3601	2073	4017			
9	严紫	3482	5017	3420			
10	徐刚	2698	3462	4088			
11	最高销售量						
12	最低销售量						

小李

王Sir，以前计算销售问题我都是用公式，用函数应该使用哪个函数呢？

王Sir

小李，虽然公式也可以用来计算总量，但公式的输入比较复杂，如果要计算的单元格很多，那使用公式就不太方便。

此时，使用**求和函数SUM**就简单多了。

在Excel中，这可是最常用的函数之一了，用于返回某一单元格区域中所有数字之和。

求和函数的语法为：=SUM(number1,number2,...)，其中，Number1,Number2,...表示参加计算的1~255个参数。

例如，要在“销售业绩”表中使用SUM函数计算“销售总量”，具体操作方法如下。

Step01：输入函数。选择要存放结果的单元格，如“E3”，输入函数“=SUM(B3:D3)”，按下Enter键，即可得出计算结果，如图4-59所示。

Step02：复制函数。通过填充功能向下复制函数，计算出所有人的销售总量，如图4-60所示。

一季度销售业绩						
销售人员	一月	二月	三月	销售总量	平均值	销售排名
杨新宇	5532	2365	4266	12163		
胡敏	4699	3789	5139			
张含	2492	3695	4592			
刘晶晶	3469	5790	3400			
吴欢	2851	2735	4025			
黄小梨	3601	2073	4017			
严紫	3482	5017	3420			
徐刚	2698	3462	4088			
最高销售量						
最低销售量						

图4-59　输入函数

一季度销售业绩						
销售人员	一月	二月	三月	销售总量	平均值	销售排名
杨新宇	5532	2365	4266	12163		
胡敏	4699	3789	5139	13627		
张含	2492	3695	4592	10779		
刘晶晶	3469	5790	3400	12659		
吴欢	2851	2735	4025	9611		
黄小梨	3601	2073	4017	9691		
严紫	3482	5017	3420	11919		
徐刚	2698	3462	4088	10248		
最高销售量						
最低销售量						

图4-60　复制函数

4.4.2 使用AVERAGE函数计算平均值

小李

王Sir，张经理让我计算一季度销售业绩的平均值，我以前都是用公式先把销售总量算出来，再除以数量，速度慢不说，还经常容易算错。有没有什么函数可以更快地计算平均值呢？

王Sir

小李，**AVERAGE函数**用于返回参数的平均值，这个函数是对选择的单元格或单元格区域进行算术平均值运算，可以满足你的需求。

AVERAGE函数语法为：=AVERAGE(number1,number2,...)，其中，Number1,Number2,...表示要计算平均值的1~255个参数。

例如，要在“销售业绩”表中使用AVERAGE函数计算“平均值”，具体操作方法如下。

Step01：选择【平均值】选项。❶选中要存放结果的单元格，本例中选择F3，❷单击【公式】选项卡的【函数库】组中的【自动求和】下拉按钮，❸在弹出的下拉菜单中选择【平均值】选项，如图4-61所示。

Step02：选择要计算的单元格。所选单元格将插入AVERAGE函数，选择需要计算的单元格B3:D3，如图4-62所示。

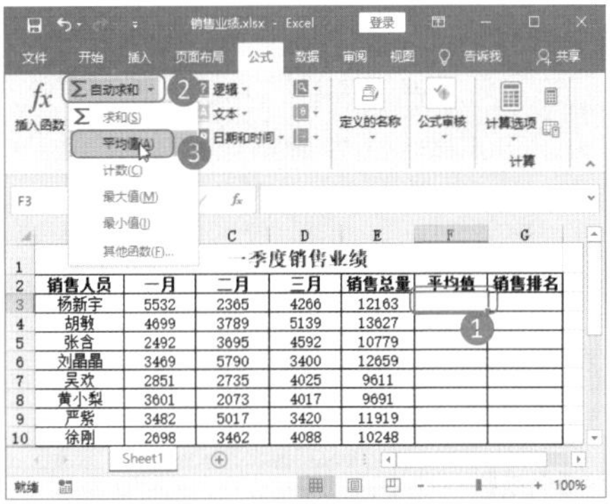

图4-61　选择【平均值】选项

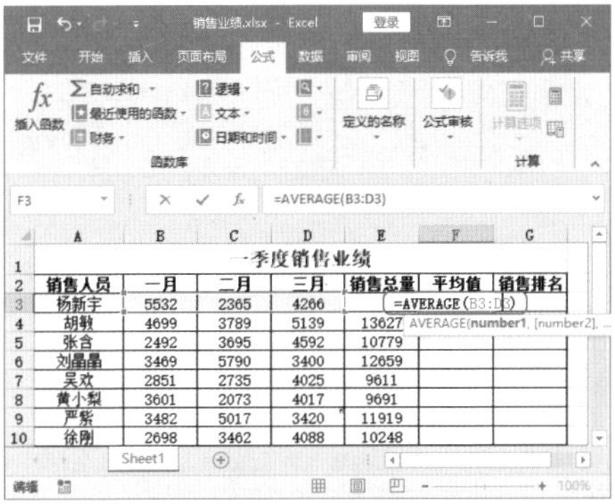

图4-62　选择要计算的单元格

Step03：查看计算结果。按下Enter键计算出平均值，然后使用填充功能向下复制函数，即可计算出其他产品的销售平均值，如图4-63所示。

图4-63　查看计算结果

4.4.3 使用MAX函数计算最大值

小李

王Sir，张经理让我计算出每个月哪个人的销量最高，应该用哪个函数呢？

王Sir

小李，遇到问题首先想到使用函数，这就说明你的函数意识越来越强了。

如果要找出最高销量，可以用**MAX函数**对选择的单元格区域中的数据进行比较，计算出其中的最大值，然后返回到目标单元格。

MAX函数的语法结构为：=MAX(number1,number2,...)。其中，Number1,Number2,...表示要参与比较找出最大值的1~255个参数。

例如，要在“销售业绩”表中使用MAX函数计算每个月的“最高销售量”，具体操作方法如下。

Step01：输入函数。选择要存放结果的单元格，如“B11”，输入函数“=MAX(B3:B10)”，按下Enter键，即可得出计算结果，如图4-64所示。

Step02：复制函数。通过填充功能向右复制函数，即可计算出每个月的最高销售量，如图4-65所示。

销售人员	一月	二月	三月	销售总量	平均值	销售排名
杨新宇	5532	2365	4266	12163	4054.333	
胡敏	4699	3789	5139	13627	4542.333	
张含	2492	3695	4592	10779	3593	
刘晶晶	3469	5790	3400	12659	4219.667	
吴欢	2851	2735	4025	9611	3203.667	
黄小梨	3601	2073	4017	9691	3230.333	
严紫	3482	5017	3420	11919	3973	
徐刚	2698	3462	4088	10248	3416	
最高销售量	5532					
最低销售量						

图4-64 输入函数

销售人员	一月	二月	三月	销售总量	平均值	销售排名
杨新宇	5532	2365	4266	12163	4054.333	
胡敏	4699	3789	5139	13627	4542.333	
张含	2492	3695	4592	10779	3593	
刘晶晶	3469	5790	3400	12659	4219.667	
吴欢	2851	2735	4025	9611	3203.667	
黄小梨	3601	2073	4017	9691	3230.333	
严紫	3482	5017	3420	11919	3973	
徐刚	2698	3462	4088	10248	3416	
最高销售量	5532	5790	5139			
最低销售量						

图4-65 复制函数

4.4.4 使用MIN函数计算最小值

小李

王Sir，我刚学了计算最大值的函数，现在要计算最小值，我想跟计算最大值应该差不多吧？

王Sir

是的，如果要计算最小值，使用MIN函数就可以了。

MIN函数与MAX函数的作用相反，是可以对选择的单元格区域中的数据进行比较，计算出其中的最小值，然后返回到目标单元格。

MIN函数的语法结构为：=MIN(number1,number2,...)。其中，Number1,Number2,...表示要参与比较找出最小值的1~255个参数。

例如，要在“销售业绩”表中使用MIN函数计算每个月的“最低销售量”，具体操作方法如下。

Step01：输入函数。选择要存放结果的单元格，如“B12”，输入函数“=MIN(B3:B10)”，按下Enter键，即可得出计算结果，如图4-66所示。

Step02：复制函数。通过填充功能向右复制函数，即可计算出每个月的最低销售量，如图4-67所示。

	A	B	C	D	E	F	G
1	一季度销售业绩						
2	销售人员	一月	二月	三月	销售总量	平均值	销售排名
3	杨新宇	5532	2365	4266	12163	4054.333	
4	胡敏	4699	3789	5139	13627	4542.333	
5	张含	2492	3695	4592	10779	3593	
6	刘晶晶	3469	5790	3400	12659	4219.667	
7	吴欢	2851	2735	4025	9611	3203.667	
8	黄小梨	3601	2073	4017	9691	3230.333	
9	严紫	3482	5017	3420	11919	3973	
10	徐刚	2698	3462	4088	10248	3416	
11	最高销售量	5532	5790	5139			
12	最低销售量	2492					
13							

图4-66 输入函数

	A	B	C	D	E	F	G
1	一季度销售业绩						
2	销售人员	一月	二月	三月	销售总量	平均值	销售排名
3	杨新宇	5532	2365	4266	12163	4054.333	
4	胡敏	4699	3789	5139	13627	4542.333	
5	张含	2492	3695	4592	10779	3593	
6	刘晶晶	3469	5790	3400	12659	4219.667	
7	吴欢	2851	2735	4025	9611	3203.667	
8	黄小梨	3601	2073	4017	9691	3230.333	
9	严紫	3482	5017	3420	11919	3973	
10	徐刚	2698	3462	4088	10248	3416	
11	最高销售量	5532	5790	5139			
12	最低销售量	2492	2073	3400			
13							

图4-67 复制函数

4.4.5 使用RANK函数计算排名

王Sir

小李，上一个表格的销售排名情况你怎么没有填？是忘记了还是不会？

小李

王Sir，我实在是不知道用什么函数，正准备用排序法排好了再填上去呢。

王Sir

小李，排序法可不是计算排名的好方法。

既然在学习函数，那么你为什么不用**RANK函数**呢？让指定的数据在一组数据中进行比较，将比较的名次返回到目标单元格中，是计算排名的最佳函数。

RANK函数的语法结构为：=RANK(number,ref,order)，其中number表示要在数据区域中进行比较的指定数据；ref表示包含一组数字的数组或引用，其中的非数值型参数将被忽略；order表示一数字，指定排名的方式。若order为0或省略，则按降序排列的数据清单进行排位；如果order不为0，则按升序排列的数据清单进行排位。

例如，要在“销售业绩”表中使用RANK函数计算“销售排名”，具体操作方法如下。

Step01：输入函数。选中要存放结果的单元格，如“G3”，输入函数“=RANK(E3,$E$3:$E$10,0)”，按下Enter键，即可得出计算结果，如图4-68所示。

Step02：复制函数。通过填充功能向下复制函数，即可计算出每位员工销售总量的排名，如图4-69所示。

一季度销售业绩

销售人员	一月	二月	三月	销售总量	平均值	销售排名
杨新宇	5532	2365	4266	12163	4054.333	3
胡敏	4699	3789	5139	13627	4542.333	
张含	2492	3695	4592	10779	3593	
刘晶晶	3469	5790	3400	12659	4219.667	
吴欢	2851	2735	4025	9611	3203.667	
黄小梨	3601	2073	4017	9691	3230.333	
严紫	3482	5017	3420	11919	3973	
徐刚	2698	3462	4088	10248	3416	
最高销售量	5532	5790	5139			
最低销售量	2492	2073	3400			

图4-68 输入函数

一季度销售业绩

销售人员	一月	二月	三月	销售总量	平均值	销售排名
杨新宇	5532	2365	4266	12163	4054.333	3
胡敏	4699	3789	5139	13627	4542.333	1
张含	2492	3695	4592	10779	3593	5
刘晶晶	3469	5790	3400	12659	4219.667	2
吴欢	2851	2735	4025	9611	3203.667	8
黄小梨	3601	2073	4017	9691	3230.333	7
严紫	3482	5017	3420	11919	3973	4
徐刚	2698	3462	4088	10248	3416	6
最高销售量	5532	5790	5139			
最低销售量	2492	2073	3400			

图4-69 复制函数

4.4.6 使用COUNT函数计算参数中包含的个数

张经理

小李，这次拓展培训是本着自愿报名的原则，已经报名的在表格中填了“1”，现在你统计一下报名的人数是多少。

小李

好的，张经理，我马上去数。

张经理

小李，你统计单元格个数是直接数的吗？

难道你不知道使用**COUNT函数**可以统计包含数字的单元格的个数吗？

COUNT函数的语法为：=COUNT(value1,value2,...)。其中，value1,value2...为要计数的1~255个参数。

例如，要在“员工报名登记表”表中使用COUNT函数计算“报名人数”，具体操作方法如下。

选中要存放结果的单元格，如“G3”，输入函数“=COUNT(E3:E17)”，按下Enter键，即可得出计算结果，如图4-70所示。

	A	B	C	D	E	F	G
1	员工报名登记表						
2	员工编号	姓名	所属部门	联系电话	是否报名		报名人数
3	1001	汪小颖	行政部	13312345678	1		8
4	1002	尹向南	人力资源	10555558667			
5	1003	胡杰	人力资源	14545671236	1		
6	1004	郝仁义	营销部	18012347896			
7	1005	刘露	销售部	15686467298	1		
8	1006	杨曦	项目组	15843977219	1		
9	1007	刘思玉	财务部	13679010576			
10	1008	柳新	财务部	13586245369			
11	1009	陈俊	项目组	16945676952			
12	1010	胡媛媛	行政部	13058695996	1		
13	1011	赵东亮	人力资源	13182946695			
14	1012	艾佳佳	项目组	15935952955	1		
15	1013	王其	行政部	15666626966	1		
16	1014	朱小西	财务部	13688595699			
17	1015	曹美云	营销部	13946962932	1		

图4-70 输入函数

4.4.7 使用PRODUCT函数计算乘积

小李

王Sir，公司需要新制作一批货架，现在我已经把各个货架的长、宽和高统计出来了，但是还需要计算货架的总体积，应该使用什么函数呢?

王Sir

小李，计算体积的公式是：长*宽*高，你用PRODUCT函数来计算就可以了。

PRODUCT函数用于计算所有参数的乘积，其语法结构为：=PRODUCT(number1,number2,...)，其中，Number1,Number2,...表示要参与乘积计算的1~255个参数。

例如，要在“货柜大小计算”表中使用PRODUCT函数计算货架的“体积”，具体操作方法如下。

Step01：输入函数。选择要存放结果的单元格，如“D2”，输入函数“=PRODUCT(A2,B2,C2)”，即可得出计算结果，如图4-71所示。

Step02：复制函数。利用填充功能向下复制函数，计算出所有货柜的体积，如图4-72所示。

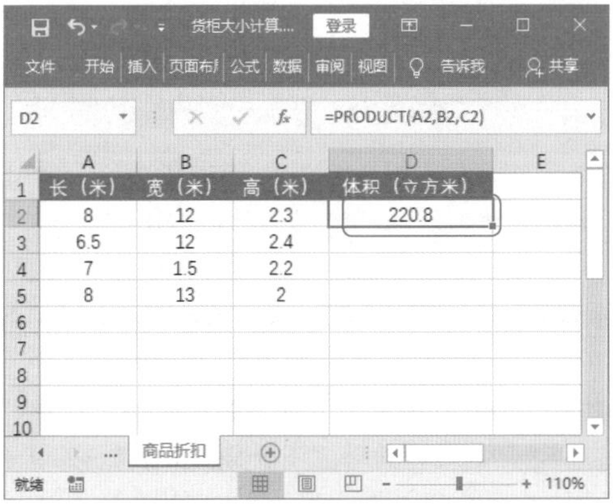

图4-71 输入函数

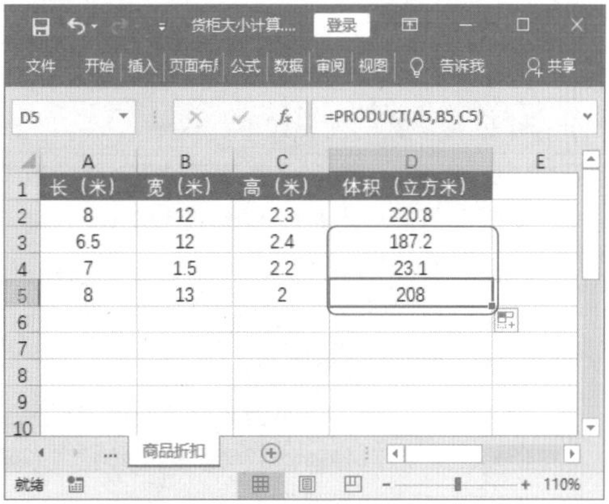

图4-72 复制函数

4.4.8 使用IF函数执行条件检测

张经理

小李，新进员工的考核成绩已经统计出来了，80分以上的录用，80分以下的淘汰，你把录用的情况填写一下，马上交给我。

小 李

没问题，张经理，我马上去填。

王Sir

小李，你准备怎么完成张经理交给你的任务呢？纯人工手打填写吗？

用IF函数吧。IF函数的功能是根据对指定的条件计算结果为TRUE或FALSE，返回不同的结果。使用IF函数可对数值和公式执行条件检测。

IF函数的语法结构为：IF(Logical_test,Value_if_true,Value_if_false)。

IF各个函数参数的含义如下。

- Logical_test：表示计算结果为TRUE或FALSE的任意值或表达式。例如，“B5>100”是一个逻辑表达式，若单元格B5中的值大于100，则表达式的计算结果为TRUE；否则为FALSE。
- Value_if_true：是Logical_test参数为TRUE时返回的值。例如，若此参数是文本字符串“合格”，而且Logical_test参数的计算结果为TRUE，则返回结果“合格”；若Logical_test为TRUE而Value_if_true为空时，则返回0（零）。
- Value_if_false：是Logical_test参数为FALSE时返回的值。例如，若此参数是文本字符串“不合格”，而且Logical_test参数的计算结果为FALSE，则返回结果“不合格”；若Logical_test为FALSE而Value_if_false被省略，即Value_if_true后面没有逗号，则会返回逻辑值FALSE；若Logical_test为FALSE且Value_if_false为空，即Value_if_true后面有逗号且紧跟着右括号，则会返回值0（零）。

例如，以“新进员工考核表”中的总分为关键字，80分以上（含80分）的为“录用”，其余的则为“淘汰”，具体操作方法如下。

Step01：单击【插入函数】按钮。❶选择要存放结果的单元格，如“G4”，❷单击【公式】选项卡的【函数库】组中的【插入函数】按钮，如图4-73所示。

Step02：选择【IF】函数。打开【插入函数】对话框，❶在【选择函数】列表框中选择【IF】函数，❷单击【确定】按钮，如图4-74所示。

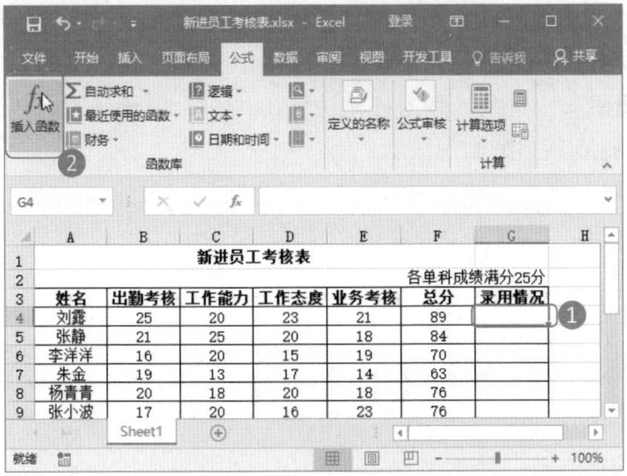

图4-73 单击【插入函数】按钮

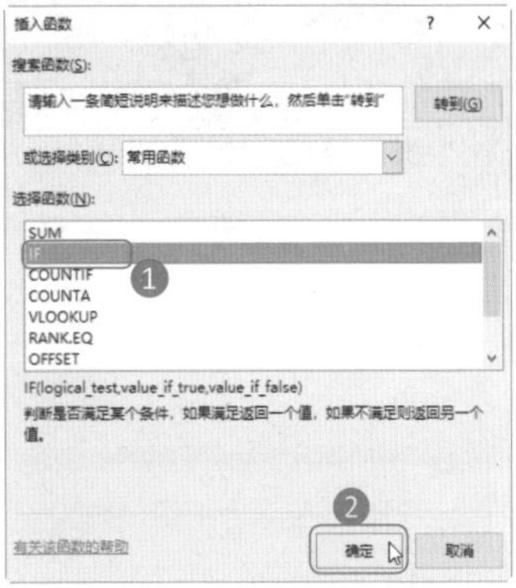

图4-74 选择【IF】函数

Step03：输入函数参数。打开【函数参数】对话框，❶设置【Logical_test】为【F4>=80】，【Value_if_true】为【"录用"】，【Value_if_false】为【"淘汰"】，❷单击【确定】按钮，如图4-75所示。

Step04：复制函数。利用填充功能向下复制函数，即可计算出其他员工的录用情况，如图4-76所示。

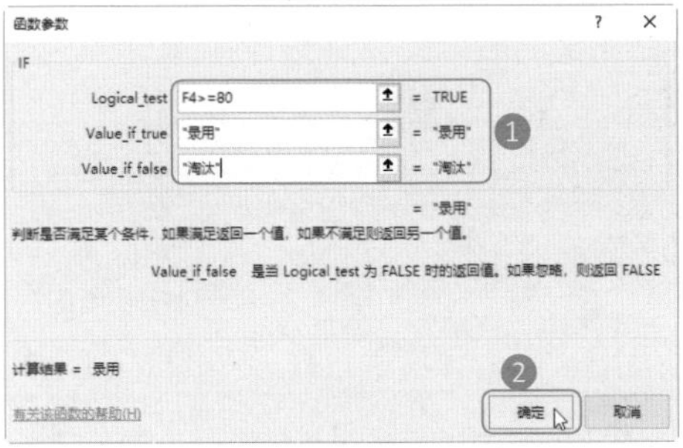

图4-75 输入函数参数

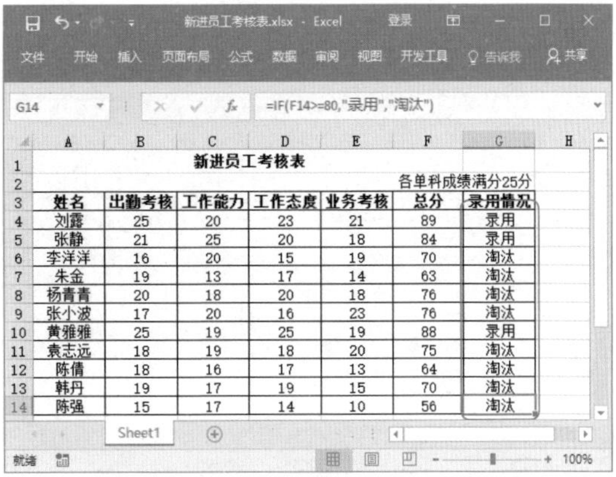

图4-76 复制函数

技能升级

在实际应用中，一个IF函数可能达不到工作的需要，这时可以使用多个IF函数进行嵌套。IF函数嵌套的语法为：IF（Logical_test,Value_if_true,IF（Logical_test,Value_if_true,IF（Logical_test,Value_if_true,...,Value_if_false）））。通俗地讲，可以理解成“如果（某条件，条件成立返回的结果，（某条件，条件成立返回的结果，（某条件，条件成立返回的结果，……，条件不成立返回的结果）））”。例如，在本例中以表格中的总分为关键字，80分以上（含80分）的为“录用”，70分以上（含70分）的为“有待观察”，其余的则为“淘汰”，“G4”单元格的函数表达式就为“=IF(F4>=80,"录用",IF(F4>=70,"有待观察","淘汰"))”。

CHAPTER 5

统计图表，数据分析的直观展现

虽然我不是第一次接触图表，自认为经验丰富，但是当我把制作的图表交给张经理时，被批得灰头土脸。

张经理说，我的图表没有样式，没有特色，虽然图表只是为了展示数据，可是图表的样式优美，才可以吸引更多的眼球。

在听从了张经理的意见之后，我请教了王Sir创建图表和美化图表的技巧，明白了图表的重要性。王Sir毫不藏私地把他多年的图表制作经验教给我，为我扫平了图表制作路上的障碍。

小 李

很多人都觉得创建图表不过是选择数据源，选择图表，然后就可以成功制作出图表。

使用这种方法固然可以创建出图表，但是图表的表现形式过于简单，很难吸引到他们的目光。而且遇到数据不规律时，还可能会发生创建的图表不能表达数据或者表达不清的情况。

所以，图表的创建方法很重要，图表的样式设计更重要。不要盲目相信简单、简洁的制图理念，表达清晰才是图表的制作原则。

王 Sir

5.1 不知道怎么选图表，看这里就对了

小李

张经理，这是您要的这周的营业额统计图表。

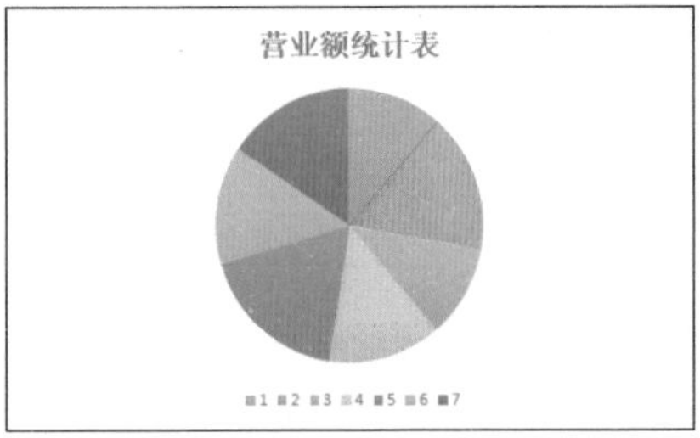

张经理

小李，你觉得我能从你这张图表中看出什么？

我要的是营业额统计图表，需要知道每天营业额之间的差距，从你给出的这个图表能看出来吗？

如果你不知道怎么选图表，那你永远就做不出正确的图表。

重新做一个走心的图表吧！

小李

王Sir，张经理要看这周的营业额统计情况，我做了一张饼图给他，被骂出来了，难道我做得不对吗？

王Sir

小李，查看营业额用饼图的确是你的错！

其实创建图表很简单，在【插入】选项卡的【图表】组中选择一种图表样式就可以创建图表了。虽然如此，但并不是说你能创建图表就等于你会创建图表。

我们制作图表的目的在于数据分析，而制作出的图表需要**可以真实、有效地展示数据，还要能够直观生动地表达数据分析观点**，所以，选择图表的类型很关键。

我们不能为了美观随便选一种图表，而需要精打细算，找到适合当前数据的图表。

在Excel 2016中，可以选择的图表有15种，而每种类型下又细分为1~7种，可是不是每一个数据分析师都能选对图表类型呢？

如果参加了几次展会，你就会发现，有很多看似专业的图表，仔细查看下来，要么不知所云，要么数据关系不明确，根本不能达到用图表说话的作用。而造成这种情况的最大原因就是因为图表的选择错误。

如何选择图表是制作图表的第一步，对于职场菜鸟来说，对各种类型的图表都不熟悉，此时最合适的方法莫过于使用系统推荐图表。

如果使用系统推荐的图表功能，可以利用系统对数据的判断选择比较符合需求的图表。图5-1所示为一份营业统计表，单击【插入】选项卡的【图表】组中的【推荐的图表】按钮，就可以弹出如图5-2所示的对话框，其中显示了系统推荐的图表类型。系统推荐的类型有多种，选择一种类型，在图表的下方会显示推荐理由，以方便新手选择适合的图表。

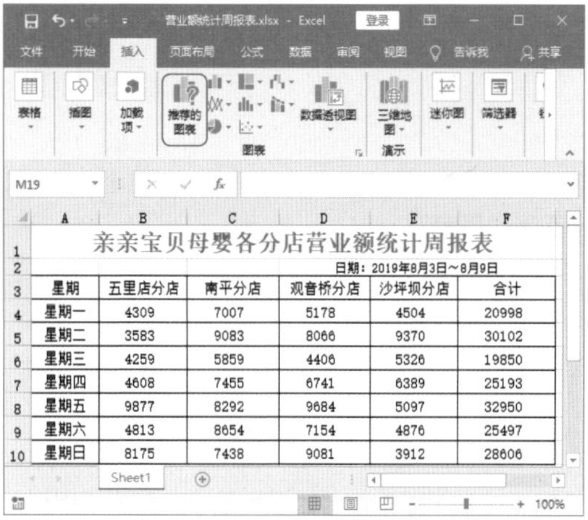

亲亲宝贝母婴各分店营业额统计周报表					
			日期：2019年8月3日～8月9日		
星期	五里店分店	南平分店	观音桥分店	沙坪坝分店	合计
星期一	4309	7007	5178	4504	20998
星期二	3583	9083	8066	9370	30102
星期三	4259	5859	4406	5326	19850
星期四	4608	7455	6741	6389	25193
星期五	9877	8292	9684	5097	32950
星期六	4813	8654	7154	4876	25497
星期日	8175	7438	9081	3912	28606

图5-1 需要创建图表的表格

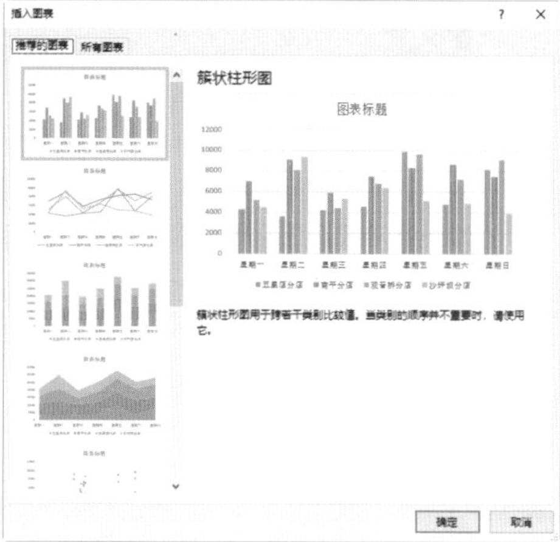

图5-2 推荐的图表

不过，推荐的图表局限性很大，我们还是应该尽量自己选择适合的图表。

如何选择图表？

其实不要把图表的类型看得那么复杂，在这些图表中，最基本的图表也就只有6种：柱形图、折线图、饼图、条形图、面积图、散点图，而其他的类型，要么就是基本类型，要么就是在基本类型的基础上组合或变化而来的。

而当我们要选择图表时，可以根据一个很实用的方法来选择——数据关系选择法。

可以把数据关系分为几种，而每种数据类型对应的建议图表类型如表5-1所示。

表5-1 根据数据关系选择图表

关系	说　明	应 用 范 例	建议图表类型
构成	总体的部分（成分）	分析市场占有率、分析进店后的购买率	堆积柱形图、饼图、堆积条形图、瀑布图等
比较	分类比较数据	分析新上市产品同比涨幅、分析与其他产品的销量差距等	柱形图、条形图、雷达图等
分布	数据频率分布（频次）	分析不同消费层次客户数量的分布	柱形图、折线图、条形图、散点图、曲面图等
关联	数据之间的相关性	分析产品价格与销售量之间的关系	柱形图、条形图、气泡图等
时间序列	数据的走势、趋势	分析1个月的营业额变化、1年12个月的销售量变化情况等	柱形图、折线图、堆积面积图等

续表

关系	说　明	应 用 范 例	建议图表类型
综合	同时存在以上数据关系中的两种或两种以上	分析 1 年 12 个月的销量变化情况，用最近 3 年的数据做比较	组合使用基础图表、各种高级图表

当然，在实际工作中，可能会面对更复杂的情况，当使用以上的方法都不能帮助你正确选择图表时，可以参考可视化专家Andrew Abela整理出的基于四大情况的图表选择建议，如图5-3所示。

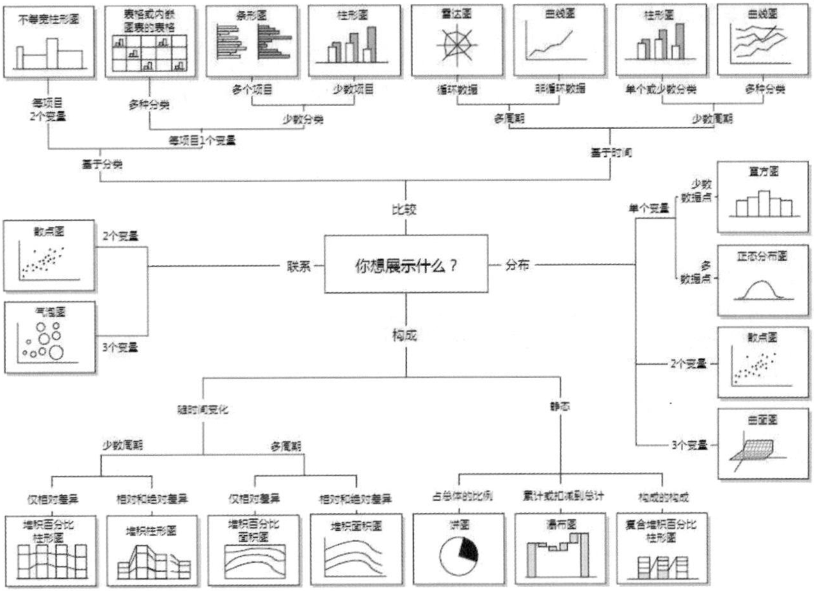

图5-3　图表选择建议

5.2　告别枯燥数据，让图表说话

小李

张经理，我给各分店上半年的销量总计做了柱形图，这样你看起来就简单多了。

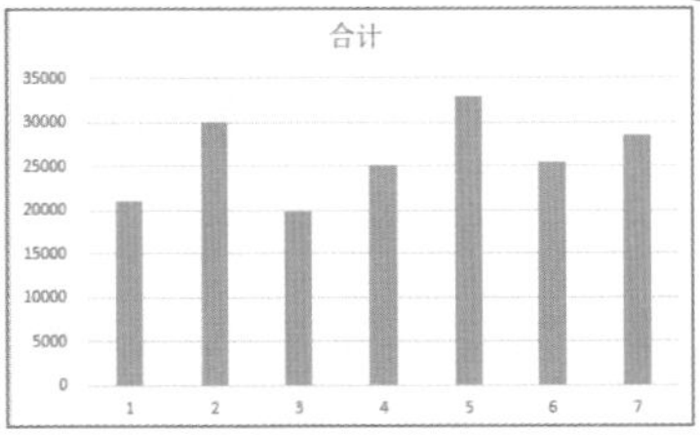

张经理

小李，虽然默认的图表也能看出数据的变化，但是要让我说能从图表中看出什么，我却什么都说不出。

对于图表，我提几点要求吧，你照着做。

（1）**数据要清楚**，每个图例代表的意思要明确。

（2）**样式要美观**，印象分可不能少。

（3）**标题、趋势线、数据标签**，在需要的时候都要在图表上表现出来。

（4）有新数据要添加时，图表可以**自动添加系列**，而不要我手动添加。

就先要求这些简单的吧。

5.2.1 快速创建专业图表

小李

王Sir，虽然你已经告诉我应该怎样选图表，但是我做出的图表还是让张经理不满意，你看问题在哪里？

王Sir

小李，你的图表我看了，虽然选择的图表类型没有问题，但是却指向不明，如果不对照数据表，根本不知道说的是什么。

所以，就算选对了图表类型，也要**根据步骤创建图表**，否则无法创建出符合要求的图表。

要把Excel表格中的数据创建为图表，需要掌握一定的流程和方法，如图5-4所示。

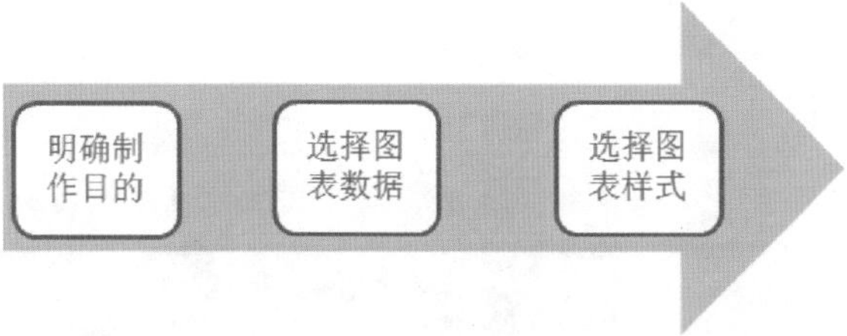

图5-4 图表创建流程

例如，要根据“上半年销量情况”的“合计”项创建图表，操作方法如下。

Step01：选择数据。❶选中要创建图表的数据，本例选择A3:A9和F3:F9单元格区域，❷单击【插入】选项卡的【图表】组中的功能扩展按钮，如图5-5所示。

Step02：选择图表样式。打开【插入图表】对话框，❶在【所有图表】选项卡中选择一种图表类型，❷在右侧选择合适的图表样式，❸单击【确定】按钮，如图5-6所示。

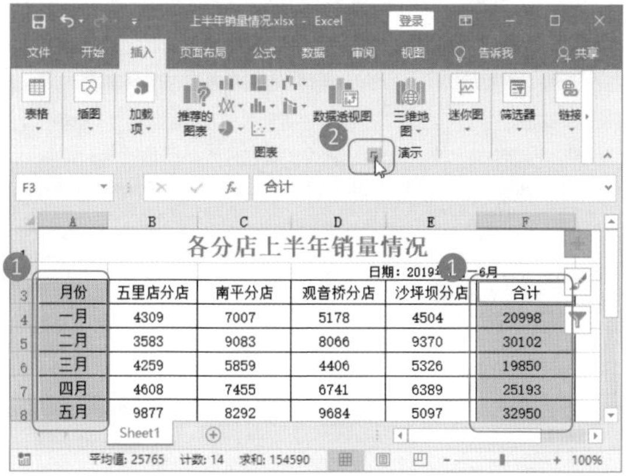

图5-5 选择数据

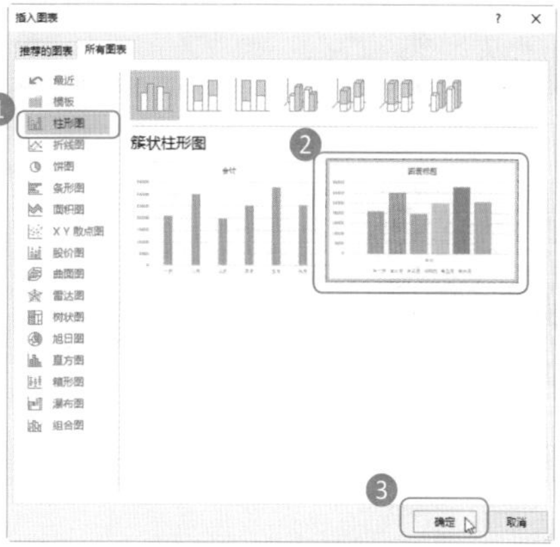

图5-6 选择图表样式

技能升级

如果选择数据后，在【插入】选项卡的【图表】组中选择图表类型，也可以成功创建图表。

Step03：修改标题。返回工作表即可查看到所选图表已经插入，将光标定位到标题文本框中，修改合适的标题即可，如图5-7所示。

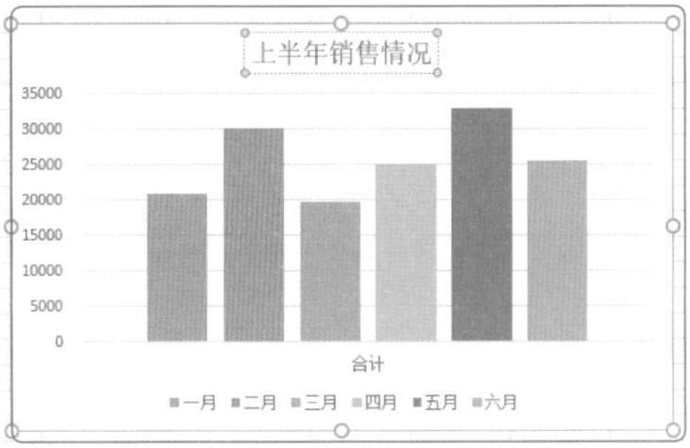

图5-7 修改标题

技能升级

创建图表后，如果对图表的样式不满意，可以在选择图表后单击【图表工具/设计】选项卡的【类型】组中的【更改图表类型】按钮，即可在打开的【更改图表类型】对话框中重新选择图表类型。

5.2.2 默认图表样式，怎能打动客户

小李

王Sir，按照你教的方法，图表虽然做好了，可是总觉得不够漂亮，没有感染力，怎么办？

王Sir

小李，默认的图表样式比较简单，但并不适合所有场合。

如果想要做出能打动客户的图表，需要对图表进行适当的修饰，如**更改配色、调整背景**等。

在设置图表样式时，你可以单独更改某一个图表元素的样式，也可以选择系统提供的图表样式。

创建图表之后会出现【图表工具】选项卡，在该选项卡中，又分为【设计】和【格式】子选项卡。用户可以通过这两个选项卡对图表样式进行更改，如图5-8所示。

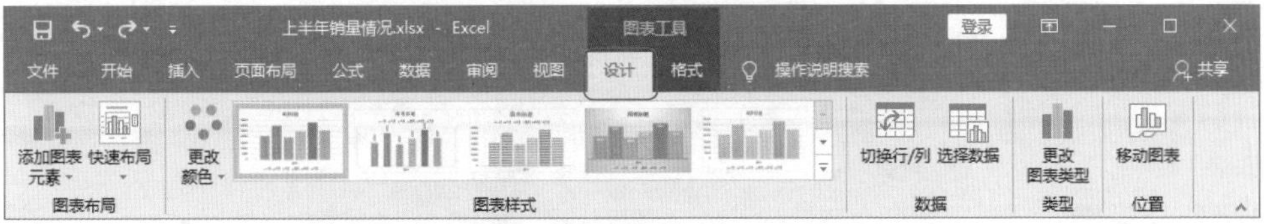

（a）

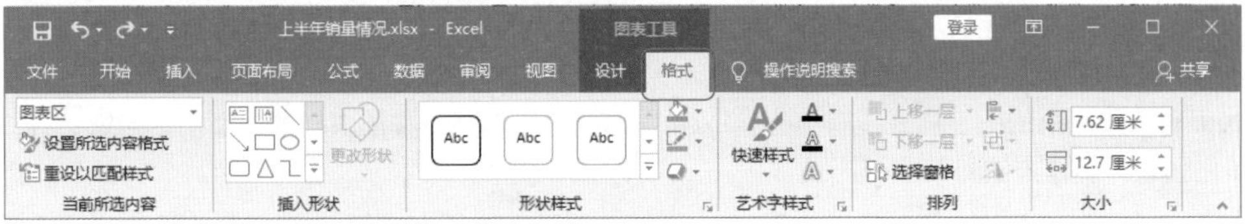

（b）

图5-8 【图表工具】选项卡

1 自定义图表样式

在创建图表之后，如果想要更改图表的布局、颜色等样式，操作方法如下。

Step01：选择图表。❶选中图表，❷单击【图表工具/设计】选项卡的【图表布局】组中的【快速布局】下拉按钮，❸在弹出的下拉菜单中选择一种布局样式，如图5-9所示。

Step02：选择图表颜色。❶单击【图表工具/设计】选项卡的【图表样式】组中的【更改颜色】下拉按钮，❷在弹出的下拉菜单中选择一种颜色，如图5-10所示。

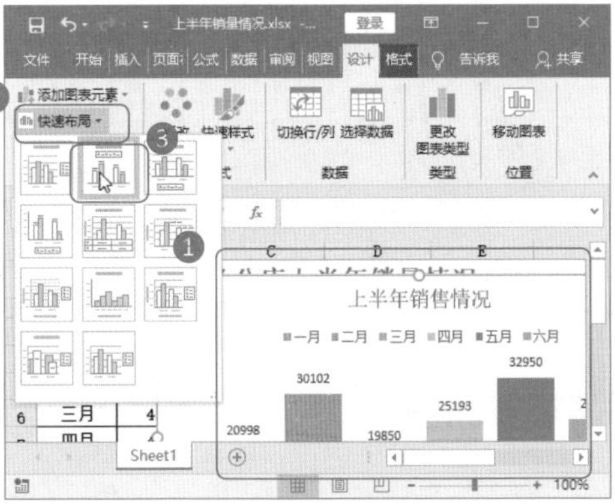

图5-9 选择图表

图5-10 选择图表颜色

Step03：查看效果。使用相同的方法在【图表工具/布局】选项卡中设置图表的形状和艺术字样式后，最终效果如图5-11所示。

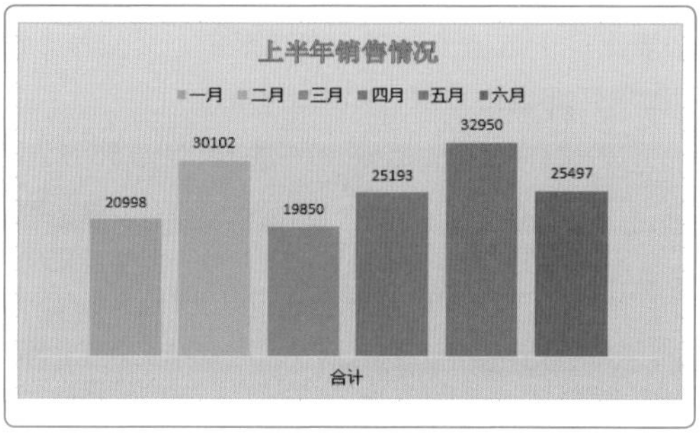

图5-11　查看效果

2 使用快速样式美化图表

如果对自己搭配的图表样式没有信心，Excel也为用户提供了多种图表样式，使用这些快速样式可以快速美化图表，操作方法如下。

Step01：选择图表样式。❶选中图表，❷单击【图表工具/设计】选项卡的【图表样式】组中的【快速样式】下拉按钮，❸在弹出的下拉菜单中选择一种图表样式，如图5-12所示。

Step02：查看效果。操作完成后，即可将图表设置为选择的图表样式，如图5-13所示。

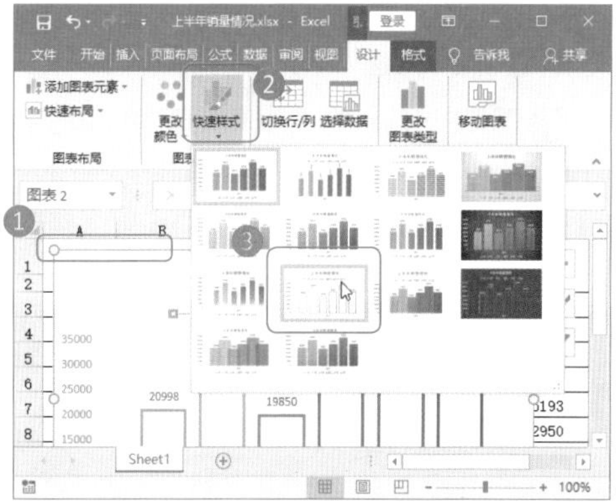

图5-12　选择图表样式

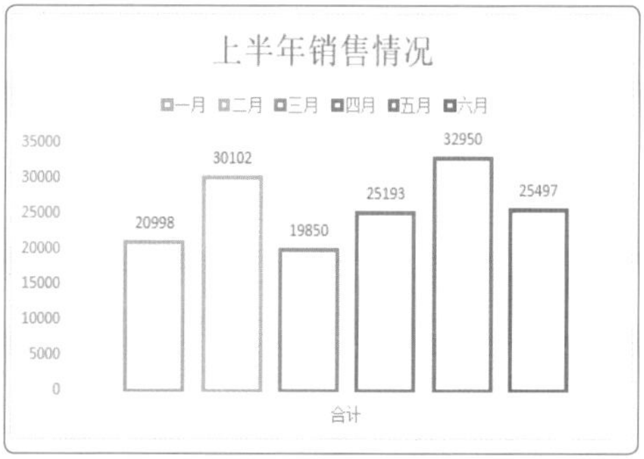

图5-13　查看效果

5.2.3 更改数据源，让图表焕发新生

小李

王Sir，我的图表都做好了，可是发现数据源选错了，难道要删掉重新做吗？

王Sir

当然不用，**只需要更改数据源**就可以了。
而且更改数据源后的图表，以前设置的图表样式依然存在，省时又省心。

如果要更改图表的数据源，操作方法如下。

Step01：单击【选择数据】按钮。❶选中图表，❷单击【图表工具/设计】选项卡的【数据】组中的【选择数据】按钮，如图5-14所示。

Step02：单击展开按钮。打开【选择数据源】对话框，单击【图表数据区域】右侧的展开按钮，如图5-15所示。

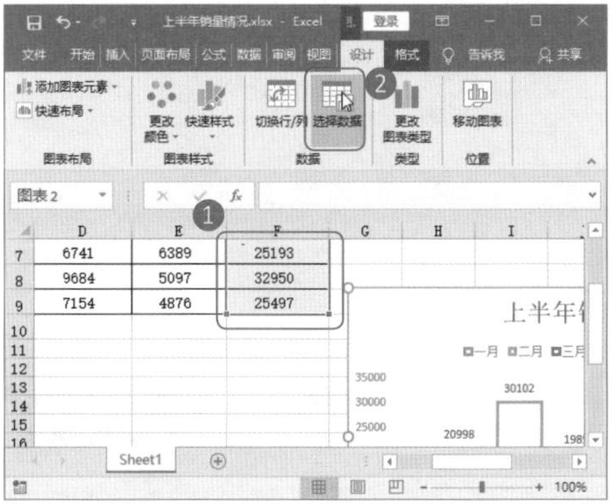

图5-14 单击【选择数据】按钮

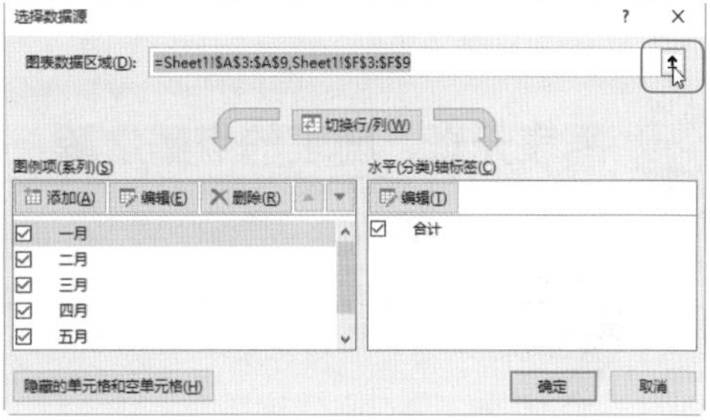

图5-15 单击展开按钮

Step03：重新选择数据源。在工作表中重新选择数据区域，完成后单击【选择数据源】对话框中的按钮，如图5-16所示。

Step04：单击【确定】按钮。返回【选择数据源】对话框，单击【确定】按钮，如图5-17所示。

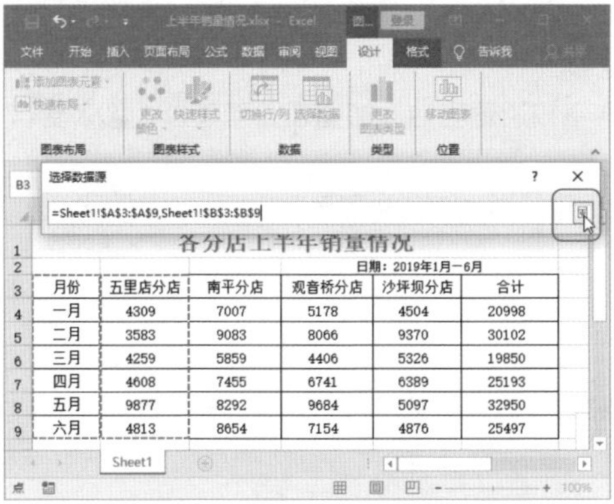

图5-16 重新选择数据源

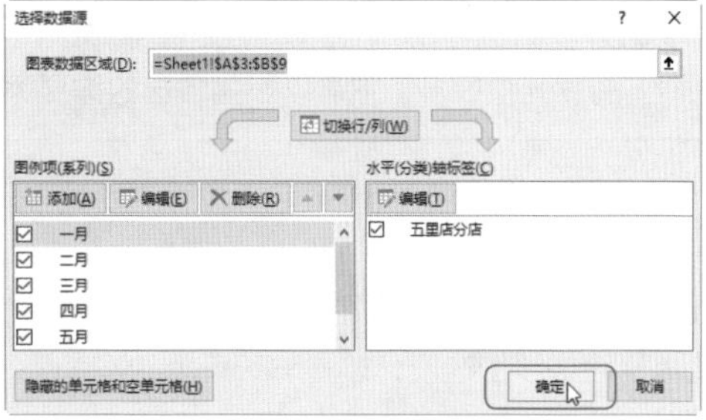

图5-17 单击【确定】按钮

Step05：查看图表。返回工作表，即可看到图表中已经更改了的数据源，如图5-18所示。

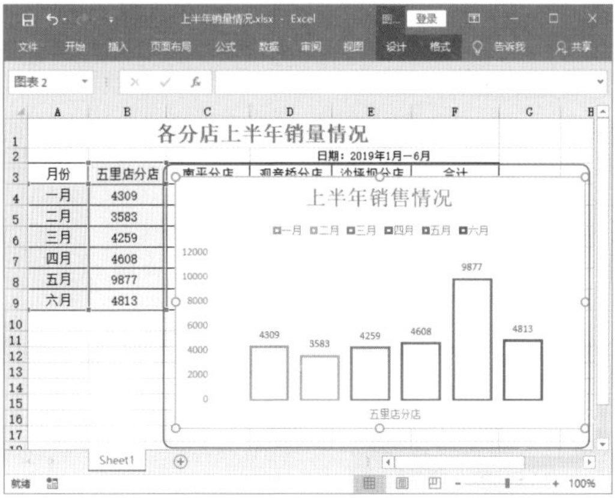

图5-18 查看图表

5.2.4 图表元素，图表的点睛之笔

小李

王Sir，张经理说我做的图表千篇一律，那我怎样才能让图表看起来不一样呢？

王Sir

小李，我看了你做的几个图表，发现有一个问题。

你每次做的图表怎么都只有默认的图表元素，你不知道**适当地添加图表元素**可以让图表更容易阅读吗？

图表元素很多，你可以根据自己的需要添加图表元素，为图表增彩。

例如，要为图表添加网格线，操作方法如下。

Step01：选择图表。❶选中图表，❷单击【图表工具/设计】选项卡的【图表布局】组中的【添加图表元素】下拉按钮，❸在弹出的下拉菜单中选择【网格线】选项，❹在弹出的扩展菜单中选择【主轴主要水平网格线】选项，如图5-19所示。

Step02：查看图表。操作完成后，即可查看到图表中已经添加了网格线，如图图5-20所示。

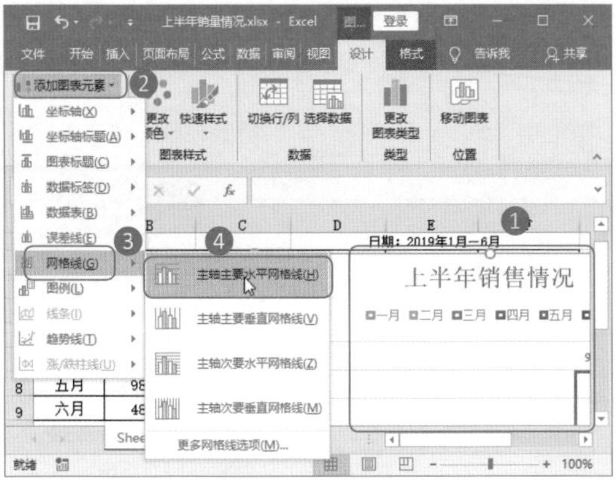

图5-19　选择图表

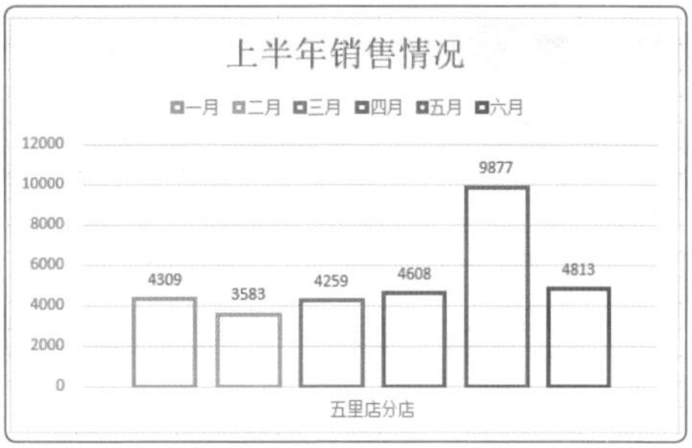

图5-20　查看图表

5.3　技巧，让图表业余变专业

小李

张经理，你上次布置的任务我已经全部完成了，现在的 图表技能应该能及格了。

张经理

小李，自信是好的，但是盲目的自信就成了骄傲。如果你能把下面这几个问题处理好，图表就可以业余变专业了。

（1）在饼图中隐藏接近0的数据。

（2）让图表中的负值看起来更加美观。

（3）让饼图中的某一扇形区独立在饼图之外。

（4）让数据标签根据数值的大小改变颜色。

（5）有超大数据时，不要让小数据压缩。

（6）在数据源中增加数据时，图表中也要自动添加系列。

你能做到吗？

5.3.1 隐藏接近零值的数据标签

张经理

小李，这个饼图中的“0%”在图表中根本显示不出来，数据标签还留着干什么？

小李

王Sir，饼图中“0%”的标签能隐藏吗？

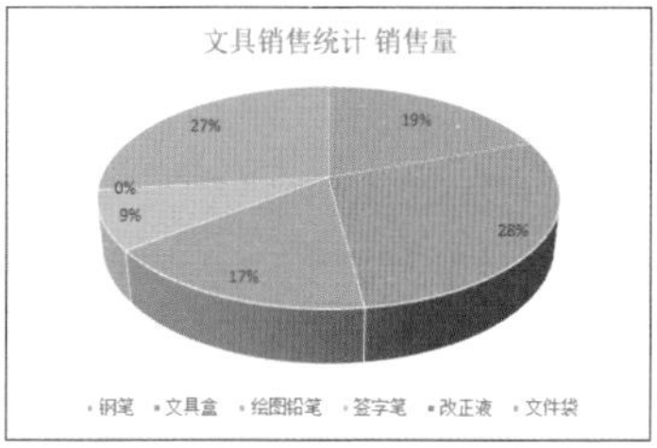

王Sir

当然可以。

如果其中某个数据本身靠近零值，那么在饼图中不能显示色块，但会显示一个0%的标签。在操作过程中，即使将这个零值标签删除掉，如果再次更改图表中的数据，这个标签又会自动出现，为了使图表更加美观，可通过设置让接近0%的数据彻底隐藏起来。

例如，在“文具销售统计”工作簿中，如果要在饼状图中让接近0%的数据隐藏起来，操作方法如下。

Step01：选择【设置数据标签格式】选项。❶选中图表标签，❷在标签上右击，在弹出的快捷菜单中选择【设置数据标签格式】选项，如图5-21所示。

Step02：输入代码。打开【设置数据标签格式】窗格，❶在【标签选项】操作界面的【数字】栏中，在【类别】下拉列表中选择【自定义】选项，❷在【格式代码】文本框中输入“[<0.01]"";0%”，❸单击【添加】按钮，❹单击【关闭】按钮 × 关闭该窗口，如图5-22所示。

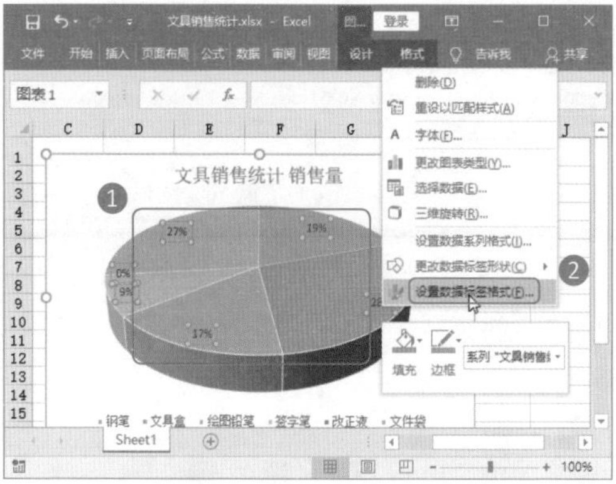

图5-21 选择【设置数据标签格式】选项

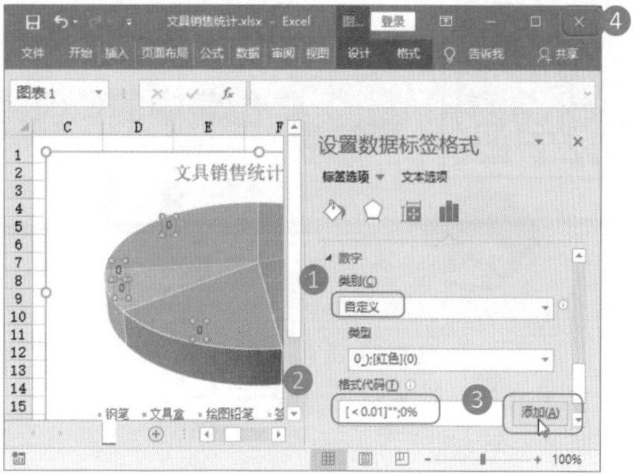

图5-22 输入代码

温馨提示

在本例中输入的代码“[< 0.01]"";0%”，表示当数值小于0.01时不显示。

Step03：查看图表。返回工作表，可看见图表中接近0%的数据自动隐藏起来了，如图5-23所示。

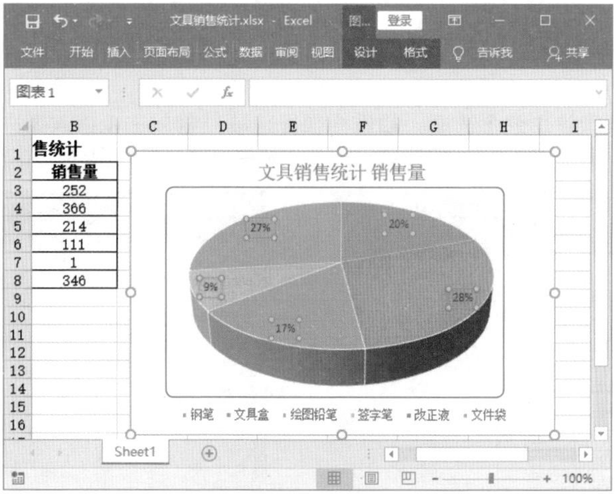

图5-23 查看图表

5.3.2 图表中的负值特殊处理

小李

王Sir，在制作含有负值的图表时，负数图形与坐标轴标签重叠在了一起，不好阅读，怎么办？

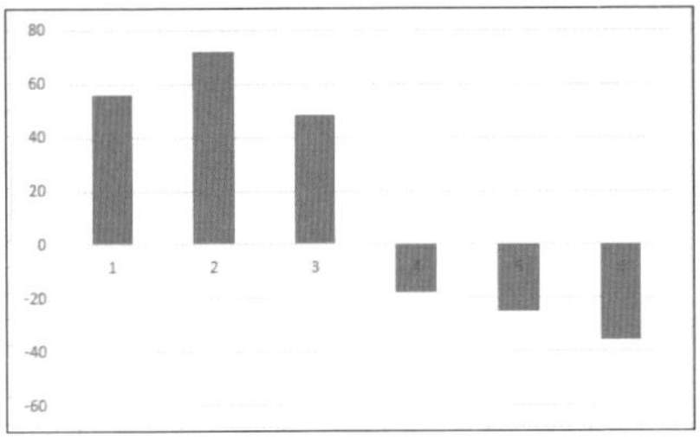

王Sir

小李，如果数据源含有负值，不止是有坐标轴标签重叠在了一起的问题。

因为正负数据都属于同一数据系列，如果将正负数据的系列设置为不同的颜色还不容易做到。这时，**创建辅助列来制作图表**，就可以完美解决图表中负值的问题。

例如，在“负值处理”工作簿中要对图表中的负值进行特殊处理，操作方法如下。

Step01：创建辅助数据。根据数据创建辅助数据，输入的数值正负与原始数据正好相反，如图5-24所示。

Step02：选择【堆积柱形图】选项。❶选中数据区域，❷单击【插入】选项卡的【图表】组中的【插入柱形图和条形图】下拉按钮，❸在弹出的下拉菜单中选择【堆积柱形图】选项，如图5-25所示。

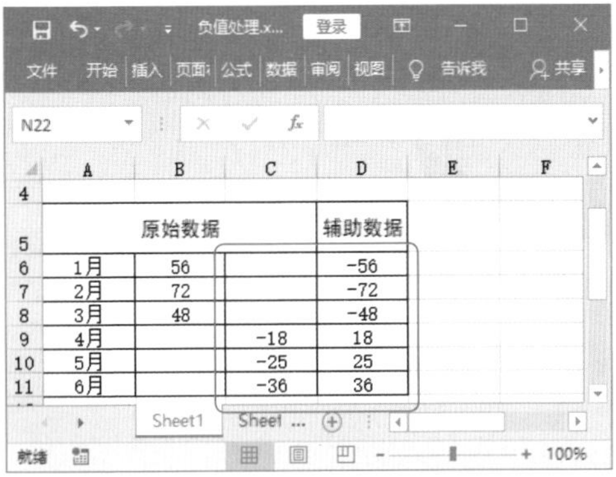

图5-24 创建辅助数据

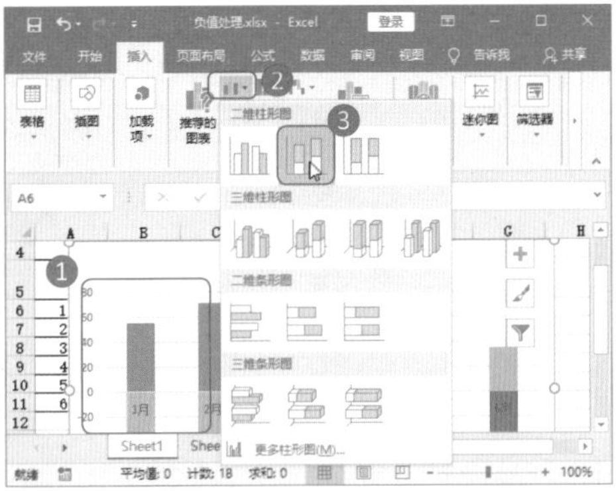

图5-25 选择【堆积柱形图】选项

Step03：选择【更多轴选项】命令。❶选择横坐标轴，❷单击【图表工具/设计】选项卡的【图表布局】组中的【添加图表元素】下拉按钮，❸在弹出的下拉菜单中选择【坐标轴】选项，❹在弹出的扩展菜单中选择【更多轴选项】命令，如图5-26所示。

Step04：设置坐标轴。打开【设置坐标轴格式】窗格，❶在【坐标轴选项】选项卡中设置【标签位置】为【无】，❷单击【关闭】按钮×，如图5-27所示。

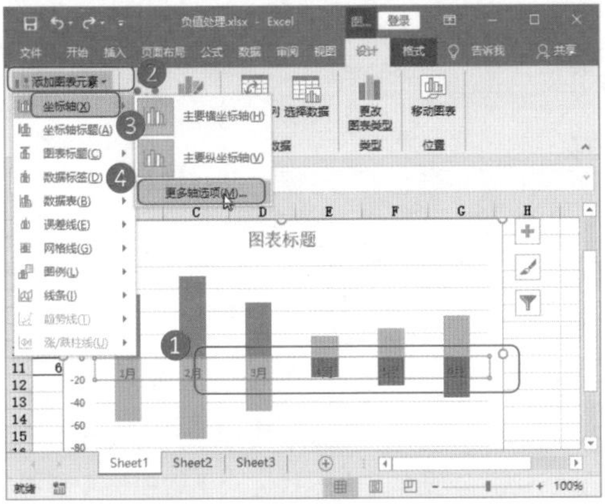

图5-26 选择【更多轴选项】命令

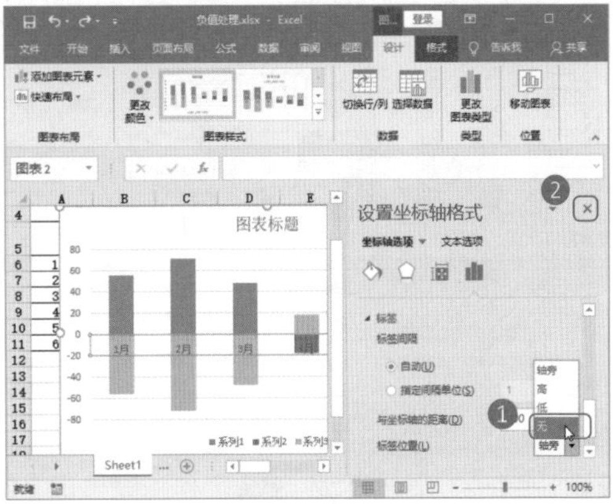

图5-27 设置坐标轴

Step05：显示数据标签。❶选中图表，❷单击【图表工具/设计】选项卡的【图表布局】组中的【添加图表元素】下拉按钮，❸在弹出的下拉菜单中选择【数据标签】选项，❹在弹出的扩展菜单中选择【轴内侧】选项，如图5-28所示。

Step06：选择【设置数据标签格式】选项。❶选择数据标签，在数据标签上右击，❷在弹出的快捷菜单中选择【设置数据标签格式】选项，如图5-29所示。

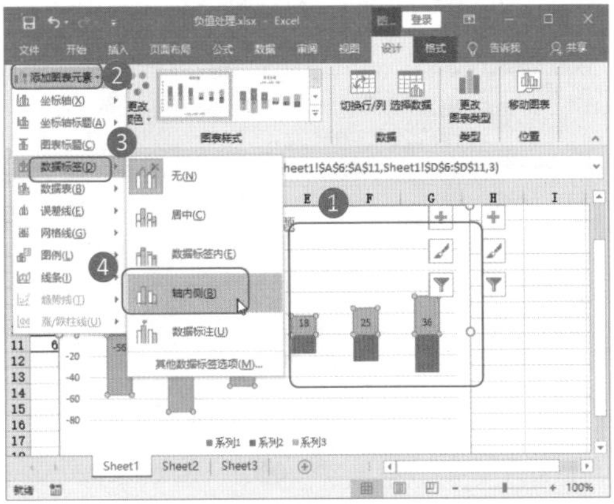

图5-28 显示数据标签

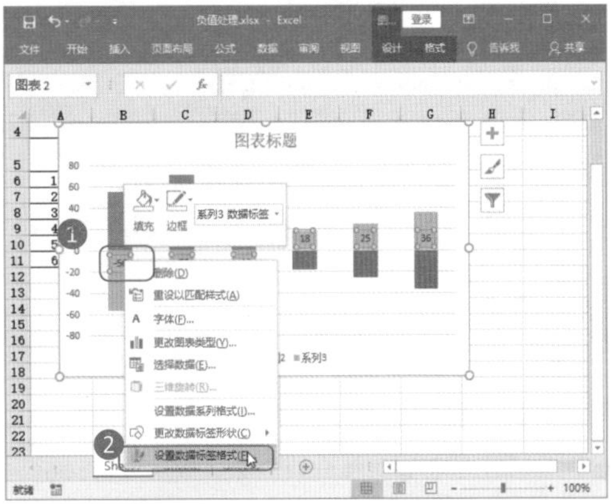

图5-29 选择【设置数据标签格式】选项

Step07：勾选【类别名称】选项。❶打开【设置数据标签格式】窗格，在【标签】选项卡的【标签选项】组中取消勾选【值】选项，然后勾选【类别名称】选项，用以模拟分类坐标轴标签，❷单击

【关闭】按钮×，如图5-30所示。

Step08：选择【无填充】选项。❶选中辅助数据系列的图形，❷单击【图表工具/格式】选项卡的【形状样式】组中的【形状填充】下拉按钮，❸在弹出的下拉菜单中选择【无填充】选项，如图5-31所示。

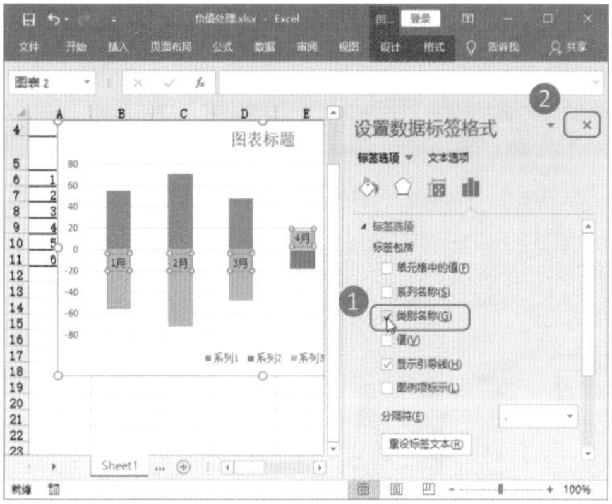

图5-30 勾选【类别名称】选项

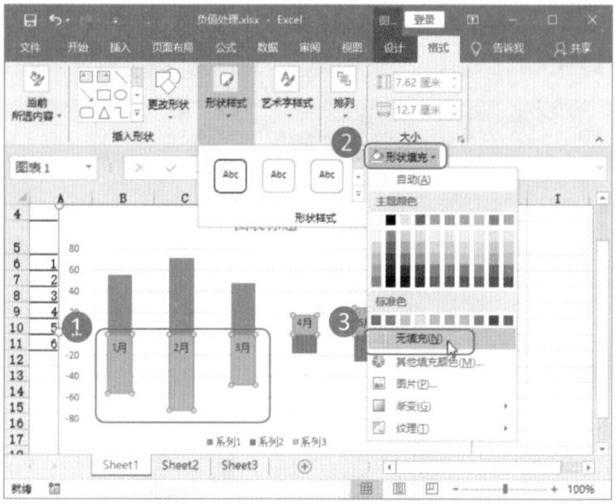

图5-31 选择【无填充】选项

Step09：选择【无轮廓】选项。❶单击【图表工具/格式】选项卡的【形状样式】组中的【形状轮廓】下拉按钮，❷在弹出的下拉菜单中选择【无轮廓】选项，如图5-32所示。

Step10：选择【数据标签内】选项。❶分别选中正数和负数的图形，❷在【图表工具/设计】选项卡的【图表布局】组中单击【添加图表元素】下拉按钮，❸在弹出的下拉菜单中选择【数据标签】选项，❹在弹出的扩展菜单中选择【数据标签内】选项，如图5-33所示。

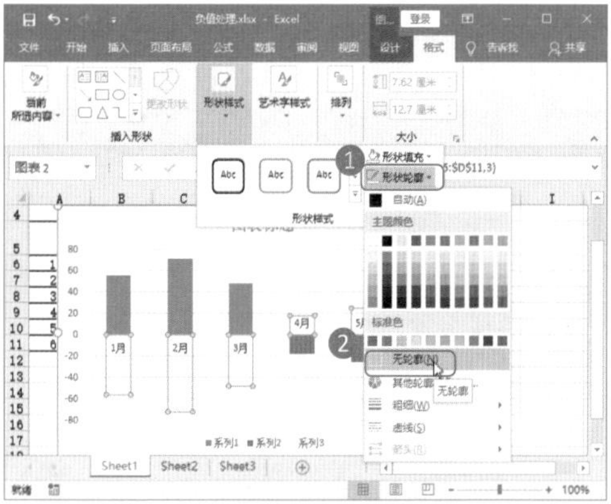

图5-32 选择【无轮廓】选项

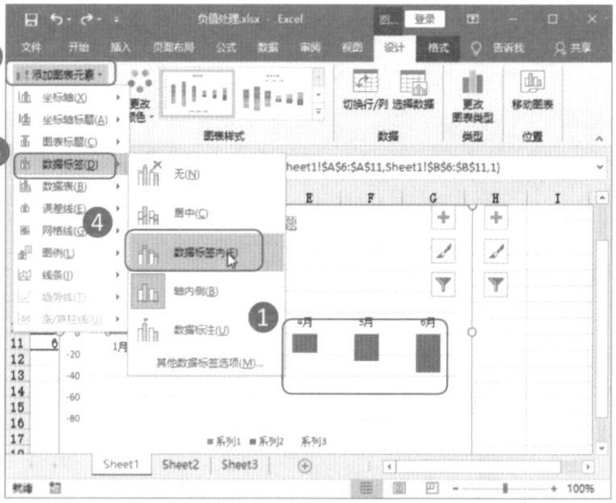

图5-33 选择【数据标签内】选项

Step11：设置数据标签的字体格式。❶分别选中正数和负数的数据标签，❷在【开始】选项卡的【字体】组中设置数据标签的字体格式，如图5-34所示。

Step12：设置【图表标题】和【图例】为无。❶选中图表，❷单击【图表工具/设计】选项卡的【图表布局】组中的【添加图表元素】下拉按钮，❸在弹出的下拉菜单中分别设置【图表标题】和【图例】为无，如图5-35所示。

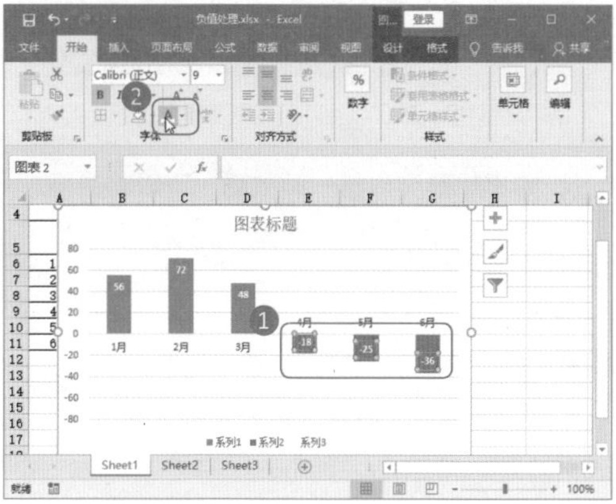

图5-34 设置数据标签的字体格式

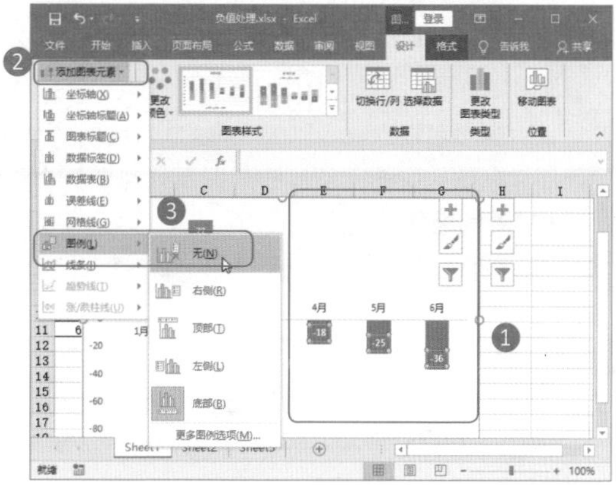

图5-35 设置【图表标题】和【图例】为无

Step13：查看最终效果。操作完成后，图表的最终效果如图5-36所示。

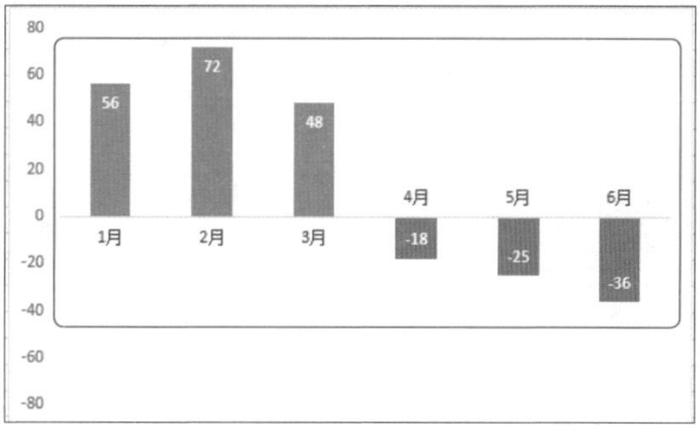

图5-36 查看最终效果

5.3.3 让扇形区独立于饼图之外

小李

王Sir，这个饼图我想把销量最高的那一块独立显示可以吗？

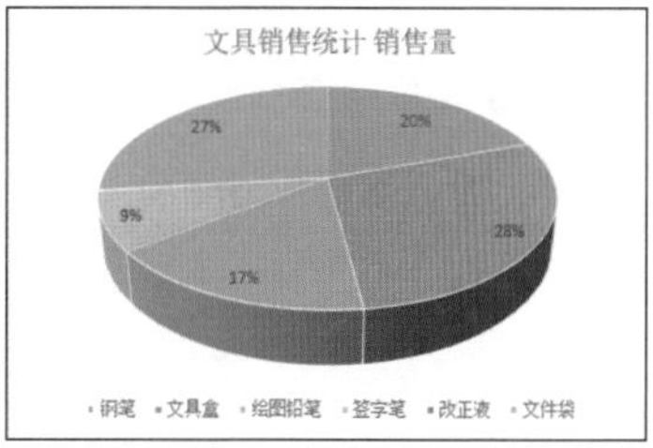

王Sir

当然可以。

默认的饼图，所有的数据系列都是一个整体。不过，**如果想要突显某一项数据，可以将饼图中的某扇区分离出来。**

分离饼图的方法也很简单，直接拖动就可以了。

例如，要将“文具销售统计”工作簿中的饼形图的扇区分离，操作方法如下。

Step01：拖动扇区。在图表中选择要分离的扇区，本例中选择【文具盒】数据系列，然后按住鼠标左键不放并进行拖动，如图5-37所示。

Step02：查看效果。拖动至目标位置后，释放鼠标左键，即可实现该扇区的分离，如图5-38所示。

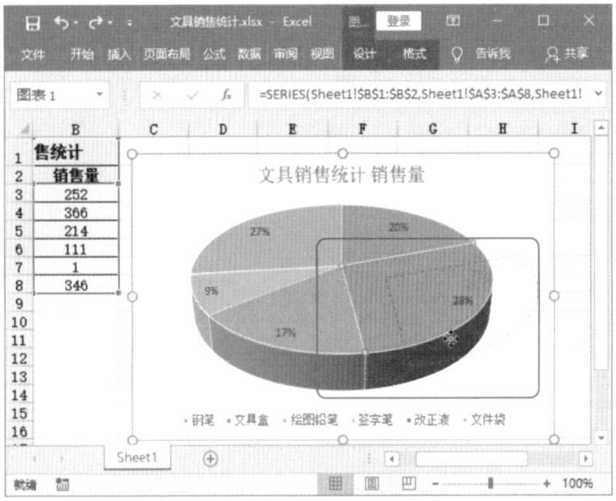

图5-37 拖动扇区

图5-38 查看效果

5.3.4 让数据标签随条件变色

张经理

小李，去把1—6月的销量整理一下，做成图表，高于平均销量和低于平均销量的数据要重点显示。

小李

王Sir，快教教我，张经理的这个要求我应该怎么做？

王Sir

小李，不要着急，其实很简单，把高于平均销量和低于平均销量的数据标签设置为其他颜色，就可以突出显示重点数据了。

而且，**用格式代码来设置**，就算图表更新了，数据标签的颜色也会随之更新的。

例如，要将“笔记本销量”工作簿中的数据标签设置为：小于1000的数字显示为蓝色文字，大于1500的数字显示为红色数字，在1000~1500的数字则显示为默认的黑色，操作方法如下。

Step01：输入代码。打开【设置数据标签格式】窗格，❶在【标签选项】操作界面的【数字】栏中，在【类别】下拉列表中选择【自定义】选项，❷在【格式代码】文本框中输入“[蓝色][<1000](0);[红色][>1500]0;0”，❸单击【添加】按钮，❹单击【关闭】按钮×关闭该窗口，如图5-39所示。

Step02：查看效果。返回工作表，可看见图表中的数据标签将根据设定的条件自动显示为不同的颜色，如图5-40所示。

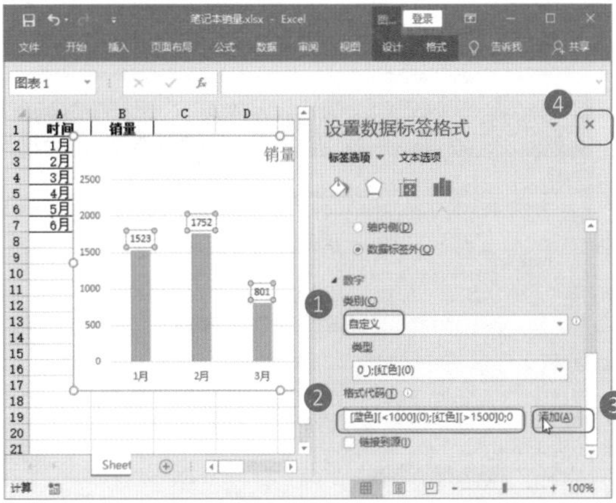

图5-39 输入代码

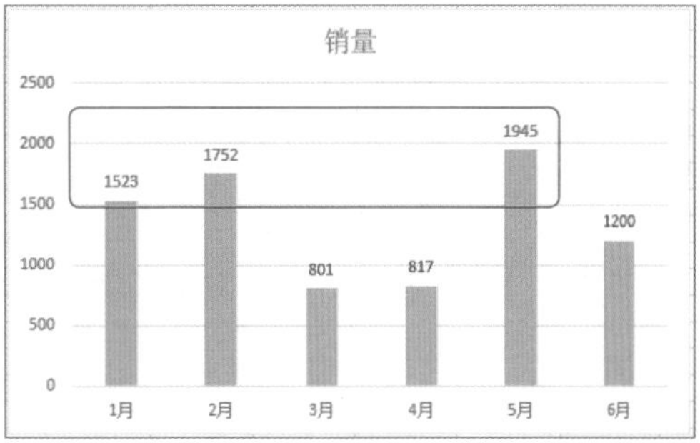

图5-40 查看效果

5.3.5 超大数据特殊处理

小李

王Sir，有个图表其中一个数据系列超级大，把其他数据系列都压缩了。这样的图表看起来数据一点也不明确，应该怎么办？

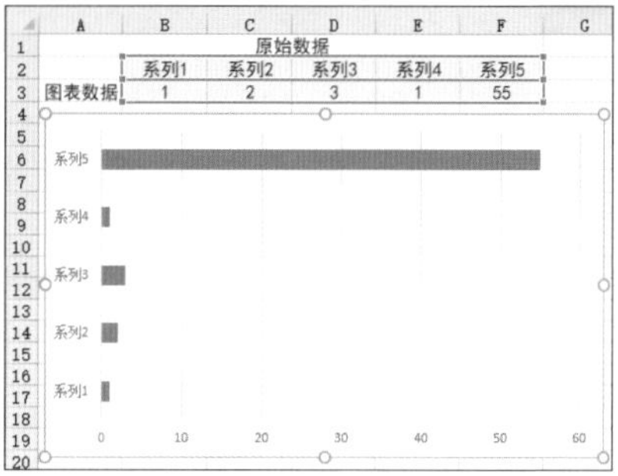

王Sir

小李，如果遇到超大数据，按常规的方法制作图表，分类数据之间的差异变得难以判断。而且，“鹤立鸡群”的超大值还会影响了图表的美观。

如果要解决这个问题，可以**用辅助数据来创建图表**，然后使用自选图形截断标记更改数据标签值。

例如，要使用“超大值处理”工作簿中的超大数据创建图表，操作方法如下。

Step01：创建辅助数据。❶在原始数据的基础上创建辅助数据，把超大数据值缩小，❷根据辅助数据创建图表，如图5-41所示。

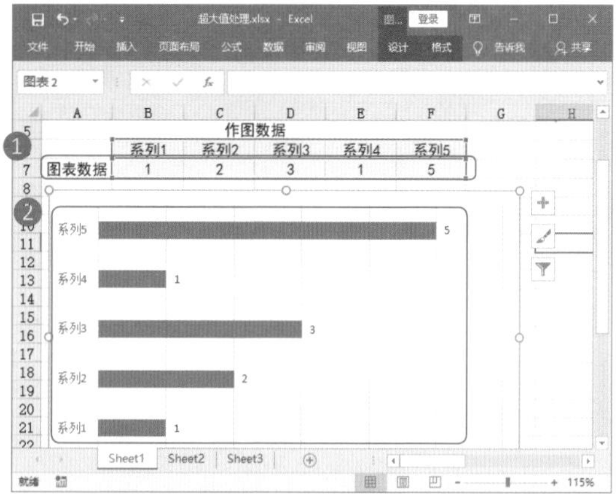

图5-41 创建辅助数据

Step02：绘制平行四边形。在超大数据系列的右侧绘制平行四边形，如图5-42所示。

Step03：设置平行四边形。设置平行四边形为无填充、无轮廓，如图5-43所示。

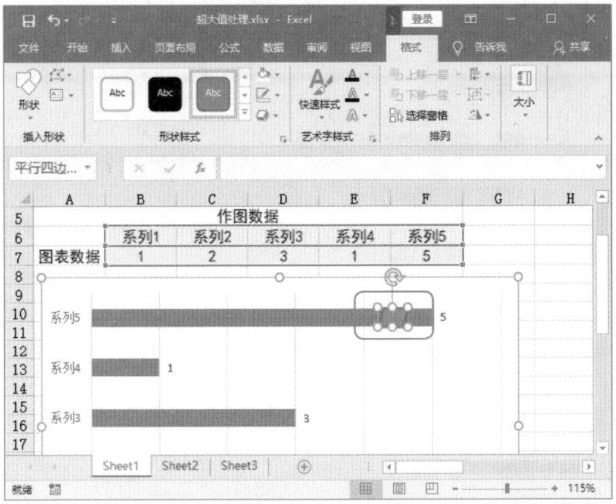

图5-42 绘制平行四边形

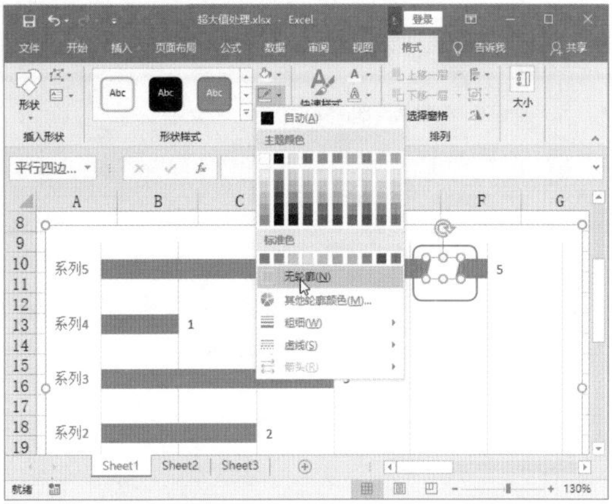

图5-43 设置平行四边形

Step04：绘制斜线。在平行四边形的两边绘制两条斜线，如图5-44所示。

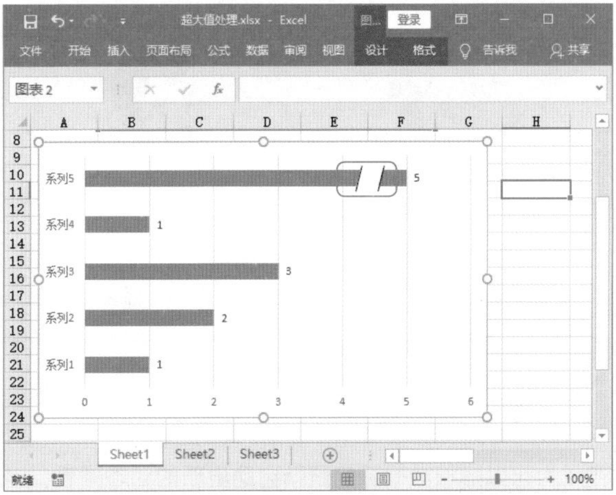

图5-44 绘制斜线

Step05：更改超大值。选择表示超大值的数据标签，将其更改为需要的数值，如图5-45所示。

Step06：设置数据标签。根据需要设置数据标签的字体格式即可，如图5-46所示。

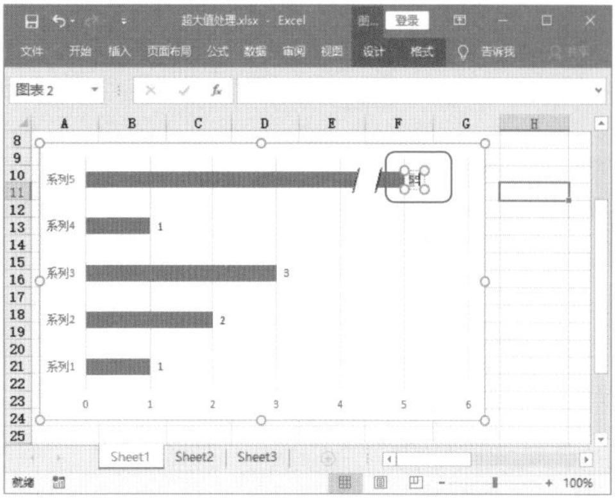

图5-45　更改超大值

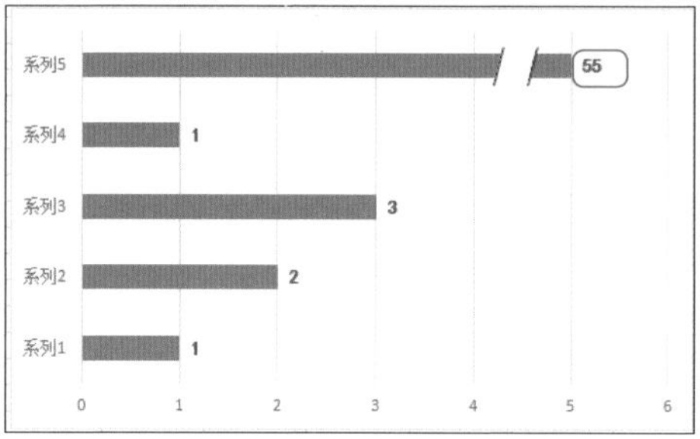

图5-46　设置数据标签

5.3.6 炫技时刻，创建动态图表

张经理

小李，为什么数据源更新了，图表上的数据没有更新呢?

小 李

对不起，张经理，我马上处理。

王Sir

小李，你把没有更新过的图表交给张经理，难怪他要生气。

其实，你可以制作成为**可以随着数据源的更新自动更新的动态图表**，这样在你添加了数据源之后，不需要再去更改数据就可以自动更新图表了。

例如，要在“笔记本销量”工作簿中创建可以选择的动态数据图表，操作方法如下。

Step01：单击【名称管理器】按钮。❶选中【A1】单元格，❷单击【公式】选项卡的【定义的名称】组中的【名称管理器】按钮，如图5-47所示。

Step02：单击【新建】按钮。弹出【名称管理器】对话框，单击【新建】按钮，如图5-48所示。

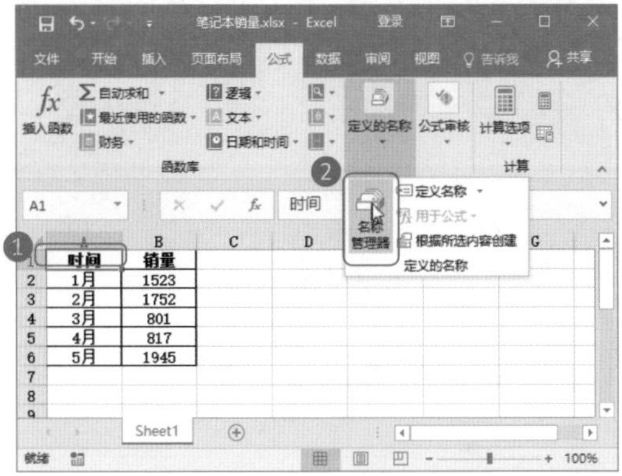

图5-47 单击【名称管理器】按钮

图5-48 单击【新建】按钮

Step03：设置引用参数。弹出【新建名称】对话框，❶在【名称】文本框中输入“时间”，❷在【范围】下拉列表中选择【Sheet1】选项，❸在【引用位置】参数框中将参数设置为【=Sheet1!$A$2:$A$13】，❹单击【确定】按钮，如图5-49所示。

Step04：单击【新建】按钮。返回【名称管理器】对话框，单击【新建】按钮，如图5-50所示。

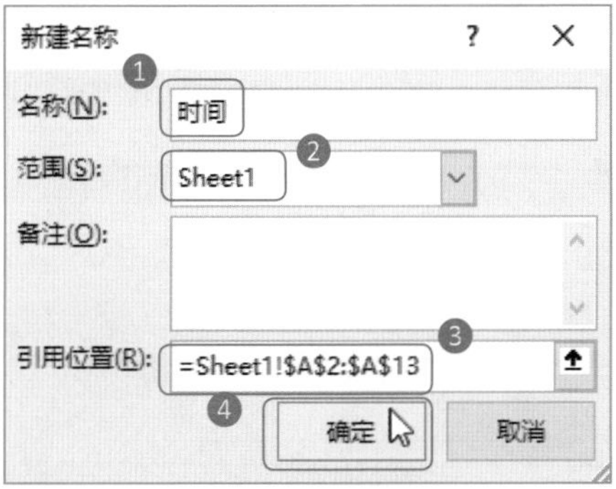

图5-49 设置引用参数

图5-50 单击【新建】按钮

Step05：设置引用参数。弹出【新建名称】对话框，❶在【名称】文本框中输入“销量”，❷在【范围】下拉列表中选择【Sheet1】选项，❸在【引用位置】参数框中将参数设置为【=OFFSET(Sheet1!$B$1,1,0,COUNT(Sheet1!$B:$B))】，❹单击【确定】按钮，如图5-51所示。

Step06：单击【关闭】按钮。返回【名称管理器】对话框，在列表框中可看见新建的所有名称，单击【关闭】按钮，如图5-52所示。

图5-51 设置引用参数

图5-52 单击【关闭】按钮

Step07: 创建图表。❶返回工作表，选中数据区域中的任意单元格，单击【插入】选项卡的【图表】组中的【插入柱形图和条形图】下拉按钮 ，❷在弹出的下拉列表中选择需要的柱形图样式，如图5-53所示。

Step08: 单击【选择数据】按钮。❶选中图表，❷单击【图表工具/设计】选项卡的【数据】组中的【选择数据】按钮，如图5-54所示。

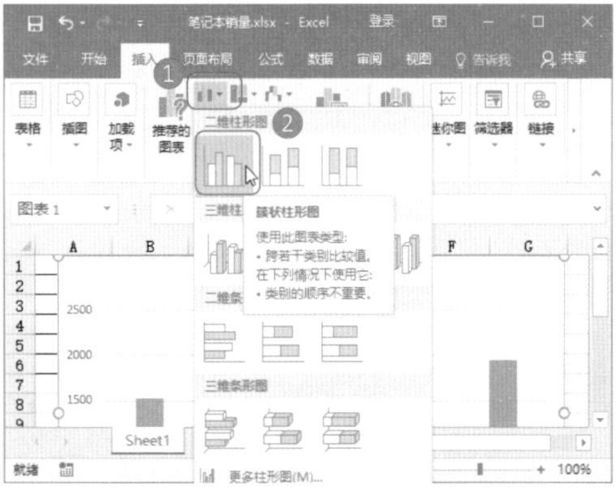

图5-53 创建图表

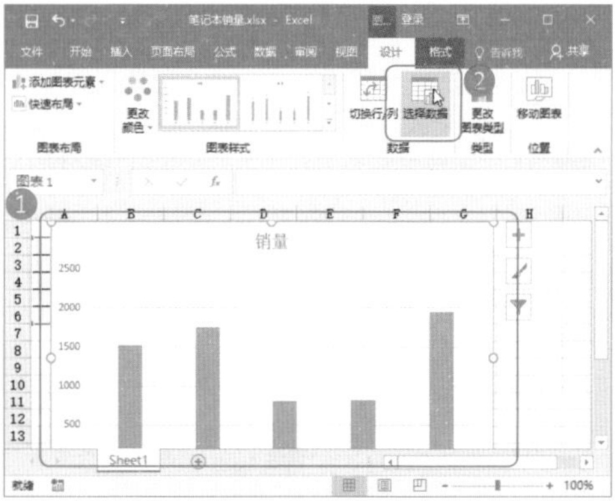

图5-54 单击【选择数据】按钮

Step09: 单击【编辑】按钮。弹出【选择数据源】对话框，在【图例项（系列）】栏中单击【编辑】按钮，如图5-55所示。

Step10: 设置参数。弹出【编辑数据系列】对话框，❶在【系列值】参数框中将参数设置为【=Sheet1!销量】，❷单击【确定】按钮，如图5-56所示。

Step11: 单击【编辑】按钮。返回【选择数据源】对话框，在【水平（分类）轴标签】栏中单击【编辑】按钮，如图5-57所示。

Step12：设置轴标签参数。弹出【轴标签】对话框，❶在【轴标签区域】参数框中将参数设置为【=Sheet1!时间】，❷单击【确定】按钮，如图5-58所示。

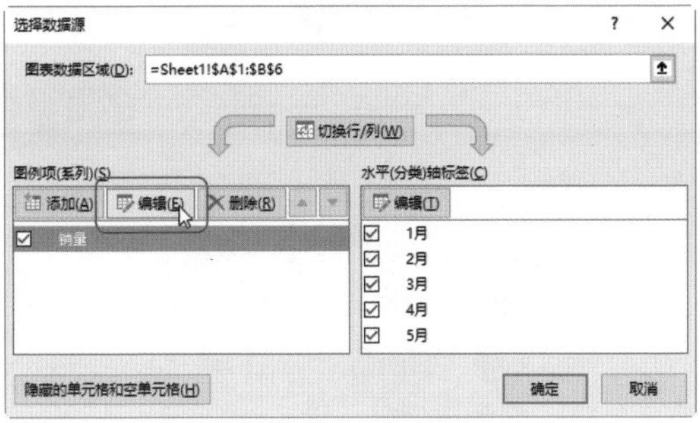

图5-55 单击【编辑】按钮

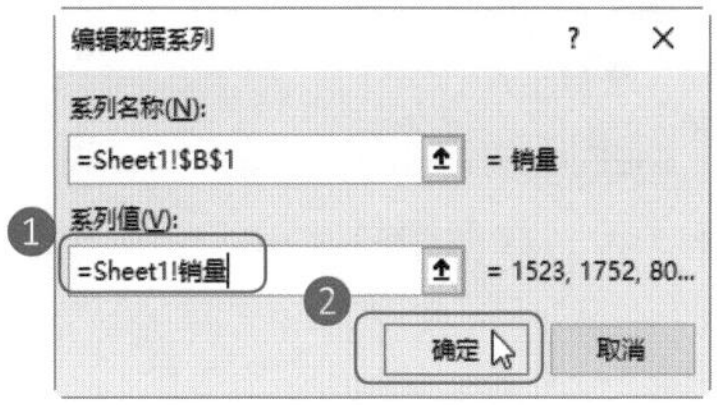

图5-56 设置参数

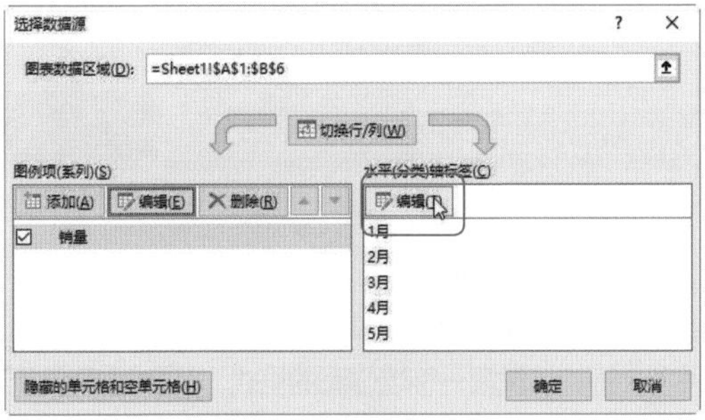

图5-57 单击【编辑】按钮

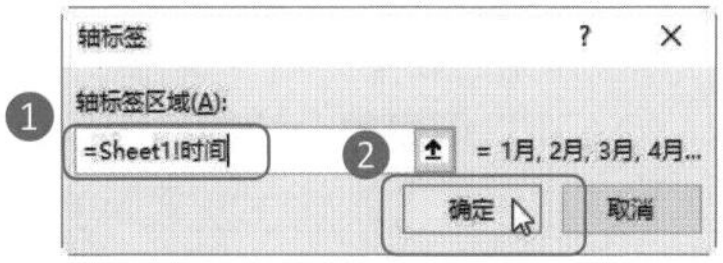

图5-58 设置轴标签参数

Step13：单击【确定】按钮。返回【选择数据源】对话框，单击【确定】按钮，如图5-59所示。

Step14：输入数据。返回工作表，分别在【A7】【B7】单元格中输入内容，图表将自动添加相应的内容，如图5-60所示。

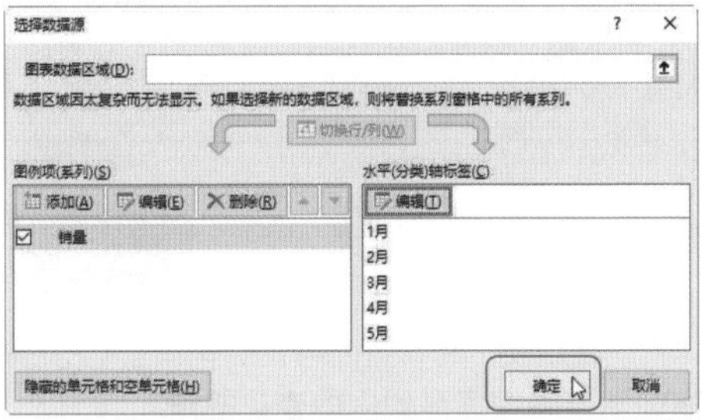

图5-59 单击【确定】按钮

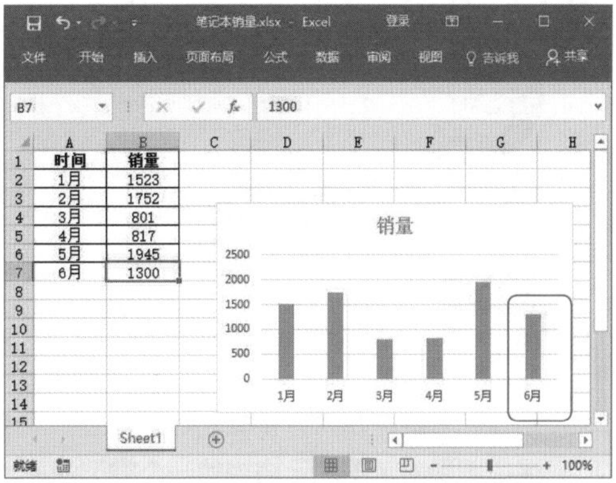

图5-60 输入数据

5.4 迷你图，让数据与图表共存

小李

张经理，一季度的销售业绩数据在这里。因为数据比较简单，所以没有制作图表。

	A	B	C	D
1	一季度销售业绩			
2	销售人员	一月	二月	三月
3	杨新宇	5532	2365	4266
4	胡敏	4699	3789	5139
5	张含	2492	3695	4592
6	刘晶晶	3469	5790	3400
7	吴欢	2851	2735	4025
8	黄小梨	3601	2073	4017
9	严紫	3482	5017	3420
10	徐刚	2698	3462	4088

张经理

小李，没有图表看数据总是不直观。

如果你觉得数据简单，没有必要用图表来表示的时候，就做一个迷你图吧。

（1）可以**创建单个的迷你图**，也可以**一次创建多个迷你图**。

（2）迷你图的默认格式比较简单，查看起来不太清晰，**设置一下迷你图的格式，让数据清晰明了。**

5.4.1 创建迷你图，让数据有一说一

小李

王Sir，张经理让我给数据表添加迷你图，迷你图我还没有接触过，你给我讲讲吧。

王Sir

小李，迷你图其实就是简易版的图表。

迷你图是显示于单元格中的一个微型图表，可以直观地反映数据系列中的变化趋势。

虽然迷你图没有图表的功能多，但如果只是想要查看数据的变化趋势，使用迷你图足矣。

1 创建单个迷你图

Excel提供了折线图、柱形图和盈亏3种类型的迷你图，用户可根据操作需要进行选择。例如，要在“销售业绩”工作簿中创建折线迷你图，操作方法如下。

Step01：选择迷你图类型。❶选中要显示迷你图的单元格，❷在【插入】选项卡的【迷你图】组中选择要插入的迷你图类型，本例选择【折线】，如图5-61所示。

Step02：选择数据源。❶弹出【创建迷你图】对话框，在【数据范围】参数框中设置迷你图的数据源，❷单击【确定】按钮，如图5-62所示。

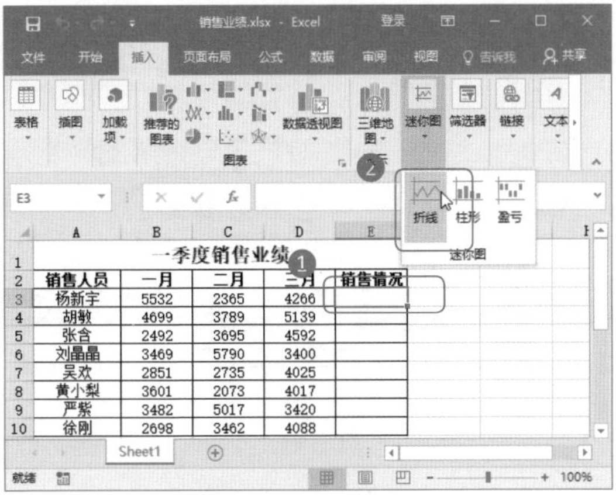

图5-61 选择迷你图类型

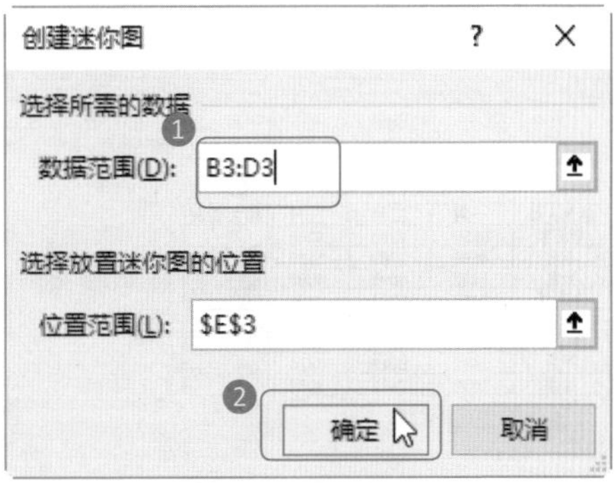

图5-62 选择数据源

Step03：成功创建迷你图。返回工作表，可看见当前单元格创建了迷你图，如图5-63所示。

Step04：创建其他迷你图。使用相同的方法创建其他迷你图即可，如图5-64所示。

图5-63 成功创建迷你图

图5-64 创建其他迷你图

2 一次性创建多个迷你图

在创建迷你图时会发现，若逐个创建，会显得非常烦琐，为了提高工作效率，可以一次性创建多个迷你图。例如，要在“销售业绩”工作簿中创建多个柱形迷你图，操作方法如下。

Step01：单击【柱形图】按钮。❶选中要显示迷你图的多个单元格，❷在【插入】选项卡的【迷你图】组中单击【柱形】按钮，如图5-65所示。

Step02：设置数据源。弹出【创建迷你图】对话框，❶在【数据范围】参数框中设置迷你图的数据源，❷单击【确定】按钮，如图5-66所示。

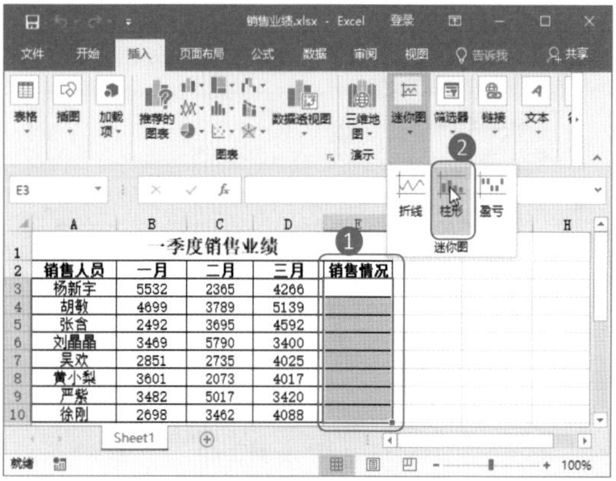

图5-65 单击【柱形图】按钮

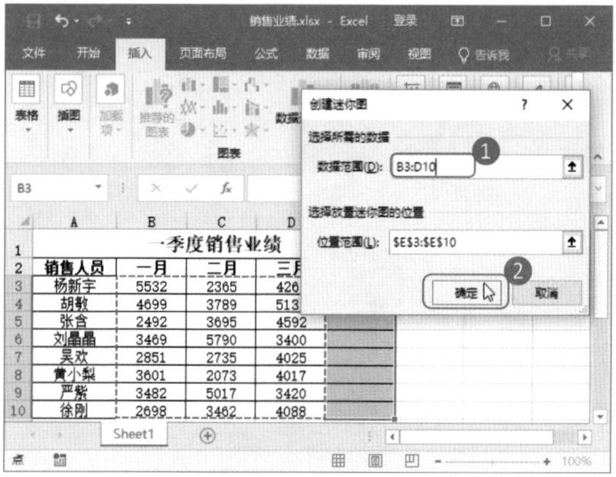

图5-66 设置数据源

Step03：查看迷你图。此时可看见所选单元格中创建了迷你图，最终效果如图5-67所示。

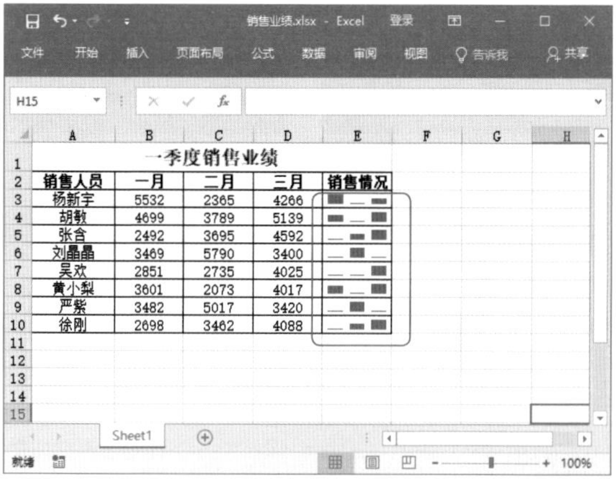

图5-67 查看迷你图

技能升级

使用这种方法创建的迷你图为迷你图组，在编辑时选择一个迷你图即可选中整个迷你图组。如果要编辑迷你图组中的某一个迷你图，可以先取消组合后再进行编辑。取消组合的方法是：选中迷你图，单击【迷你图工具/设计】选项卡的【组合】组中的【取消组合】按钮即可。

如果要将多个迷你图组合成为迷你图组，操作方法是：选择多个迷你图，在【迷你图工具/设计】选项卡的【分组】组中单击【组合】按钮，可将其组合成一组迷你图。

5.4.2 美化迷你图，让数据清晰明了

张经理

小李，你这个迷你图总是用默认样式，美观度和实用度都不高，换个样式吧。

小李

好的，张经理，马上改。

王Sir

小李，在迷你图中，可以**设置【高点】【低点】【首点】等数据节点**，通过该功能，可在迷你图上标示出需要强调的数据值。

还可以通过**迷你图标记颜色功能**，分别对高点、低点、首点等数据节点设置不同的颜色。

例如，要在“销售业绩1”工作簿中美化迷你图，操作方法如下。

Step01：勾选数据节点。❶选中需要编辑的迷你图，❷在【迷你图工具/设计】选项卡的【显示】组中勾选某个复选框便可显示相应的数据节点，本例中勾选【高点】【低点】复选框，迷你图中即可以不同颜色突出显示最高值的数据节点，如图5-68所示。

Step02：选择迷你图颜色。❶在【迷你图工具/设计】选项卡的【样式】组中单击【迷你图颜色】下拉按钮，❷在弹出的下拉列表中选择一种颜色，如图5-69所示。

Step03：选择高点颜色。❶在【迷你图工具/设计】选项卡的【样式】组中单击【标记颜色】下拉按钮，❷在弹出的下拉列表中选择【高点】选项，❸在弹出的扩展菜单中为高点选择颜色，如图5-70所示。

Step04：选择低点颜色。❶在【迷你图工具/设计】选项卡的【样式】组中单击【标记颜色】下拉按钮，❷在弹出的下拉列表中选择【低点】选项，❸在弹出的扩展菜单中为低点选择颜色，如图5-71所示。

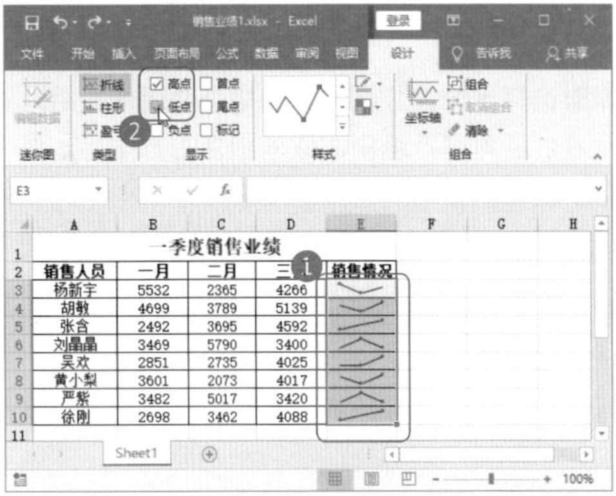

图5-68 勾选数据节点

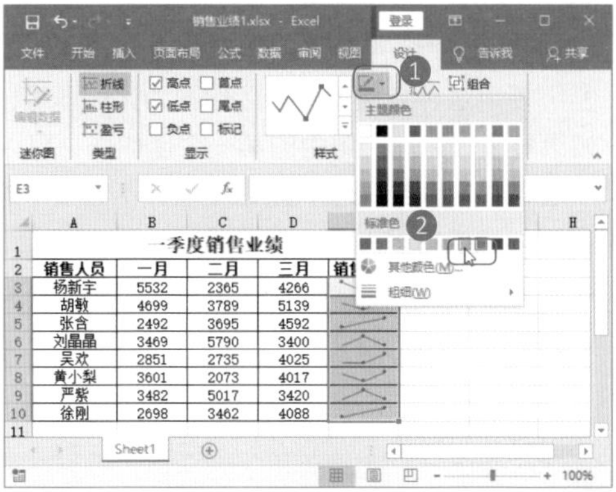

图5-69 选择迷你图颜色

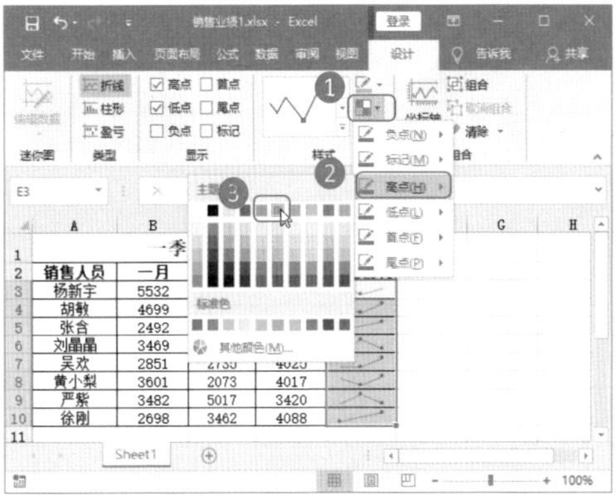

图5-70 选择高点颜色

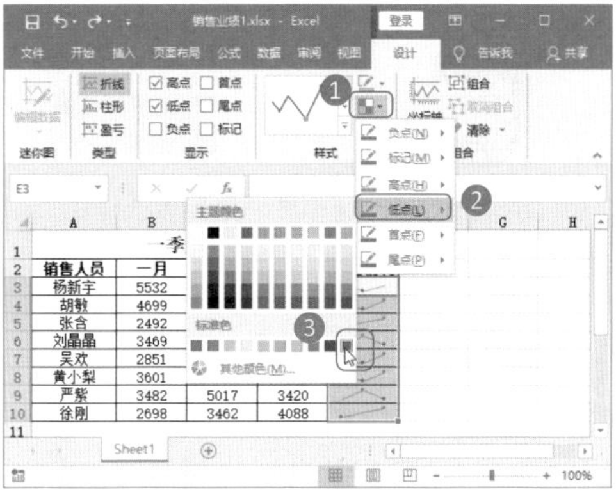

图5-71 选择低点颜色

Step05：查看效果。此时，迷你图已经更改颜色，而其中的高点和低点分别以不同的颜色进行显示，如图5-72所示。

	A	B	C	D	E
1	一季度销售业绩				
2	销售人员	一月	二月	三月	销售情况
3	杨新宇	5532	2365	4266	
4	胡敏	4699	3789	5139	
5	张含	2492	3695	4592	
6	刘晶晶	3469	5790	3400	
7	吴欢	2851	2735	4025	
8	黄小梨	3601	2073	4017	
9	严紫	3482	5017	3420	
10	徐刚	2698	3462	4088	

图5-72 查看效果

技能升级

在【样式】组的样式列表中，可以选择内置的迷你图样式，从而快速为迷你图进行美化操作，包括迷你图颜色、数据节点颜色。

CHAPTER 6

透视表，数据分析利器

小 李

一直以来，在统计数据之后，理清数据的走向都是令我头疼的问题。那么多数据摆在面前，简直无从下手。

各种销售数据表都需要分析数据、找出数据的走向规律，而我只有不断地加班、加班、再加班，可是，还是有熬成熊猫眼也分析不完的表格。

直到王Sir提醒我使用数据透视表。

从使用数据透视表开始，仿佛为我打开了一扇数据分析的大门，鼠标一拖一拉，就可以轻松分析、汇总数据，而且数据透视表也有排序和筛选功能，数据分析有如神助。

看吧，使用数据透视表就是那么轻松，以后终于可以不加班了。

觉得数据量大，分析起来很困难？

很多职场新人之所以加班，很大程度上是因为对自己使用的工具一知半解。

当需要分析大量数据时，埋头苦干固然可以博一个勤奋的名声，可是，做工作却更应该注重效率。

小李是一个踏实的员工，是加班族中的佼佼者。可是，公司需要的并不是一个需要每天加班的员工，快节奏的职场从来都只以效率来说话。

数据透视表是分析数据的利器，可是却被很多人忽略，只要正确制作了数据透视表，就能轻松看穿所有数据的大小对比、数据走向关系。

既然如此，那为什么要加班呢？

王 Sir

6.1 从零开始，认识数据透视表

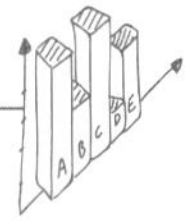

张经理

小李，最近四年的销售情况数据透视表做好了吗？

小李

张经理，数据透视表已经做好了，简直小菜一碟。

	A	B	C	D	E	F
1	行标签	求和项:2014年	求和项:2015年	求和项:2016年	求和项:2017年	求和项:2018年
2	成都	7550	4568	7983	5688	6988
3	昆明	9852	8744	8766	9866	8863
4	西安	6577	5466	4468	5433	4725
5	重庆	6890	7782	7845	7729	7564
6	总计	30869	26560	29062	28716	28140

张经理

小李，你对数据透视表怕是有什么误解吧？这样的数据透视表与Excel表格有区别吗？
就这个数据透视表来说，我要的数据透视表要呈现的是**汇总信息**，而不是事无巨细的数据。
你现在要做的是要搞清楚数据透视表的创建规则，做出有效的数据透视表。

6.1.1 数据源设计4大准则

小李

王Sir，我创建了一个数据透视表，可是看起来数据与Excel数据源表差不多，这是怎么回事呢？

王Sir

小李,虽然你现在声称自己已经会做数据透视表了，可是，你还是没有认清数据透视表创建的根本。

数据透视表是在数据源的基础上创建的，如果数据源设计不规范，那么创建的数据透视表就会漏洞百出，所以，在制作数据透视表之前，首先要明白规范的数据源应该是什么样子的。

如果要创建数据透视表，对数据源会有一些要求，并不是随便一个数据源都可以创建出有效的数据透视表。

1 数据源第一行必须包含各列的标题

如果数据源的第一行没有包含各列的标题，如图6-1所示，那么创建了数据透视表之后，在字段列表中可以查看到每个分类字段使用的是数据源中各列的第一个数据，无法代表每一列数据的分类含义，如图6-2所示，而这样的数据难以进行下一步的操作。

	A	B	C	D	E	F
1	刘震源	1月	电暖器	¥1,050.00	32	¥33,600.00
2	刘震源	2月	电暖器	¥1,050.00	32	¥33,600.00
3	王光琼	1月	电暖器	¥1,050.00	40	¥42,000.00
4	王光琼	2月	电暖器	¥1,050.00	40	¥42,000.00
5	李小双	1月	电暖器	¥1,050.00	25	¥26,250.00
6	李小双	2月	电暖器	¥1,050.00	50	¥52,500.00
7	张军	1月	电暖器	¥1,050.00	42	¥44,100.00
8	张军	2月	电暖器	¥1,050.00	42	¥44,100.00

图6-1　第一行没有包含标题的数据源

图6-2　无法进行分析的数据透视表

所以，如果是要用于创建数据透视表的数据源，首要的设计原则是：数据源的第一行必须包含各列的标题。只有这样的结构才能在创建数据透视表后正确显示出分类明确的标题，以便后续的排序和筛选等操作。

2 数据源中不能包含同类字段

用于创建数据透视表的数据源，第二个需要注意的原则是，在数据源的不同列中不能包含同类字段。所谓同类字段，即类型相同的数据。如图6-3所示的数据源中，B列到F列代表了5个连续的年份，这样的数据表又被称为二维表，是数据源中包含多个同类字段的典型。

	A	B	C	D	E	F
1	地区	2014年	2015年	2016年	2017年	2018年
2	成都	7550	4568	7983	5688	6988
3	重庆	6890	7782	7845	7729	7564
4	昆明	9852	8744	8766	9866	8863
5	西安	6577	5466	4468	5433	4725

图6-3　数据中包含了同类字段

如果使用图6-3中的数据源创建数据透视表，由于每个分类字段使用的是数据源中各列的第一个数据，在右侧的“数据透视表字段”窗格中可以看到，生成的分类字段无法代表每一列数据的分类含义，如图6-4所示。面对这样的数据透视表，难以进行进一步的分析工作。

图6-4　无法进行分析的数据透视表

温馨提示

一维表和二维表里的“维”是指分析数据的角度。简单地说，一维表中的每个指标对应了一个取值。而以图6-3所示的数据源为例，在二维表里，列标签的位置上放上了2014年、2015年和2016年等，它们本身就是同属一类，是父类别“年份”对应的数据。

3 数据源中不能包含空行和空列

用于创建数据透视表的数据源，第三个需要注意的原则是：在数据源中不能包含空行和空列。

当数据源中存在空行或空列时，在默认情况下，将无法使用完整的数据区域来创建数据透视表。

例如，在图6-5所示的数据源中存在空行，那么在创建数据透视表时，系统将默认以空行为分隔线，选择活动单元格所在区域，本例为空行上方的区域，而忽视掉其他数据区域。这样创建出的数据透视表，其中就不包含完整的数据区域了。

图6-5 包含空行的数据源

而当数据源存在空列时，也无法使用完整的数据区域来创建数据透视表。例如，在图6-6所示的数据源中存在空列，那么在创建数据透视表时，系统将默认以空行为分隔线，选择活动单元格所在的区域，本例为空列左侧的区域，而忽视掉空列右侧的数据区域。

图6-6　包含空列的数据源

4　数据源中不能包含空单元格

用于创建数据透视表的数据源，第四个需要注意的原则是：在数据源中不能包含空单元格。

与空行和空列导致的问题不同，即使数据源中包含有空单元格，也可以创建出包含完整数据区域的数据透视表。但是，如果数据源中包含了空单元格，在创建好数据透视表之后进一步进行处理时，很容易出现问题，导致无法获得有效的数据分析结果。

如果数据源中不可避免地出现了空单元格，可以使用同类型的默认值来填充，例如，在数值类型的空单元格中填充0。

6.1.2　只有标准的数据源才能创建准确的数据库

小李

王Sir，我制作的Excel表格真的有上面的问题，现在应该怎么办？把表格重新做吗？

王Sir

辛辛苦苦做好的Excel表格，重新做肯定不至于，你只要找出问题逐一解决就可以了。
如果是二维表，就改为**一维表**。
如果有空行和空列，就**删除空行和空列**。
如果有空格，就**填充空格**。
放心，只要按照我说的做，很快就可以整理好数据源。

数据源是数据透视表的基础。为了能够创建出有效的数据透视表，数据源必须符合几项默认的原则。对于不符合要求的数据源，可以加以整理，创建出准确的数据源。

1 将表格从二维变一维

当数据源的第一行中没有包含各列的标题时，解决问题的方法很简单，添加一行列标题即可。

而在数据源的不同列中包含有同类字段时，处理办法也不复杂。可以将这些同类的字段重组，使其存在于一个父类别之下，然后相应地调整与其相关的数据即可。

简单来说，如果数据源是用二维形式储存时，可以先将二维表整理为一维表，然后进行数据透视表的创建，如图6-7所示。

	A	B	C	D	E	F
1	地区	2014年	2015年	2016年	2017年	2018年
2	成都	7550	4568	7983	5688	6988
3	重庆	6890	7782	7845	7729	7564
4	昆明	9852	8744	8766	9866	8863
5	西安	6577	5466	4468	5433	4725

	A	B	C
1	地区	年份	销售量
2	成都	2014	7550
3	重庆	2014	6890
4	昆明	2014	9852
5	西安	2014	6577
6	成都	2015	4568
7	重庆	2015	7782
8	昆明	2015	8744
9	西安	2015	5466
10	成都	2016	7983
11	重庆	2016	7845
12	昆明	2016	8766
13	西安	2016	4468
14	成都	2017	5688
15	重庆	2017	7729
16	昆明	2017	9866
17	西安	2017	5433
18	成都	2018	6988
19	重庆	2018	7564
20	昆明	2018	8863
21	西安	2018	4725

图6-7　二维表变一维表

2 删除数据源中的空行和空列

当数据源中含有空行和空列时，在创建数据透视表之前需要先将其删除。当空行或空列少，便于查找时，可以按住Ctrl键，依次单击需要删除的空行或空列，选择完成后，右击，在弹出的快捷菜单中单击

【删除】按钮即可。

其实，正常情况下，即便是包含大量数据记录的数据源，其中列标题数量也不会太多，可以手动删除。可是，如果是在包含大量数据记录的数据源中删除为数众多的空行，如果使用手动删除则比较麻烦，此时可以使用手工排序的方法。例如，要在“公司销售业绩1”工作簿中删除空行，操作方法如下。

Step01：插入辅助列。❶选中A列，右击，❷在弹出的快捷菜单中选择【插入】命令，插入空白列，如图6-8所示。

Step02：填充数字序列。❶在A2和A3单元格中输入起始数据，❷将光标指向A3单元格右下角，当光标成十字形状显示时，按住鼠标左键不放，使用填充柄向下拖动填充序列，如图6-9所示。

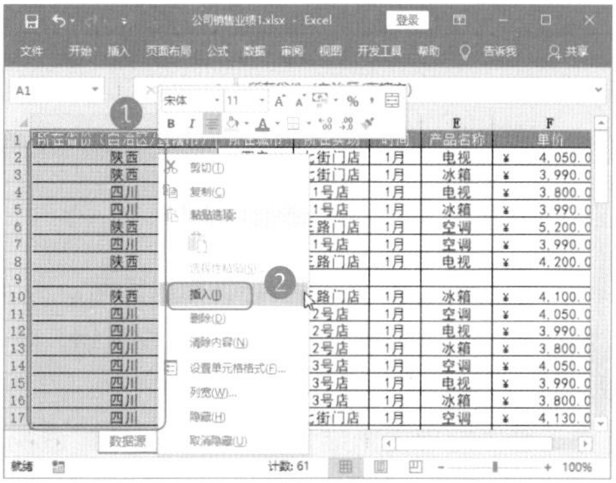

图6-8 插入辅助列

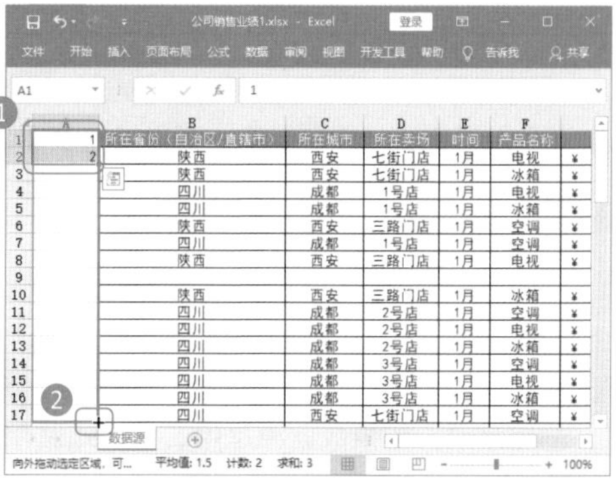

图6-9 填充数字序列

Step03：排序D列。❶光标定位到D列任意单元格，❷单击【数据】选项卡的【排序和筛选】组中的【升序】按钮，为数据排序，如图6-10所示。

Step04：删除空行。得到排序结果，所有空行将集中显示在底部，❶选中所有要删除的行，右击，❷在弹出的快捷菜单中选择【删除】命令，如图6-11所示。

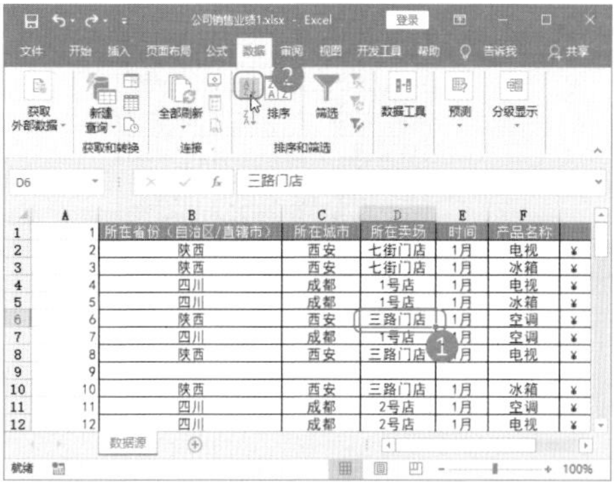

图6-10 排序D列

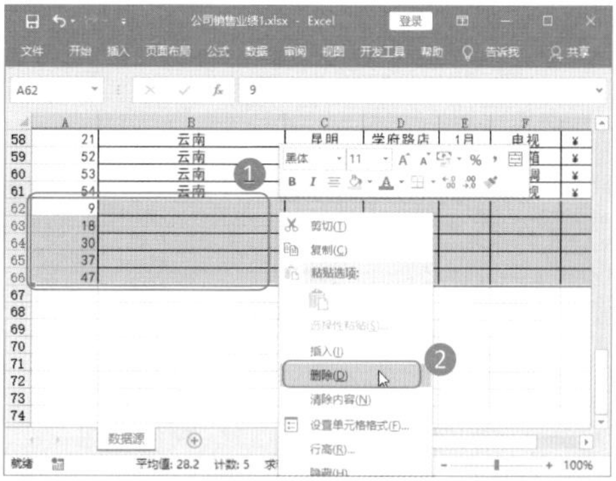

图6-11 删除空行

Step05：排序辅助列。❶将光标定位到A列任意单元格，❷单击【数据】选项卡的【排序和筛选】组中的【升序】按钮，为数据排序，使数据源中的数据内容恢复最初的顺序，如图6-12所示。

Step06：删除辅助列。❶选中A列，右击，❷在弹出的快捷菜单中选择【删除】命令即可，如图6-13所示。

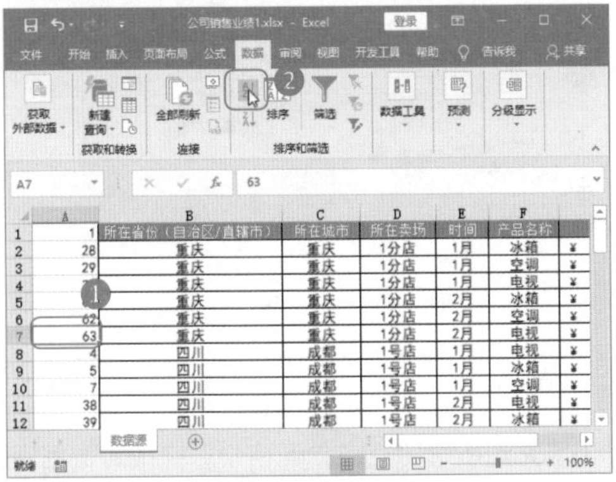

图6-12 排序辅助列

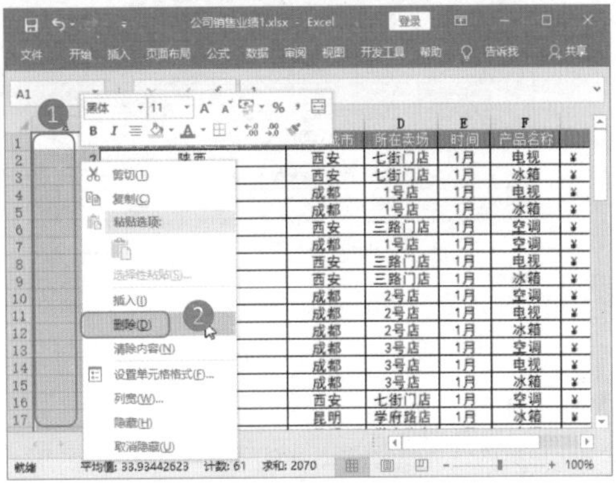

图6-13 删除辅助列

3 填充数据源中的空单元格

如果数据源中有空白单元格的存在，创建的数据透视表在进行排序、筛选和分类汇总等数据分析工作时会产生一些问题。为了避免产生问题，可以在数据源的空单元格中输入0。例如，要在“公司产品销售情况”工作簿的“折扣金额”列的空白单元格中输入0，操作方法如下。

Step01：选择【定位条件】命令。❶选中工作表中的整个数据区域，在【开始】选项卡的【编辑】组中单击【查找和选择】下拉按钮，❷在弹出的下拉菜单中选择【定位条件】命令，如图6-14所示。

Step02：打开【定位条件】对话框。❶选择【空值】单选按钮，❷单击【确定】按钮，如图6-15所示。

技能升级

按下F5键，在弹出的【定位】对话框中单击【定位条件】按钮，即可快速打开【定位条件】对话框。

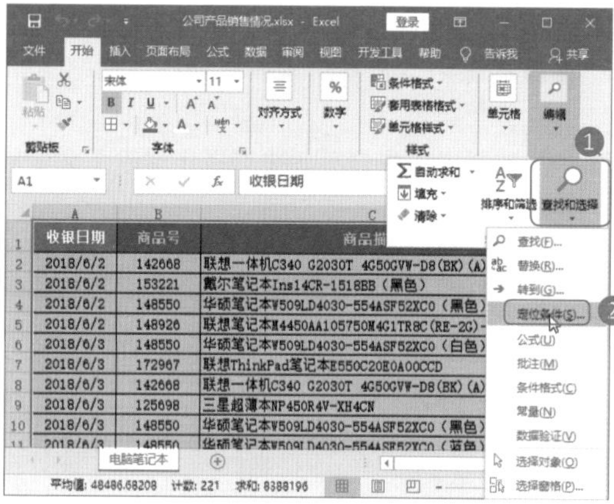

图6-14 选择【定位条件】命令

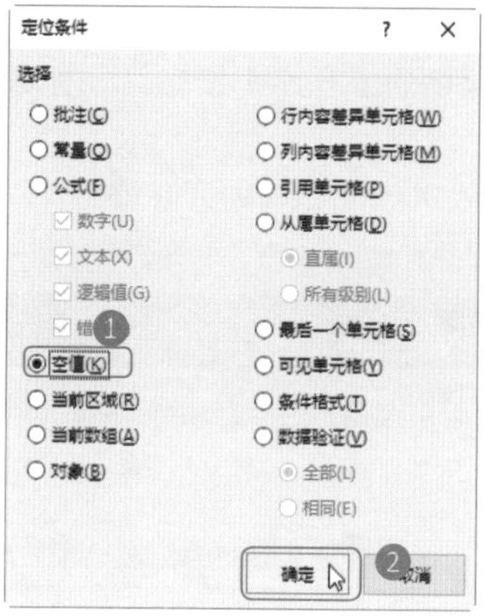

图6-15 打开【定位条件】对话框

Step03：输入0。返回工作表，可以看到数据区域中的所有空白单元格被自动选中，保持单元格的选中状态不变，输入0，如图6-16所示。

Step04：完成填充。按下Ctrl+Enter组合键，即可将0填充到所选的空白单元格中，完成对数据源的填充工作，如图6-17所示。

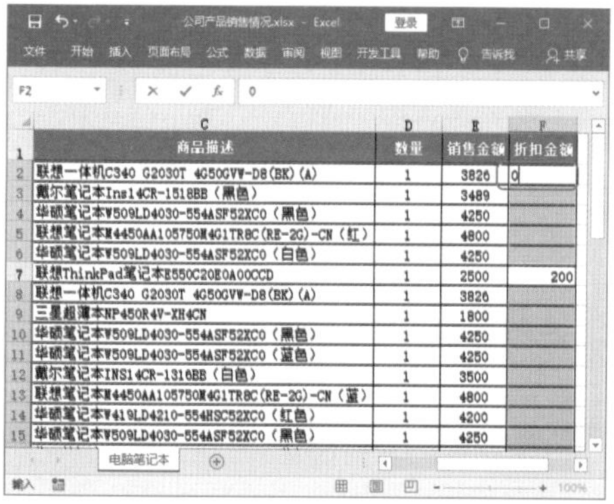

图6-16 输入0

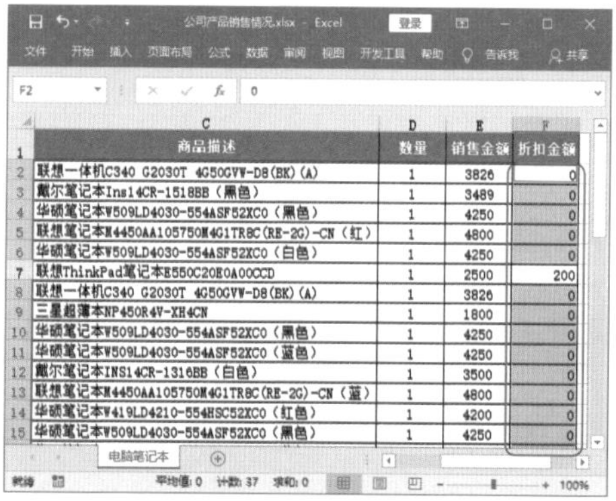

图6-17 完成填充

6.2 你的第一张数据透视表

张经理

小李，等会儿的视频会议要用到西南地区这几个月的销售数据，你整理一下给我。

小李

张经理，您要的销售数据在这里。

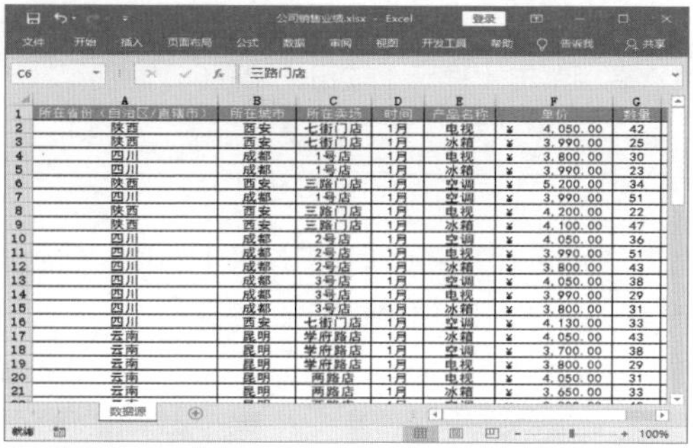

	A	B	C	D	E	F	G
1	所在省份（自治区/直辖市）	所在城市	所在卖场	时间	产品名称	单价	数量
2	陕西	西安	七街门店	1月	电视	¥ 4,050.00	42
3	陕西	西安	七街门店	1月	冰箱	¥ 3,990.00	25
4	四川	成都	1号店	1月	电视	¥ 3,800.00	30
5	四川	成都	1号店	1月	冰箱	¥ 3,990.00	23
6	陕西	西安	三路门店	1月	空调	¥ 5,200.00	34
7	四川	成都	1号店	1月	空调	¥ 3,990.00	51
8	陕西	西安	三路门店	1月	电视	¥ 4,200.00	22
9	陕西	西安	三路门店	1月	冰箱	¥ 4,100.00	47
10	四川	成都	2号店	1月	空调	¥ 4,050.00	36
11	四川	成都	2号店	1月	电视	¥ 3,990.00	51
12	四川	成都	2号店	1月	冰箱	¥ 3,800.00	43
13	四川	成都	3号店	1月	空调	¥ 4,050.00	38
14	四川	成都	3号店	1月	电视	¥ 3,990.00	29
15	四川	成都	3号店	1月	冰箱	¥ 3,800.00	31
16	四川	西安	七街门店	1月	空调	¥ 4,130.00	33
17	云南	昆明	学府路店	1月	冰箱	¥ 4,050.00	43
18	云南	昆明	学府路店	1月	空调	¥ 3,700.00	38
19	云南	昆明	学府路店	1月	电视	¥ 3,800.00	29
20	云南	昆明	两路店	1月	电视	¥ 4,050.00	31
21	云南	昆明	两路店	1月	冰箱	¥ 3,650.00	33

张经理

小李，这个数据你让我怎么用呢？你如果不清楚我要销售 数据的目的，我可以告诉你。

（1）我要的销售数据必须条理清楚，要了解每个地区的**汇总情况**，而不是明细数据。

（2）**布局要清楚**，而你这个透视表明显没有好好布局，只是随意勾选了字段。

（3）**淡蓝色和白色的搭配太普通**，视觉疲劳。

6.2.1 创建一个数据透视表

小李

王Sir，张经理让我把数据整理出来，要有明细、汇总信息，我应该再做一个表格吗？

王Sir

小李，这种时候不用数据透视表，你还准备什么时候用？

数据透视表可以让用户**根据不同分类、不同的汇总方式，快速查看各种形式的数据汇总报表**，完全可以满足张经理提出的要求。

如果是一份符合规则的明细表，用于创建数据透视表非常方便。例如，要在“公司销售业绩”工作簿中创建数据透视表，操作方法如下。

Step01：单击【数据透视表】选项。将光标定位到数据区域的任意单元格，单击【插入】选项卡的【表格】组中的【数据透视表】选项，如图6-18所示。

Step02：设置数据透视表位置。在打开的【创建数据透视表】对话框中，在【选择一个表或区域】中已经自动选择所有数据区域，直接单击【确定】按钮，如图6-19所示。

技能升级

在【创建数据透视表】对话框中选择【现有工作表】选项，然后设置放置数据透视表的位置，即可将创建的数据透视表显示在现有工作表的所选位置。

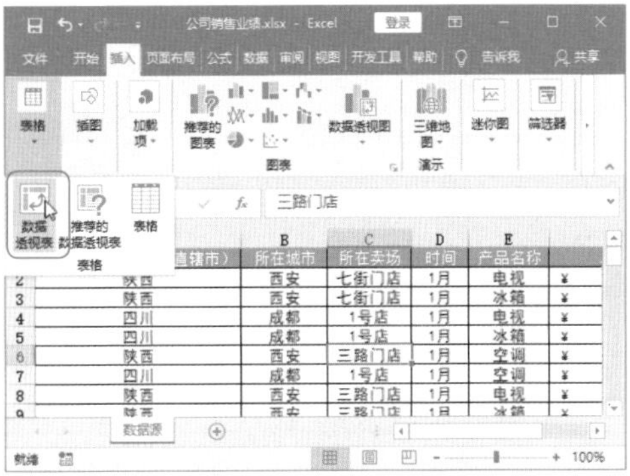

图6-18 单击【数据透视表】选项

图6-19 设置数据透视表位置

Step03：创建数据透视表。将新建一个工作表，并在新工作表中创建数据透视表，如图6-20所示。

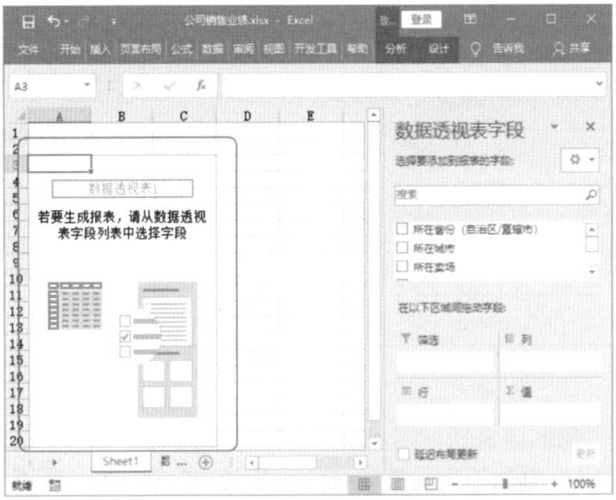

图6-20 创建数据透视表

6.2.2 调整布局，让数据对号入座

小李

王Sir，我的数据透视表插入之后还是空白，我把需要的字段勾选就可以成功布局了吗？

王Sir

小李，千万不要以为数据的布局只是勾选相应字段的复选框就可以了。字段的排列顺序影响着数据分析的结果，所以一定要用心布局。

不过，如果布局时排列错误也别担心，只要掌握方法，就可以快速调整布局，得到令你满意的数据透视表。

创建了数据透视表之后，只需在【数据透视表字段】窗格中勾选需要的字段，Excel就会智能化地自动将所选字段安排到数据透视表的相应区域中，制作出一张最基本的数据透视表，如图6-21所示。

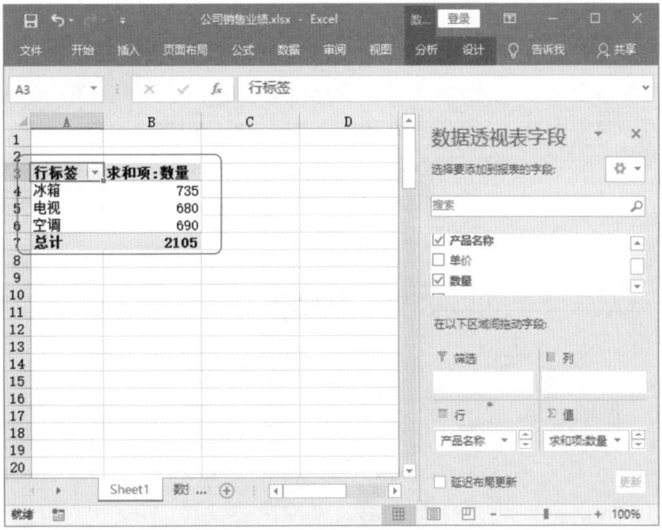

图6-21 基本数据透视表

在默认情况下，如果字段中包含的项是文本内容，Excel会自动将该字段放置到行区域中，如果字段中包含的项是数值，Excel会自动将该字段放置到值区域中。

所以，如果使用勾选字段名复选框的方法自动布局数据透视表，只能制作简单的报表，因为Excel不会主动将字段添加到报表筛选区域和列标签区域中。

但是，此时的排序会自动按照勾选字段名时的顺序在对应区域中反映出字段的顺序，也许并不是你想要的排序。此时，如果需要调整字段在区域中的顺序，或者需要将字段移动到其他区域中，可以使用鼠标左键拖动字段，然后到目标位置释放鼠标就可以了。

例如，图6-22中的数据透视表首先勾选了【销售城市】，然后再勾选【产品名称】，所以在行标签中，【产品名称】默认排列在【销售城市】下方。

图6-22 数据透视表默认排序

如果此时使用鼠标在【数据透视表字段】窗格的行标签区域中拖动【产品名称】字段，放置到【销售城市】字段之前，就可以改变行标签区域中的字段顺序。拖动完成后，可以看到数据透视表的相应区域同时发生变化，而得到的报表的数据分析角度随之改变，如图6-23所示。

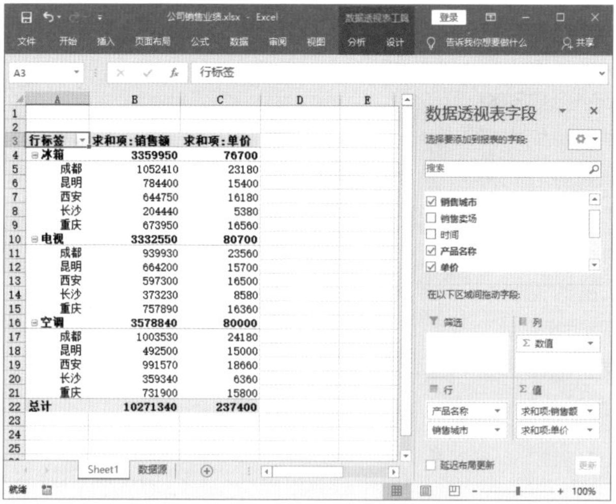

图6-23 拖动字段之后的布局

除此之外，还可以将字段拖动到其他的区域，例如，将【销售城市】字段拖动到报表筛选区域，可以查看到数据透视表会增加筛选区域，在其中，可以对【销售城市】进行筛选，以完成更多的数据分析工作，如图6-24所示。

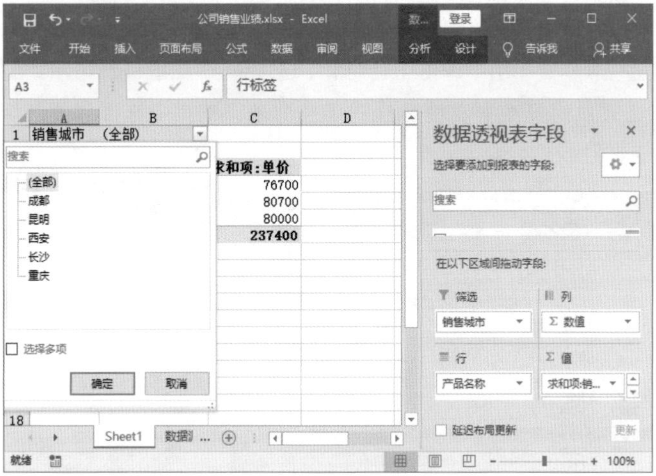

图6-24 创建筛选区域

6.2.3 漂亮表，赏心悦目人人爱

小李

王Sir，张经理说我的数据透视表过于寡淡，怎么才能让数据透视表变漂亮呢？

王Sir

小李，你要记住，**虽然数据透视表最看中的是数据，但是第一眼的印象分也很重要。**

美观的数据透视表可以给人耳目一新的感觉，也能让人更愿意仔细查看数据透视表中的数据。

如果时间紧急，你可以使用内置样式美化数据透视表；如果时间充足，使用自定义样式可以慢慢描绘出自己想要的样式。

1 使用内置的数据透视表样式

Excel内置了多种数据透视表样式，使用内置的样式可以轻松让数据透视表变个样。例如，要在“销售业绩表”中使用内置数据透视表样式，操作方法如下。

Step01：单击【其他】下拉按钮。❶选中数据透视表中的任意单元格，❷在【数据透视表工具/设计】选项卡的【数据透视表样式】组中单击【其他】下拉按钮，如图6-25所示。

Step02：选择样式。打开数据透视表样式下拉列表，在其中选择需要应用的样式，如图6-26所示。

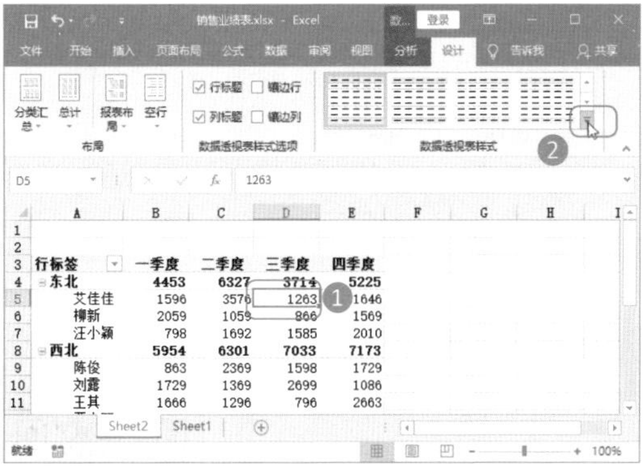

图6-25 单击【其他】下拉按钮

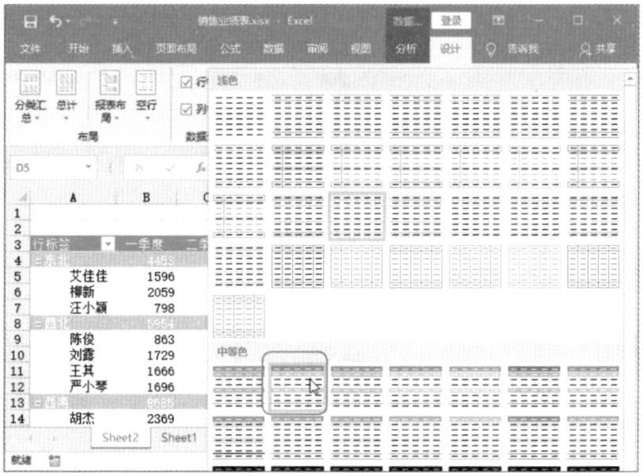

图6-26 选择样式

Step03：设置边框效果。如果有需要，还可以设置行列的边框和填充效果，例如，勾选【数据透视表工具/设计】选项卡的【数据透视表样式选项】组中的【镶边行】复选框，如图6-27所示。

Step04：完成设置。操作完成后，即可查看到设置了内置样式后的效果，如图6-28所示。

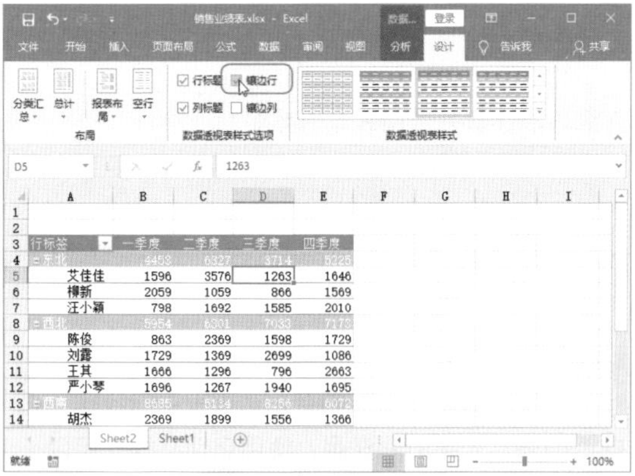

图6-27 设置边框效果

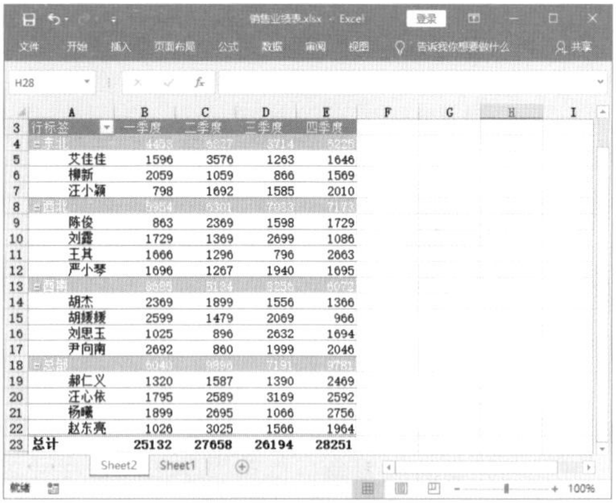

图6-28 完成设置

温馨提示

在【数据透视表样式】下拉列表中，Excel提供的内置样式被分为【浅色】【中等深浅】和【深色】3组，同时列表中越往下的样式越复杂。而且，选择不同的内置样式，勾选【镶边行】和【镶边列】复选框后，显示效果也不一样，大家可以一一尝试。

2 为数据透视表自定义样式

如果想要更多的样式，可以使用自定义样式。

使用自定义样式，配色是自定义样式最大的关卡。在配色之前，需要知道几个配色的原则。

» 同一色原则：使用一个相同的颜色，如红色、橙色。

» 同族原则：使用同一色族的颜色，如红、淡红、粉红、淡粉红。

» 对比原则：以反差较大的色彩为主，如底色是黑色，文字用白色。

例如，在“销售业绩表”中为数据透视表使用自定义样式，操作方法如下。

Step01：单击【新建数据透视表样式】按钮。选中数据透视表中的任意单元格，在【数据透视表工具/设计】选项卡的【数据透视表样式】组中单击【其他】下拉按钮，在弹出的下拉菜单中单击【新建数据透视表样式】按钮，如图6-29所示。

Step02：单击【格式】按钮。打开【新建数据透视表样式】对话框，❶在【名称】文本框中输入自定义样式的名称，在【表元素】列表框中选中要设置格式的元素，如整个表，❷单击【格式】按钮，如图6-30所示。

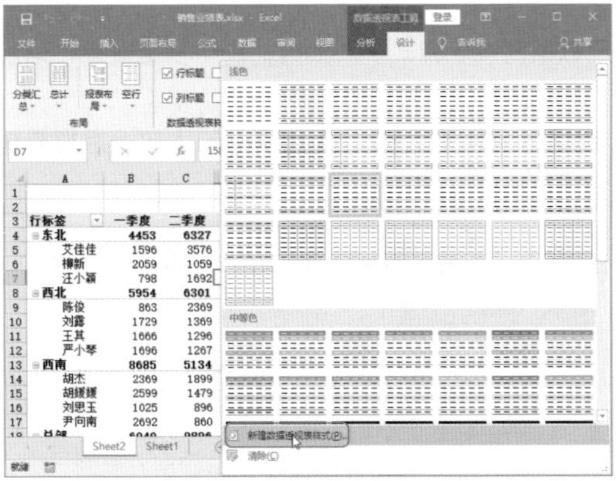

图6-29 单击【新建数据透视表样式】按钮

图6-30 单击【格式】按钮

Step03：设置元素格式。打开【设置单元格格式】对话框，❶根据需要设置选中元素的格式，❷单击【确定】按钮返回【新建数据透视表样式】对话框，如图6-31所示。

Step04：设置其他元素格式。❶在【表元素】列表框中选中另一个需要设置格式的元素，❷单击【格式】按钮，使用相同的方法设置元素格式，如图6-32所示。

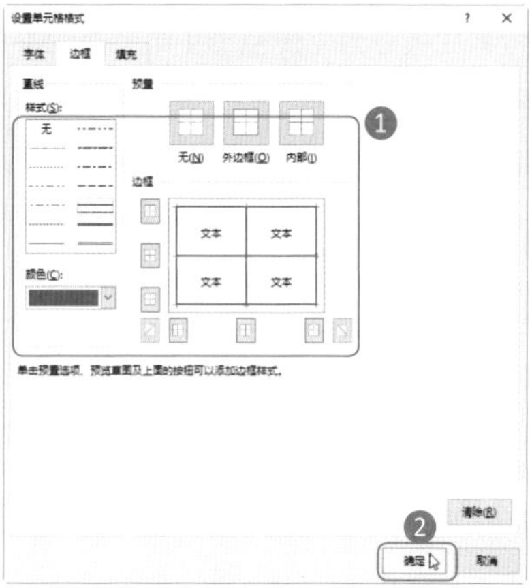

图6-31 设置元素格式

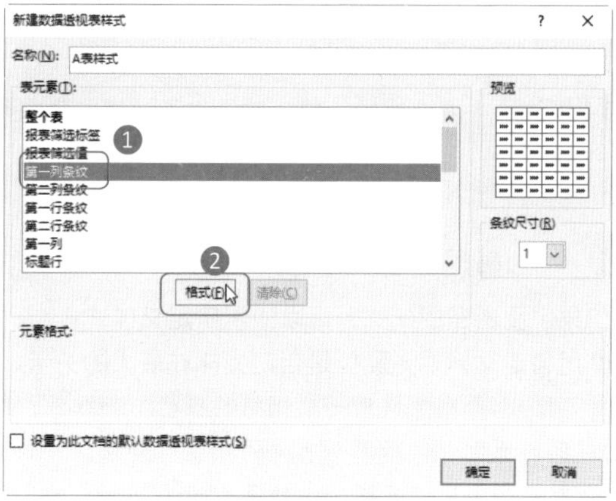

图6-32 设置其他元素格式

技能升级

如果觉得自定义样式的效果不满意，可以在【数据透视表样式】组的【样式】下拉列表中使用鼠标右键单击要修改的样式，在弹出的快捷菜单中选择【修改】命令，进入【修改数据透视表样式】对话框中进行修改。

Step05：完成设置。全部设置完成后，返回【新建数据透视表样式】对话框，确认预览效果，确定设置完成后单击【确定】按钮，如图6-33所示。

Step06：应用自定义样式。自定义样式后，在【数据透视表工具/设计】选项卡的【数据透视表样式】组中打开【样式】下拉列表，单击【自定义】栏中新建的样式，如图6-34所示。

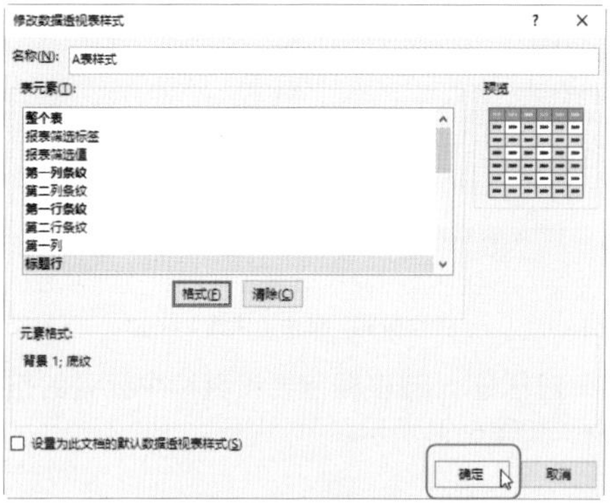

图6-33 完成设置

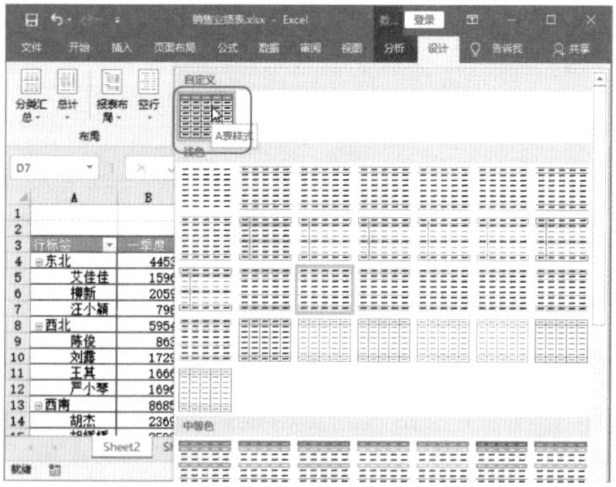

图6-34 应用自定义样式

Step07：查看自定义样式效果。选择完成后，即可查看到应用了自定义样式的数据透视表，如图6-35所示。

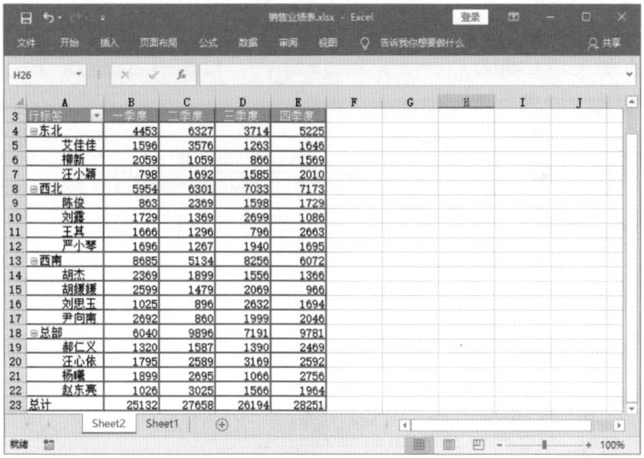

	A	B	C	D	E
3	行标签	一季度	二季度	三季度	四季度
4	⊟东北	4453	6327	3714	5225
5	艾佳佳	1596	3576	1263	1646
6	柳新	2059	1059	866	1569
7	汪小颖	798	1692	1585	2010
8	⊟西北	5954	6301	7033	7173
9	陈俊	863	2369	1598	1729
10	刘露	1729	1369	2699	1086
11	王其	1666	1296	796	2663
12	严小琴	1696	1267	1940	1695
13	⊟西南	8685	5134	8256	6072
14	胡杰	2369	1899	1556	1366
15	胡媛媛	2599	1479	2069	966
16	刘思玉	1025	896	2632	1694
17	尹向南	2692	860	1999	2046
18	⊟总部	6040	9896	7191	9781
19	郝仁义	1320	1587	1390	2469
20	汪心依	1795	2589	3169	2592
21	杨曦	1899	2695	1066	2756
22	赵东亮	1026	3025	1566	1964
23	总计	25132	27658	26194	28251

图6-35　查看自定义样式效果

6.3　数据透视表中的数据分析

张经理

小李，我想看一下今年各季度排名前几位的销售情况，你统计一下。

小李

张经理，销售部今年各季度的销售情况出来了。

3	行标签	一季度	二季度	三季度	四季度
4	艾佳佳	1596	3576	1263	1646
5	陈俊	863	2369	1598	1729
6	郝仁义	1320	1587	1390	2469
7	胡杰	2369	1899	1556	1366
8	胡媛媛	2599	1479	2069	966
9	刘露	1729	1369	2699	1086
10	刘思玉	1025	896	2632	1694
11	柳新	2059	1059	866	1569
12	汪小颖	798	1692	1585	2010
13	汪心依	1795	2589	3169	2592
14	王其	1666	1296	796	2663
15	严小琴	1696	1267	1940	1695
16	杨曦	1899	2695	1066	2756
17	尹向南	2692	860	1999	2046
18	赵东亮	1026	3025	1566	1964
19	**总计**	**25132**	**27658**	**26194**	**28251**

张经理

小李，我要这个数据的目的是要看清楚谁的销量高，可是你给我的这个能看出来吗？

我对你提出下面几点要求，希望你能尽快掌握。

（1）对于**重点数据，需要排在第一位。**

（2）有时候我并**不是每一个时间段数据都需要，筛选出我要的数据。**

（3）**切片器了解过吗**？创建一个，我需要灵活的数据查看方式。

清楚了吗？

6.3.1 用鼠标点，让数据自动排序

小李

王Sir，如果我要让数据按某种规律排序，应该怎么办呢？

王Sir

小李，用自动排序就可以了。

在Excel中，针对不同类型的数据，排序规则也有所不同，我告诉你一些我总结出的升序规律。

数字类数据：按照从小到大排序。

日期类数据：按照从最早的日期到最晚的日期排序。

文本类数据：当文本格式的单元格中含有数字、字母和各种符号时，文本类数据的排列顺序为"空格 0~9 ! " # $ % & ( ) * , . / : ; ? @ [\ ] ^ _ ` { | } ~ + < = > A~Z"。

逻辑值数据：逻辑值FALSE在前，逻辑值TRUE在后。

错误值数据：所有错误值的优先级相同。

空单元格：空单元格无论升序还是降序，排列总是位于最后。

如果是降序，则上面的规则相反。

如果要进行自动排序，主要方法有通过字段下拉列表自动排序、通过功能区按钮自动排序和通过【数据透视表字段】窗格自动排序。

1 通过字段下拉列表自动排序

在Excel中，可以利用数据透视表行标签标题下拉菜单中的相应命令进行自动排序。例如，要在“公司销售业绩”工作簿中为“销售额”字段排序，操作方法如下。

Step01：执行排序操作。❶单击行标签字段右侧的下拉按钮，❷在打开的下拉菜单中选择需要排序的行字段，本例选择【产品名称】字段，❸根据需要单击【升序】或【降序】按钮，如图6-36所示。

Step02：排序完成。操作完成后，即可查看到产品名称字段已经按所选的顺序排列，如图6-37所示。

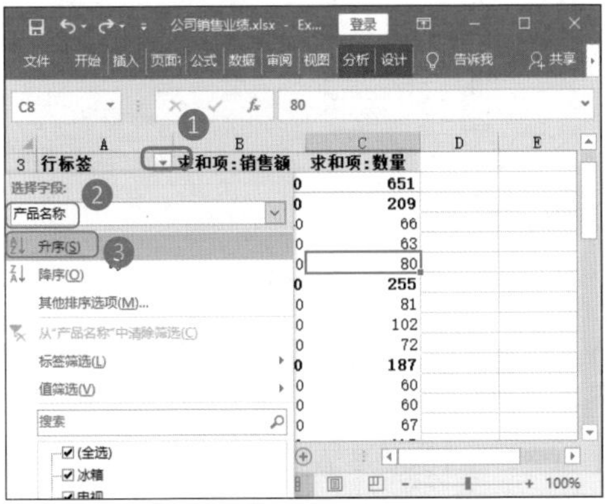

图6-36 执行排序操作

行标签	求和项:销售额	求和项:数量
成都	2567070	651
1号店	821940	209
冰箱	263340	66
电视	239400	63
空调	319200	80
2号店	1006380	255
冰箱	307800	81
电视	406980	102
空调	291600	72
3号店	738750	187
冰箱	228000	60
电视	239400	60
空调	271350	67
昆明	1582900	412
两路店	773500	202
冰箱	233600	64
电视	251100	62
空调	288800	76
学府路店	809400	210

图6-37 排序完成

温馨提示

本例的数据透视表拥有多个行字段，并以压缩形式显示数据透视表，因此需要在行标签字段下拉菜单中选择要排序的字段。在一个下拉菜单对应一个行字段的情况下，则无此选择，打开需要设置的行字段的下拉菜单设置排序方式即可。排序后，如果选择的是升序排序，行标签字段右侧的下拉按钮将变为形状；如果选择的是降序排序下拉按钮将变为形状。

2 通过功能区按钮自动排序

在Excel中，可以通过功能区的【升序】按钮和【降序】按钮快速进行自动排序。例如，要将“销售额”升序排列，操作方法如下。

Step01：执行排序操作。❶单击【销售额】字段中任意单元格，❷单击【数据】选项卡的【排序和筛选】组中的【升序】按钮，如图6-38所示。

Step02：排序完成。操作完成后，即可查看到销售额字段已经按照升序排列，如图6-39所示。

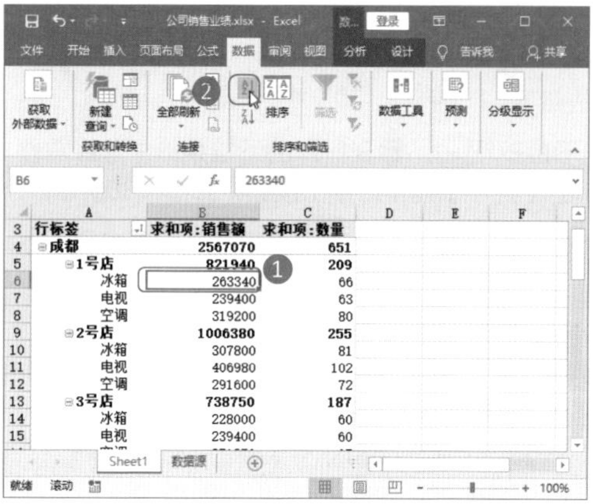

图6-38 执行排序操作

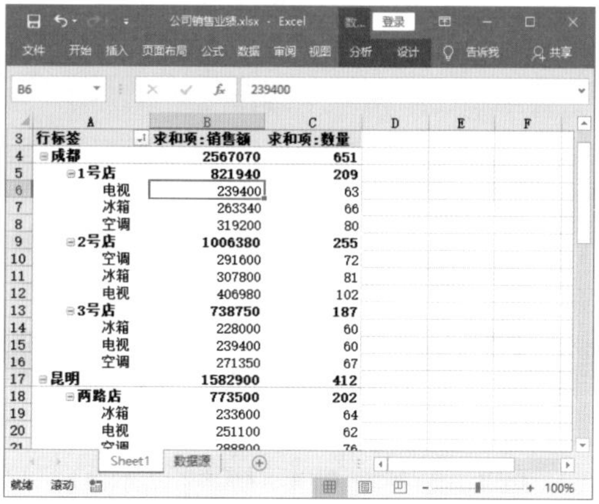

图6-39 排序完成

3 通过【数据透视表字段】窗格自动排序

在Excel中，可以通过【数据透视表字段】窗格的字段列表进行自动排序。例如，要为“所在城市”字段升序排列，操作方法如下。

Step01：单击下拉按钮。打开【数据透视表字段】窗格，在【选择要添加到报表的字段】列表框中将光标指向要排序的字段右侧，此时将出现一个下拉按钮，单击该按钮，如图6-40所示。

Step02：执行排序操作。弹出字段下拉菜单，在菜单中选择【升序】命令即可，如图6-41所示。

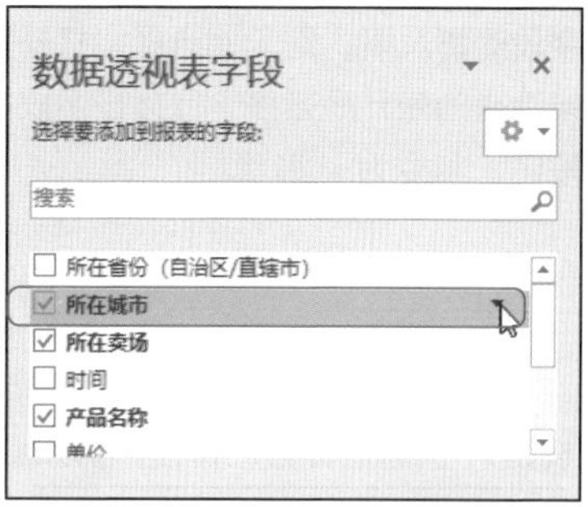

图6-40 单击下拉按钮

图6-41 执行排序操作

6.3.2 筛选，找到需要的数据

小李

王Sir，张经理经常要我筛选数据，可是我有时候不知道那些数据应该怎样筛选，传授点经验给我吧。

王Sir

小李，筛选的方法很多，在选择的时候，要根据数据来选择筛选的方法。

如果是对数据透视表进行整体筛选，可以**使用字段下拉列表筛选**。

如果要筛选开头是、开头不是、等于、不等于、结尾是、结尾不是、包含、不包含等为条件的数据，可以**使用【标签筛选】**。

如果要找出最大的几项、最小的几项、等于多少、不等于多少、大于多少、小于多少等数据，可以**使用【值筛选】来查找**。

1 使用字段下拉列表筛选

例如，要在“季度销售情况”工作簿中筛选“陈明莉”和“刘玲”“一月”的销售情况，操作方法如下。

Step01：勾选筛选选项。❶单击行标签右侧的下拉按钮，❷在打开的下拉菜单中取消勾选【（全选）】复选框，然后勾选【陈明莉】和【刘玲】复选框，❸单击【确定】按钮，如图6-42所示。

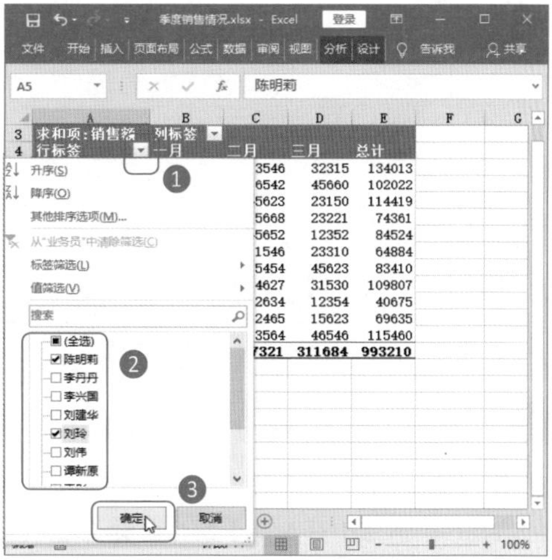

图6-42 勾选筛选选项

Step02：查看筛选情况。返回数据透视表，即可看到行标签右侧的下拉按钮变为形状，数据透视表中筛选出了业务员【陈明莉】和【刘玲】的销售数据，如图6-43所示。

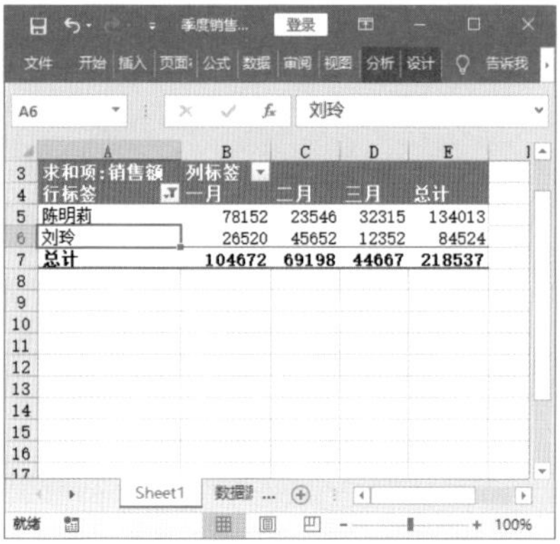

图6-43 查看筛选情况

Step03：勾选筛选选项。❶单击列标签右侧的下拉按钮，❷在打开的下拉菜单中取消勾选【（全选）】复选框，然后勾选【一月】复选框，❸单击【确定】按钮，如图6-44所示。

Step04：查看筛选结果。返回数据透视表，即可看到列标签右侧的下拉按钮变为形状，数据透视表中筛选出了业务员【陈明莉】和【刘玲】一月份的销售数据，如图6-45所示。

图6-44 勾选筛选选项

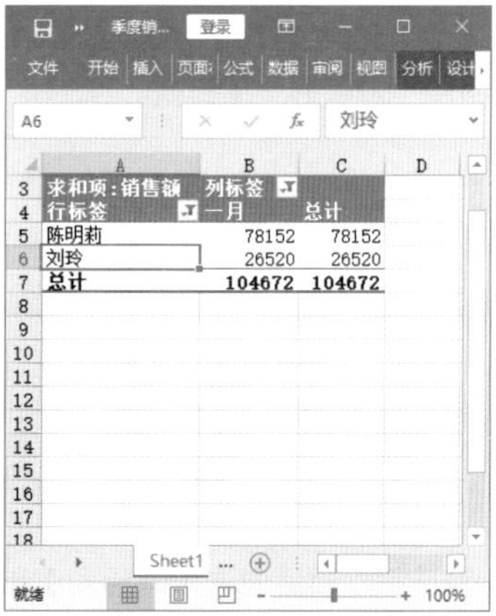

图6-45 查看筛选结果

2 使用【标签筛选】筛选数据

例如，要筛选出“李”姓业务员的销售数据为例，操作方法如下。

Step01：选择【开头是】命令。❶单击行标签右侧的下拉按钮，❷在打开的下拉菜单中选择【标签筛选】选项，❸在打开的子菜单中选择【开头是】命令，如图6-46所示。

Step02：设置筛选参数。打开【标签筛选（业务员）】对话框，❶设置【显示的项目的标签】【开头是】【李】，❷单击【确定】按钮，如图6-47所示。

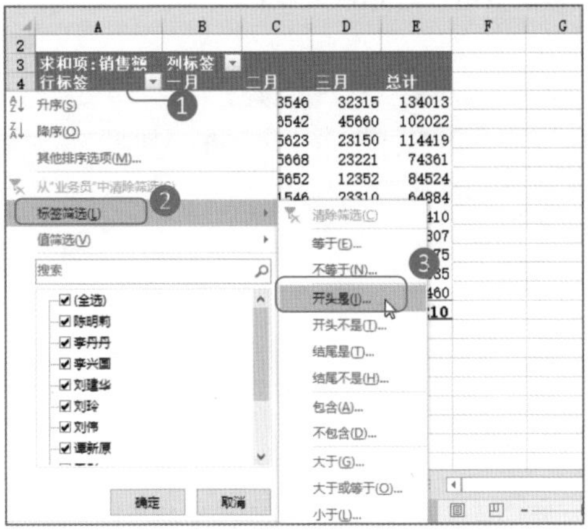

图6-46 选择【开头是】命令

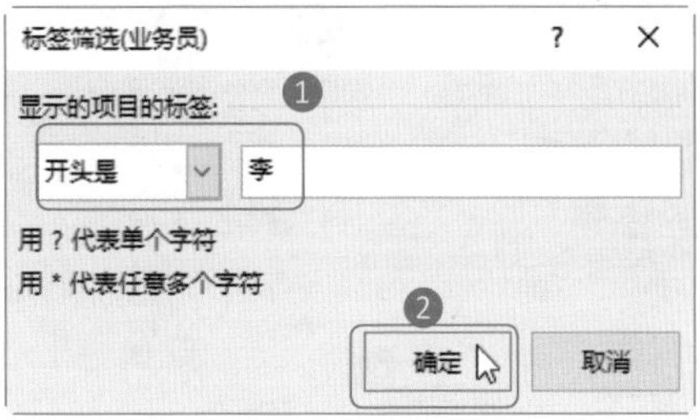

图6-47 设置筛选参数

Step03：查看筛选结果。返回数据透视表，即可查看到【李】姓业务员的销售数据已经筛选出来，如图6-48所示。

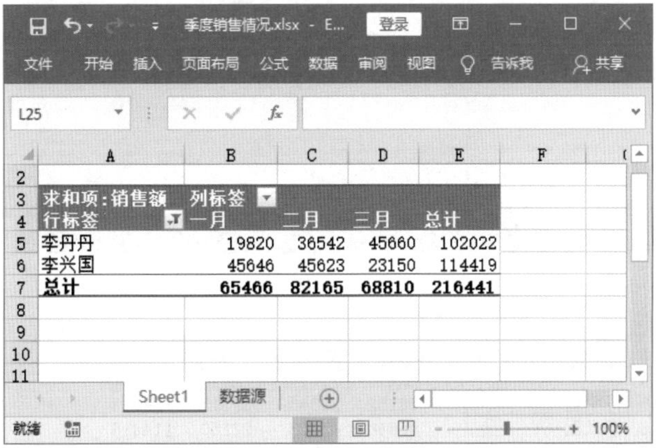

图6-48 查看筛选结果

3 使用【值筛选】筛选数据

例如，要筛选出累计销售额前3名的业务员记录，操作方法如下。

Step01：选择【前10项】命令。❶单击行标签右侧的下拉按钮，❷在打开的下拉菜单中选择【值筛选】选项，❸在弹出的子菜单中选择【前10项】命令，如图6-49所示。

Step02：设置筛选参数。打开【前10个筛选（业务员）】对话框，❶设置【显示】的数据为【最大3项】，其依据为【求和项：销售额】，❷单击【确定】按钮，如图6-50所示。

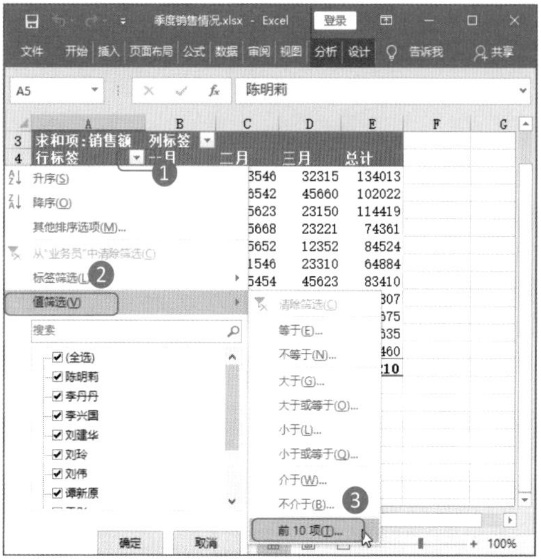

图6-49 选择【前10项】命令

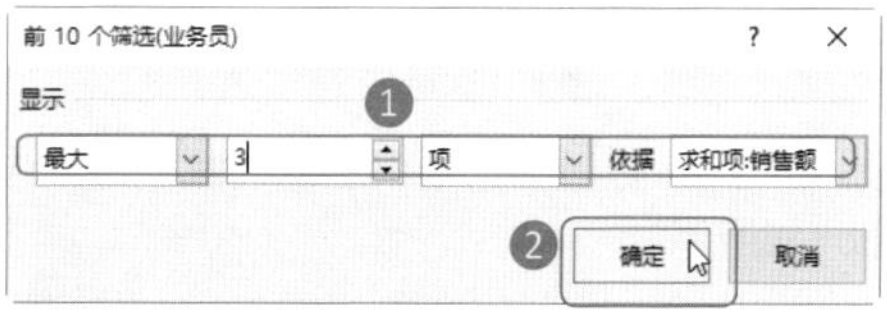

图6-50 设置筛选参数

Step03：查看筛选结果。返回数据透视表，即可查看到销售额的前3名业务员和记录已经筛选出来了，如图6-51所示。

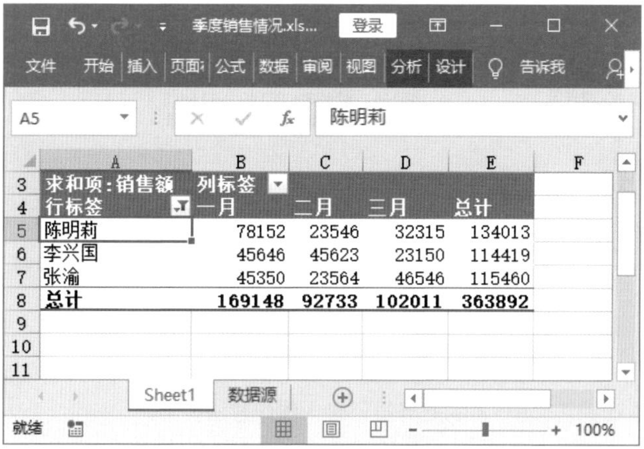

图6-51 查看筛选结果

6.3.3 切片器，筛选数据的窗口

小李

王Sir，前面的筛选方法虽然很好，但是筛选数据的时候一次只能筛选一个，操作比较麻烦，有没有什么灵活的筛选方法呢？

王Sir

小李，你应该还没有用过切片器筛选数据吧。

切片器是一种图形化的筛选方式，它可以**为数据透视表中的每个字段创建一个选取器**，浮动显示在数据透视表之上。

如果你要筛选某一个数据，在选取器中单击某个字段项就可以了，可以十分直观地查看数据透视表中的信息。

1 插入切片器

例如，要在“公司销售业绩”工作簿的数据透视表中插入切片器，方法主要有以下两种。

» 选中数据透视表中的任意单元格，❶在【数据透视表/分析】选项卡的【筛选】组中单击【插入切片器】按钮，如图6-52所示，❷打开【插入切片器】对话框，勾选需要的字段名复选框，❸单击【确定】按钮即可，如图6-53所示。

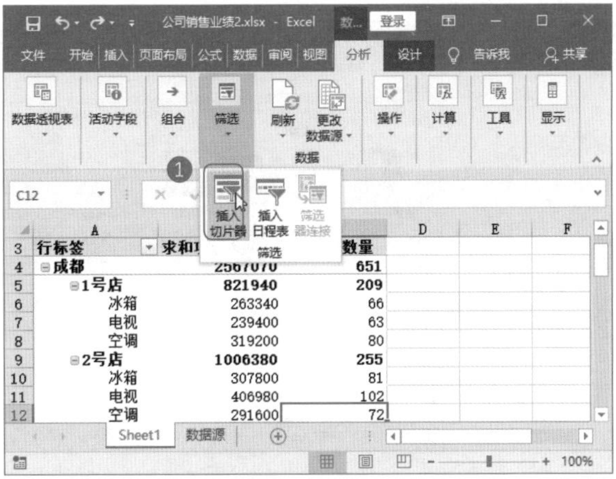

图6-52 单击【插入切片器】按钮

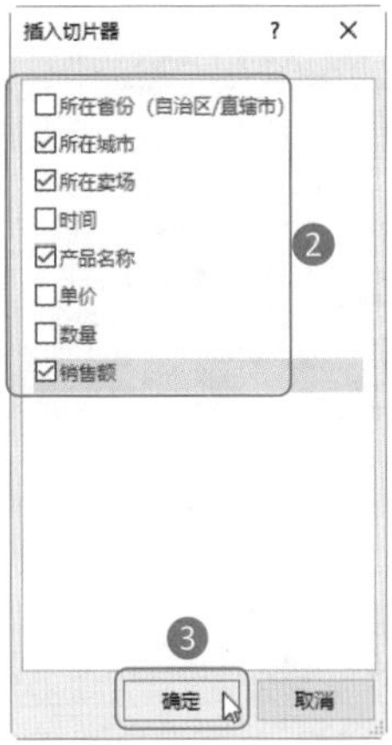

图6-53 勾选字段名

» 选中数据透视表中的任意单元格，在【插入】选项卡的【筛选器】组中单击【切片器】按钮，如图6-54所示，弹出【插入切片器】对话框，勾选需要的字段名复选框，单击【确定】按钮即可。

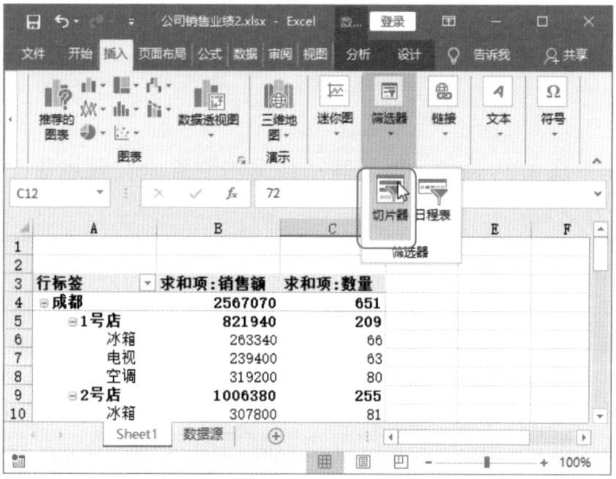

图6-54 单击【切片器】按钮

2 筛选字段项

在数据透视表中插入切片器后，要对字段进行筛选，只需在相应的切片器筛选框内选择需要查看的字段项即可。筛选后，未被选择的字段项将显示为灰色，同时该筛选框右上角的【清除筛选器】按钮呈可单击状态。

例如，要筛选“重庆地区1分店电视”的销售情况，操作方法是：依次在【所在城市】切片器筛选框中单击【重庆】，在【所在卖场】切片器筛选框中单击【1分店】，在【产品名称】切片器筛选框中单击【电视】，如图6-55所示。选择完成后，即可得到筛选结果，如图6-56所示。

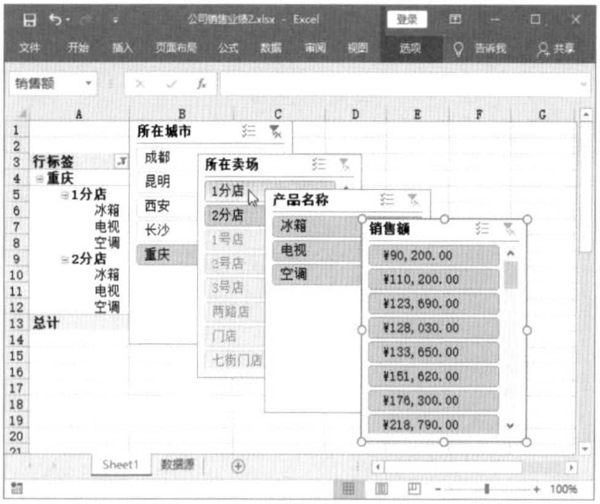

图6-55 选择字段

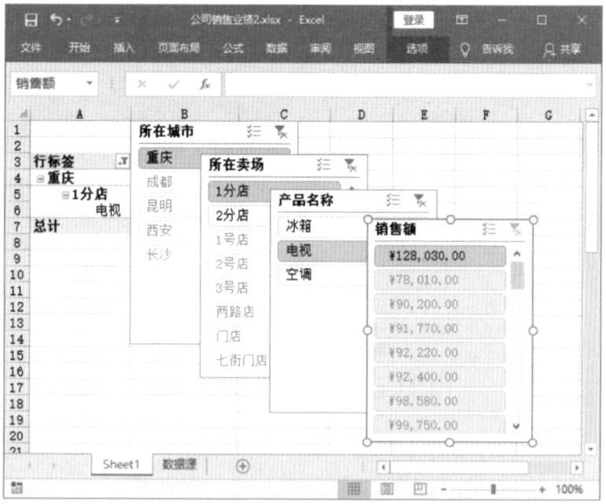

图6-56 查看筛选结果

3 清除筛选器

在切片器中筛选数据后，如果需要清除筛选结果，方法主要有以下几种。

» 选中要清除筛选的切片器筛选框，按下Alt+C组合键，可以清除筛选器。

» 单击相应筛选框右上角的【清除筛选器】按钮，如图6-57所示。

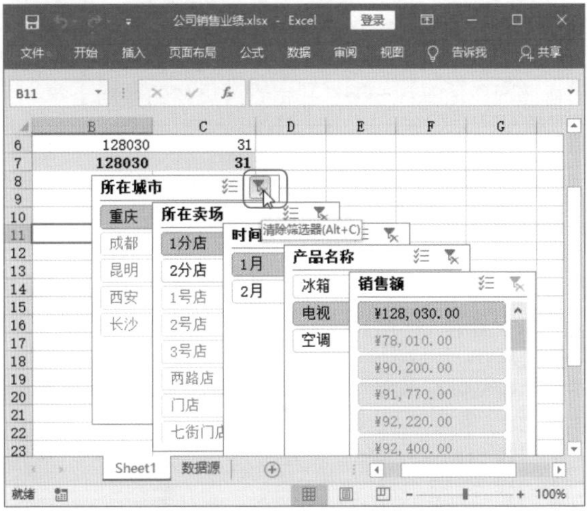

图6-57 单击【清除筛选器】按钮取消

» 使用鼠标右键单击相应的切片器，在弹出的快捷菜单中选择【从"（切片器名称）"中清除筛选器】命令即可，如图6-58所示。

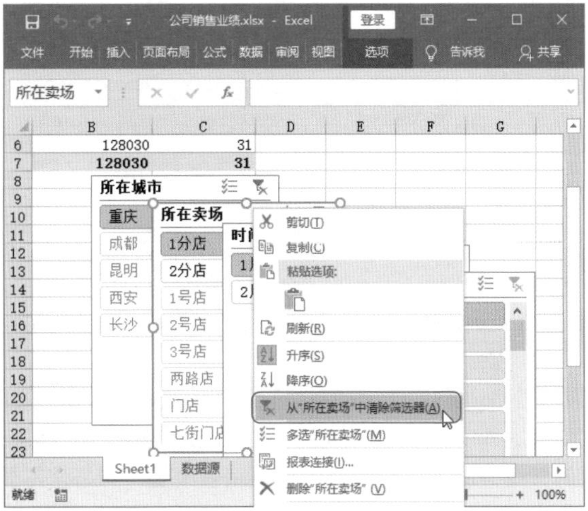

图6-58 选择命令取消

6.4 创建你的数据透视图

张经理

小李，这一年的销售情况你给统计一下，我得看看具体的数据走向。

小李

张经理，这一年的销售统计表已经完成了，就是数据量有点大，您慢慢看！

3	行标签	求和项:第一季度（¥）	求和项:第二季度（¥）	求和项:第三季度（¥）	求和项:第四季度（¥）
4	**成都**	**978924**	**1104710**	**1103048**	**1008538.5**
5	艾张婷	225404.5	223408	227107	224140.5
6	程 丽	171953	310132	243432	216665
7	郭 英	337580.5	334370	332789	334371
8	王号弥	243986	236800	299720	233362
9	**贵阳**	**1553661**	**1853001**	**2334955**	**1942168.5**
10	白 丽	330789	334107.5	335148.5	333674.5
11	陈 嫣	225671	219138.5	225271.5	220049
12	陈际鑫	217470	245786	450631	348736
13	胡委航	216694	233588	351361	257722
14	李君倩	147861	253527	314463	218696
15	李市芬	248913	222769	299396	338211
16	马品刚	166263	344085	358684	225080
17	**昆明**	**1875811**	**2568007.5**	**2359257.5**	**3065585**
18	蔡晓莉	195557	291230	312800	234132
19	邓 华	199109	363776	432789	367972
20	韩 笑	330789	334107.5	335148.5	333674.5
21	李 彤	114044	240927	235805	340153
22	孙得位	148339	288380	217588	483458
23	谢语宇	219207	220120	139010	335148.5
24	张 力	258760	241723	228646	459820
25	张思意	159749	239301	315141	245756
26	郑 同	250257	348443	142330	265471
27	**重庆**	**1502783**	**2225582.5**	**2429141.5**	**2863861**
28	陈玲玉	123304	186870	329850	381428
29	蒋 风	304354	334745.5	334308.5	333804
30	李东梅	221147	222909	364876	375600
31	刘 倩	142778	313908	233732	344200
32	韦 妮	198035	354897	293148	322603
33	杨 丽	115980	212800	225670	333143
34	赵 方	154605	344453	269169	397716
35	周兰亭	242580	255000	378388	375367
36	**总计**	**5911179**	**7751301**	**8226402**	**8880153**

张经理

小李，你这样的数据透视表合适吗？ 难道你不会用数据透视图？

对于数据透视图，我有几点要求。

（1）我**不要明细数据**，那是你应该看的，我**只要数据走向**，数据透视图会做吗？

（2）数据透视图和数据透视表放在一起晃花了眼，**移动到图表工作表吧！**

（3）数据透视表的数据改变了，数据透视图也跟着改变，**想办法不要让数据透视图的数据变来变去。**

6.4.1 使用数据透视表创建数据透视图

张经理

小李，把去年的产品销售情况统计一下，注意，做一个数据透视图出来，我不要看密密麻麻的数据。

小李

数据分析难道不应该以数据为先吗？数据透视图可以表达清楚吗？

王Sir

小李，数据透视图可以说是查看数据最直观的方法了。

如果要查看数据的对比关系、分析数据的起浮规律、分析几组数据的变化等，都可以使用数据透视图。

创建数据透视图的方法很简单，只需要动动鼠标就可以了。

如果已经创建了数据透视表，可以根据数据透视表中的数据来创建数据透视图。例如，要在“产品销售管理系统”工作簿中创建数据透视图，操作方法如下。

Step01：单击【数据透视图】按钮。❶选中数据透视表中的任意单元格，❷单击【数据透视表工具/分析】选项卡的【工具】组中的【数据透视图】按钮，如图6-59所示。

Step02：选择图表类型。打开【插入图表】对话框，❶在左侧的列表中选择图表类型，如【柱形图】，❷在右侧选择柱形图的样式，如【簇状柱形图】，❸单击【确定】按钮，如图6-60所示。

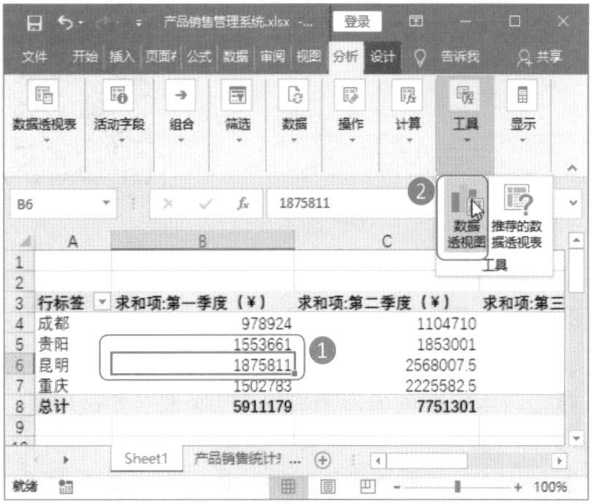

图6-59 单击【数据透视图】按钮

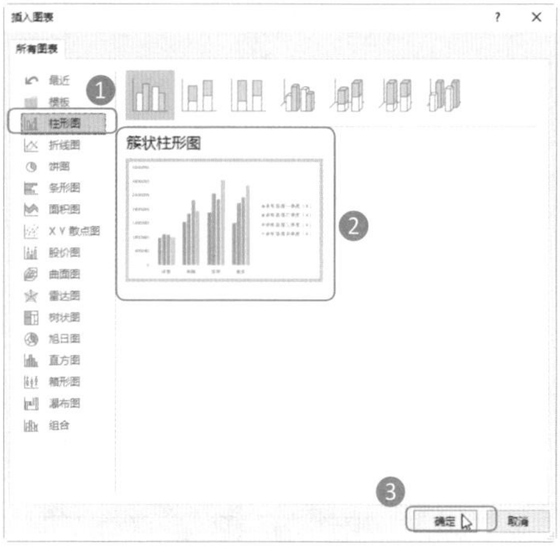

图6-60 选择图表类型

Step03：查看数据透视图。返回数据透视表，即可查看创建的数据透视图，如图6-61所示。

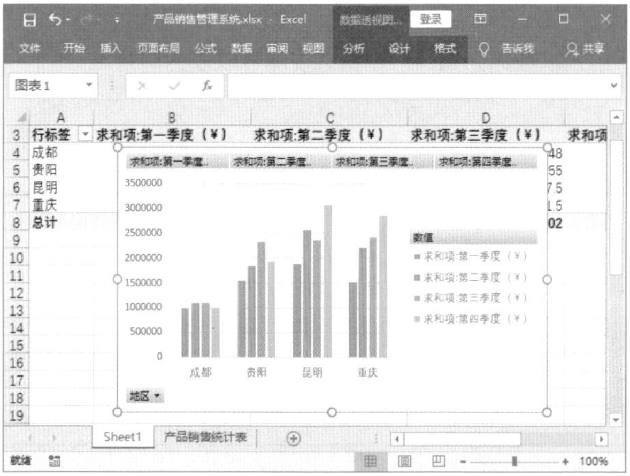

图6-61 查看数据透视图

6.4.2 把数据透视图移动到图表工作表

小李

王Sir，我看到有些数据透视图会随着Excel窗口的大小变化，是怎么做到的？

王Sir

小李，你看到的应该是把图表放置在图表工作表中了。

其实，把数据透视图放置在单独的图表工作表中，不仅仅是可以随着窗口变化大小这一特点，有很多场合并不适合把数据展示出来，如果有单独的图表工作表，**不仅方便查看和控制图表，还能保护数据的安全。**

如果要把数据透视图移动到图表工作表中，打开【移动图表】对话框，然后执行移动操作就可以了。

例如，在“产品销售管理系统1”工作簿中将图表移动到新工作表中，操作方法如下。

Step01：单击【移动图表】按钮。①选择图表，②单击【数据透视图选项/设计】选项卡的【位置】组中的【移动图表】按钮，如图6-62所示。

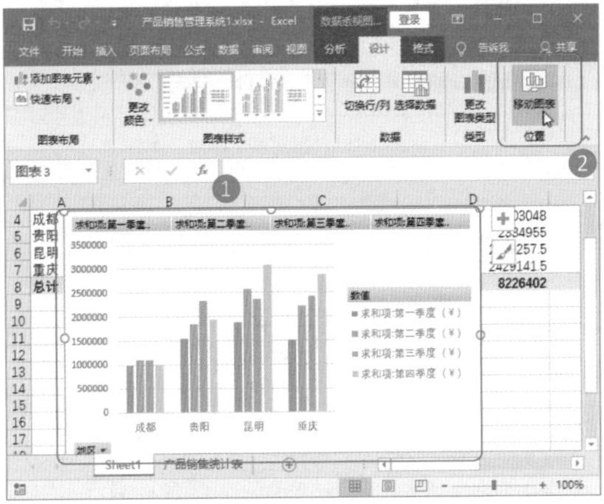

图6-62 单击【移动图表】按钮

Step02：选择图表位置。打开【移动图表】对话框，①单击【新工作表】单选按钮，并在右侧的文本框中输入新工作表的名称（也可以不输入，默认为Chart1），②单击【确定】按钮，如图6-63所示。

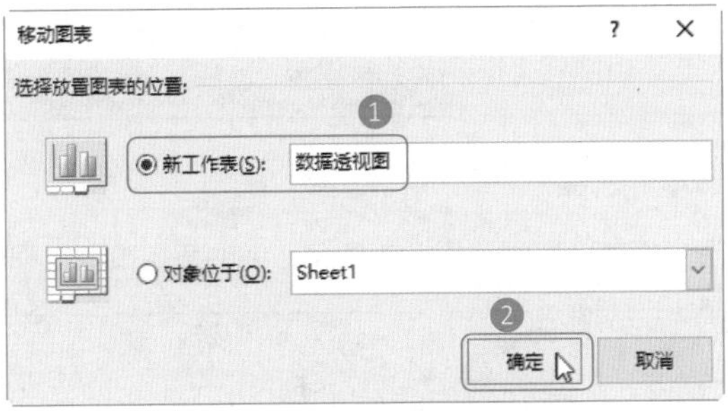

图6-63 选择图表位置

Step03：查看图表工作表。操作完成后，返回工作簿中，即可查看到已经新建了一个工作表，并将数据透视图移动到了新的工作表中，如图6-64所示。

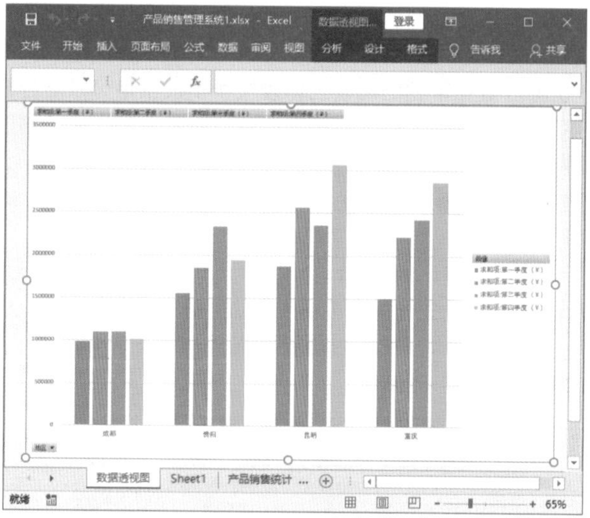

图6-64 查看图表工作表

温馨提示

如果将图表工作表中的数据透视图再次移动到普通工作表中，移动后的图表工作表将会被自动删除。

6.4.3 将数据透视图转为图片形式

小李

王Sir，我这个数据透视图怎么变得跟以前不同了？我的原始数据透视图去哪里了？

王Sir

小李，在Excel中，数据透视图基于数据透视表创建，是一种动态图表，与其相关联的数据透视表发生了改变，数据透视图也将同步发生变化。

如果需要获得一张静态的、不受数据透视表变动影响的数据透视图，可以将数据透视图转为静态图表，断开与数据透视表的连接。

要将数据透视图转为静态图表，最直接的方法就是将其转化为图片形式保存。

例如，要在“固定资产分析2”工作簿中将图表转换为图片形式，操作方法如下。

Step01：单击【复制】按钮。❶选择要复制的数据透视图，❷单击【开始】选项卡的【剪贴板】组中的【复制】按钮，如图6-65所示。

Step02：选择【选择性粘贴】命令。❶切换到目标工作表，选中目标位置，❷单击【开始】选项卡的【剪贴板】组中的【粘贴】下拉按钮，❸在弹出的下拉菜单中选择【选择性粘贴】命令，如图6-66所示。

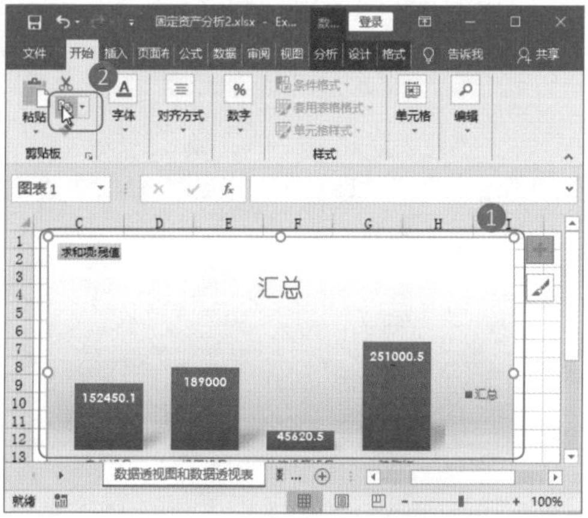

图6-65 单击【复制】按钮

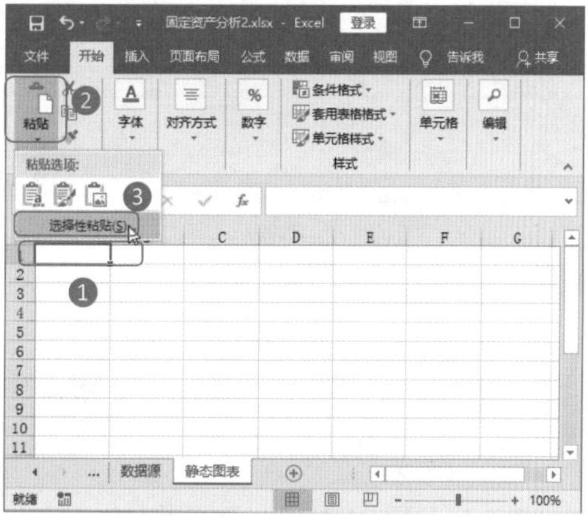

图6-66 选择【选择性粘贴】命令

Step03：选择图片格式。打开【选择性粘贴】对话框，❶在【方式】列表框中选择需要的图片格式，❷单击【确定】按钮，如图6-67所示。

Step04：查看图片。返回工作表，即可看到复制的数据透视图以图片形式保存在工作表中，源数据透视表发生任何变动都不会影响到该数据透视图图片，如图6-68所示。

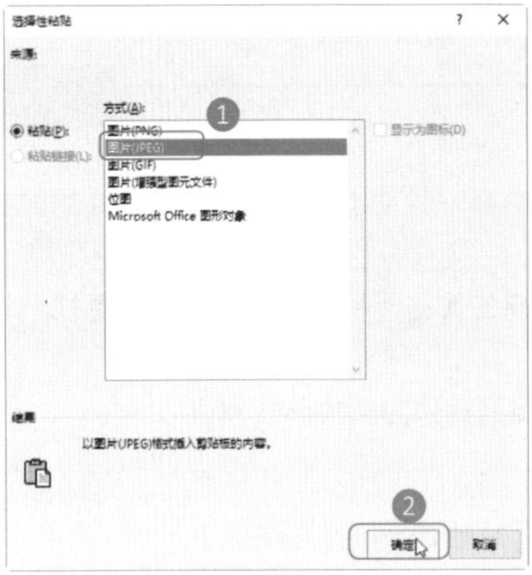

图6-67 选择图片格式

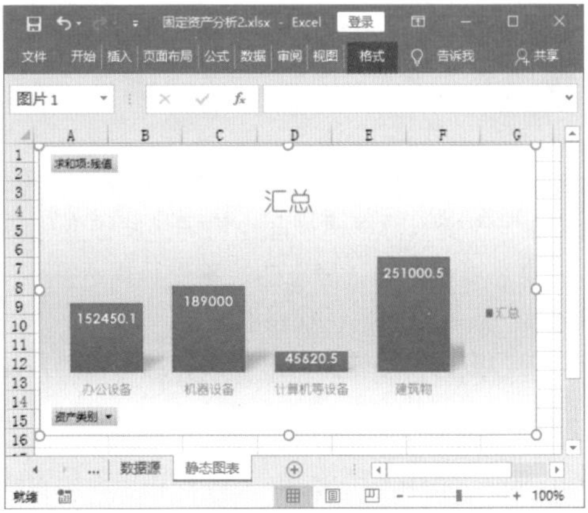

图6-68 查看图片

温馨提示

将数据透视图转化为图片形式保存后，将无法再以图表的方式修改其中的数据内容。

CHAPTER 7

数据预算与决算，Excel中这样做

小 李

在学习Excel的时候，我对Excel的认知是：可以记录、计算、排序、筛选、汇总数据。

所以，当张经理让我对数据做出预算和决算时，我有点懵圈，Excel还可以这样用吗？

王Sir不愧是使用Excel多年的江湖老手，三两下就解决了我的难题。

事实证明，Excel确实是处理数据的多面手，不仅可以使用模拟运算表进行假设分析，还可以使用规划求解计算最佳方案。

看来，Excel我要学的还很多。

很多人对Excel都有误解，认为其功能不过如此，实际上是你不会用而已。

在对表格中的数据进行分析时，常常需要对数据的变化情况进行模拟，并分析和查看数据变化之后所导致的其他数据变化的结果。

在生产和经营决策过程中，也会遇到需要安排人力、物力、财力的两难时刻。

此时，使用模拟运算表和规划分析可以完美解决遇到的问题。

所以，对于Excel我要说的是——学无止境。

王 Sir

7.1 使用模拟运算表

张经理

小李，我让你预测的数据什么时候才能做好？

小李

张经理，数据比较复杂，我还在算，你稍微等一下。

张经理

小李，你说的算就是用计算器计算吗？难道你不知道Excel有预算的功能吗？

（1）知道怎样用变量求解计算要加价的百分比吗？

（2）知道怎样计算不同利率下的贷款额吗？

（3）知道怎样计算不同年限、不同利率情况下的利息额吗？

7.1.1 进行单变量求解

张经理

小李，公司的新产品进价是1250元，销售费用是12元，你分析一下，利润300元时销售价要加百分之几才可以。

小 李

王Sir，张经理今年给我的第一个新任务就那么难，快帮帮我吧！

王Sir

小李，先不要着急，其实这个问题很好解决。

张经理给你布置这个任务，是要让你了解变量求解。

变量求解就是求解具有一个变量的方程，它**通过调整可变单元格中的数值，使之按照给定的公式来满足目标单元格中的目标值。**

例如，在“单变量求解”工作簿中，公司的新产品进价为1250元，销售费用为12元，要计算销售利润在不同情况下的加价百分比，具体操作方法如下。

Step01：输入公式。在工作表中选中【B4】单元格，输入公式：“=B1*B2-B3”，然后按下Enter键确认，如图7-1所示。

Step02：单击【单变量求解】选项。❶选中【B4】单元格，❷单击【数据】选项卡的【预测】组中的【模拟分析】按钮，❸在弹出的下拉列表中单击【单变量求解】选项，如图7-2所示。

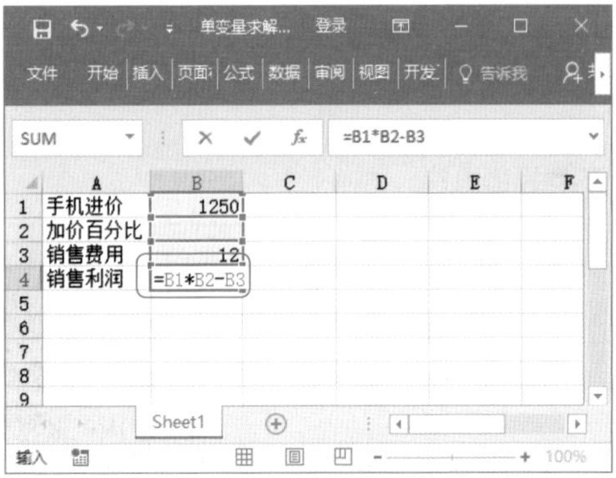

图7-1 输入公式

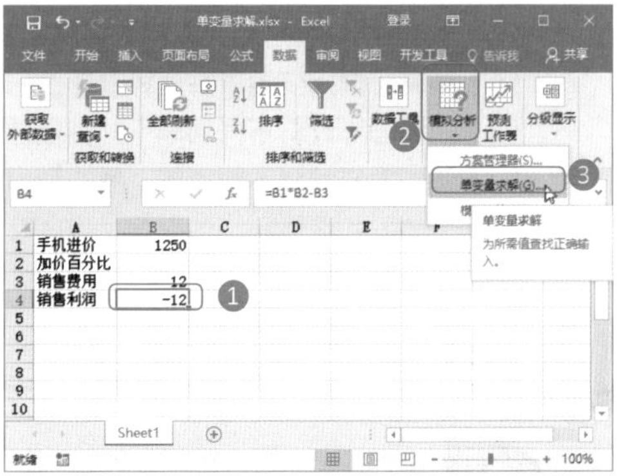

图7-2 单击【单变量求解】选项

Step03：设置参数。弹出【单变量求解】对话框，❶在【目标值】单元格中输入理想的利润值，本例输入“300”，❷在【可变单元格】中输入“$B$2”，❸单击【确定】按钮，如图7-3所示。

Step04：单击【确定】按钮。弹出【单变量求解状态】对话框，单击【确定】按钮，如图7-4所示。

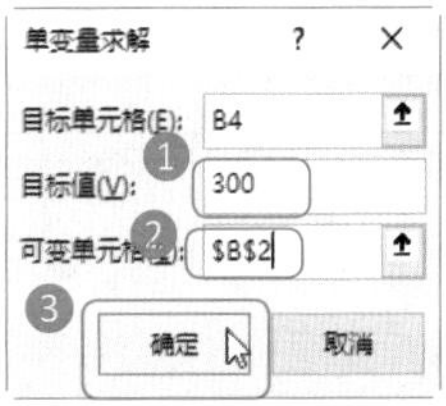

图7-3 设置参数

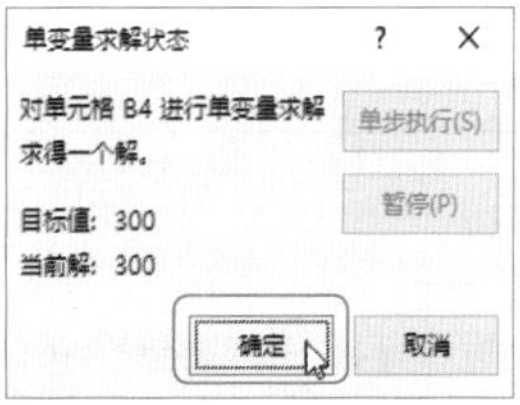

图7-4 单击【确定】按钮

Step05：查看结果。返回工作表，即可计算出销售利润为300元时的加价百分比，如图7-5所示。

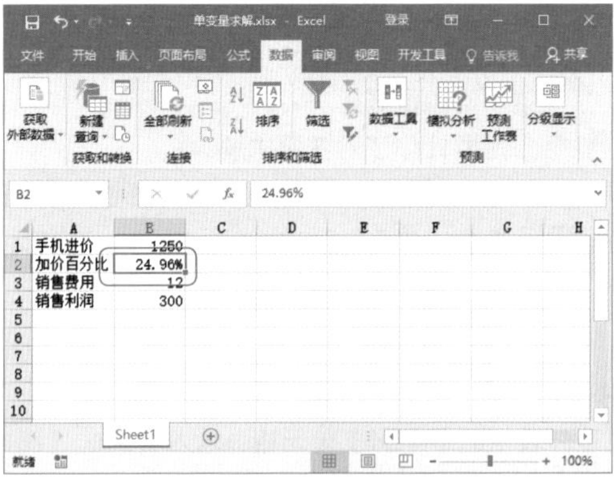

图7-5 查看结果

7.1.2 使用单变量模拟运算表分析数据

张经理

小李，有个客户向银行借了50万元，你给他算一下不同【年利率】下的【等额还款额】。

小李

王Sir，新任务来了，请指教！

王Sir

小李，这种情况下你可以通过模拟运算表分析数据。

通过模拟运算表，**可以在给出一个或两个变量的可能取值时来查看某个目标值的变化情况**。

根据使用变量的多少，可分为单变量和双变量两种，这个任务你用单变量就可以了。

例如，在“单变量模拟运算表”中，假设某人向银行贷款50万元，借款年限为15年，每年还款期数为1期，现在计算不同【年利率】下的【等额还款额】，具体操作方法如下。

Step01：输入公式。选中【F2】单元格，输入公式“=PMT(B2/D2,E2,-A2)”，按下Enter键得出计算结果，如图7-6所示。

Step02：输入公式。选中【B5】单元格，输入公式“=PMT(B2/D2,E2,-A2)”，按下Enter键得出计算结果，如图7-7所示。

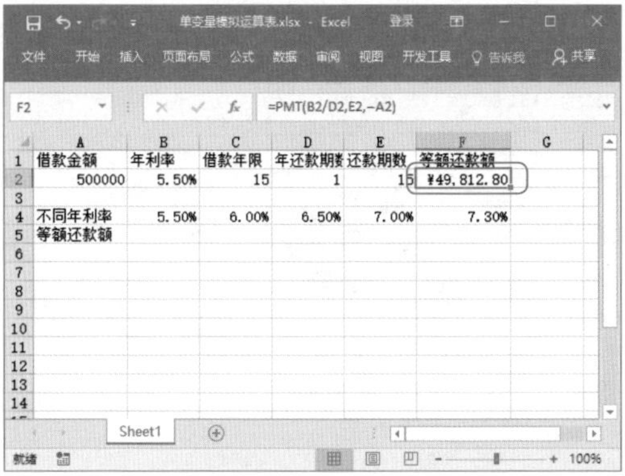

	A	B	C	D	E	F
1	借款金额	年利率	借款年限	年还款期数	还款期数	等额还款额
2	500000	5.50%	15	1	15	¥49,812.80
3						
4	不同年利率	5.50%	6.00%	6.50%	7.00%	7.30%
5	等额还款额					

图7-6 输入公式（1）

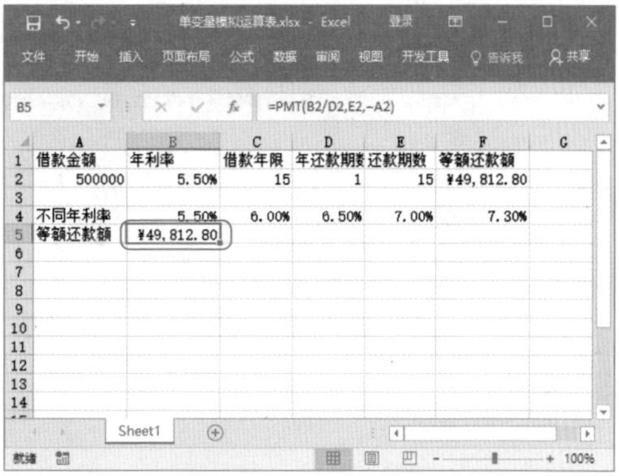

	A	B	C	D	E	F
1	借款金额	年利率	借款年限	年还款期数	还款期数	等额还款额
2	500000	5.50%	15	1	15	¥49,812.80
3						
4	不同年利率	5.50%	6.00%	6.50%	7.00%	7.30%
5	等额还款额	¥49,812.80				

图7-7 输入公式（2）

Step03：单击【模拟运算表】选项。❶选中【B4:F5】单元格区域，❷单击【数据】选项卡的【数据工具】组中的【模拟分析】下拉按钮，❸在弹出的下拉列表中单击【模拟运算表】选项，如图7-8所示。

Step04：设置参数。弹出【模拟运算表】对话框，❶将光标插入点定位到【输入引用行的单元格】参数框，在工作表中选择要引用的单元格，❷单击【确定】按钮，如图7-9所示。

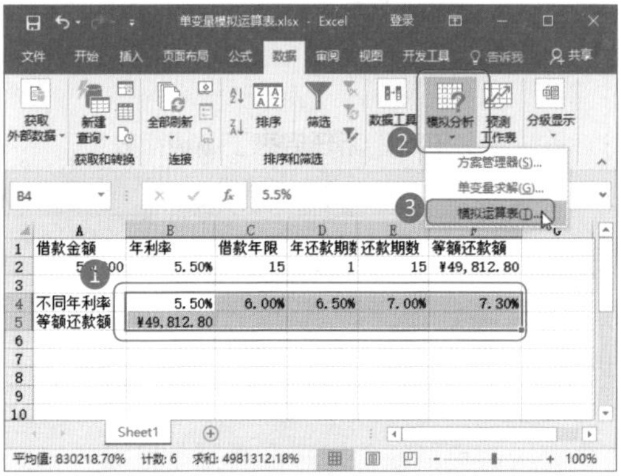

图7-8 单击【模拟运算表】选项

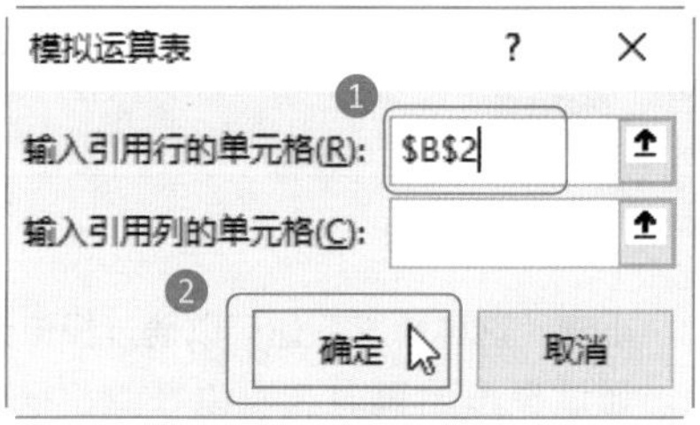

图7-9 设置参数

Step05：查看结果。进行上述操作后，即可计算出不同【年利率】下的【等额还款额】，然后将这些计算结果的数字格式设置为【货币】，如图7-10所示。

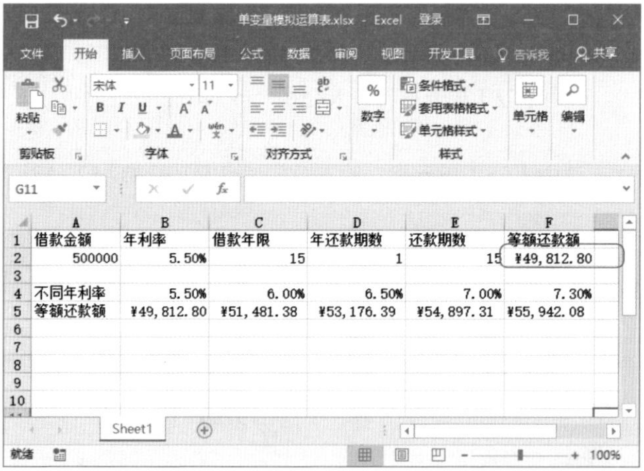

图7-10 查看结果

7.1.3 使用双变量模拟运算表分析数据

张经理

小李，有个客户要向银行贷款，你帮他计算一下不同【借款金额】和不同【还款期数】下的【等额还款额】。

小李

王Sir，这个任务还可以用单变量求解的方法吗？

王Sir

小李，使用单变量模拟运算表时，只能解决一个输入变量对一个或多个公式计算结果的影响问题。

你的新任务明显**有两个变量对公式计算结果的影响**，所以，这个时候就需用使用双变量模拟运算表。

例如，在“双变量模拟运算表”中，假设借款年限为15年，年利率为6.5%，每年还款期数为1，现要计算不同【借款金额】和不同【还款期数】下的【等额还款额】，具体操作方法如下。

Step01：输入公式。选中【F2】单元格，输入公式“=PMT(B2/D2,E2,-A2)”，按下Enter键得出计算结果，如图7-11所示。

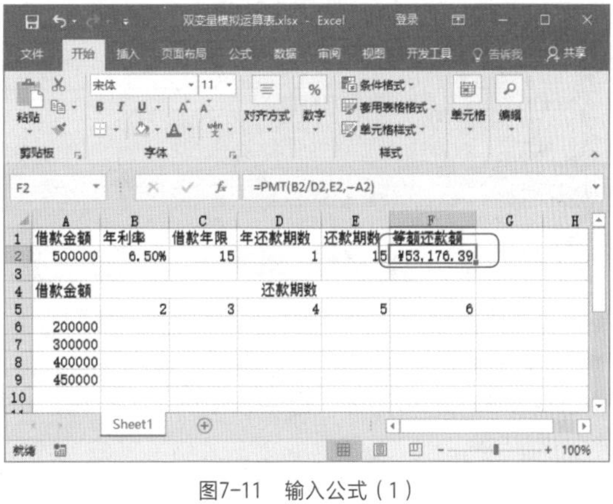

图7-11 输入公式（1）

Step02：输入公式。选中【A5】单元格，输入公式“=PMT(B2/D2,E2,-A2)”，按下Enter键得出计算结果，如图7-12所示。

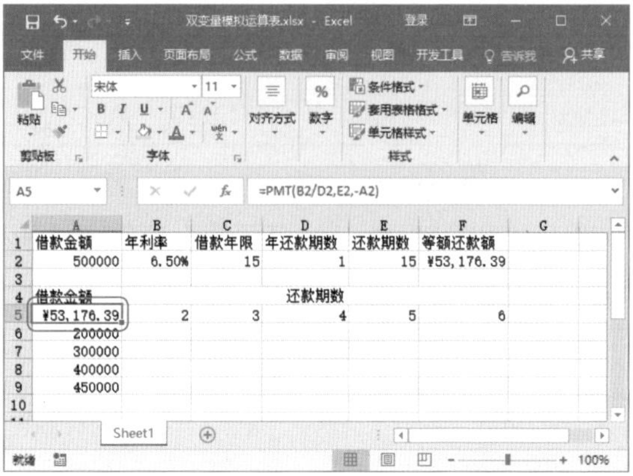

图7-12 输入公式（2）

Step03：选择【模拟运算表】选项。❶选中【A5:F9】单元格区域，❷单击【数据】选项卡的【数据工具】组中的【模拟分析】下拉按钮，❸在弹出的下拉列表中选择【模拟运算表】选项，如图7-13所示。

Step04：选择要引用的单元格。弹出【模拟运算表】对话框，将光标插入点定位到【输入引用行的单元格】参数框，在工作表中选择要引用的单元格，如图7-14所示。

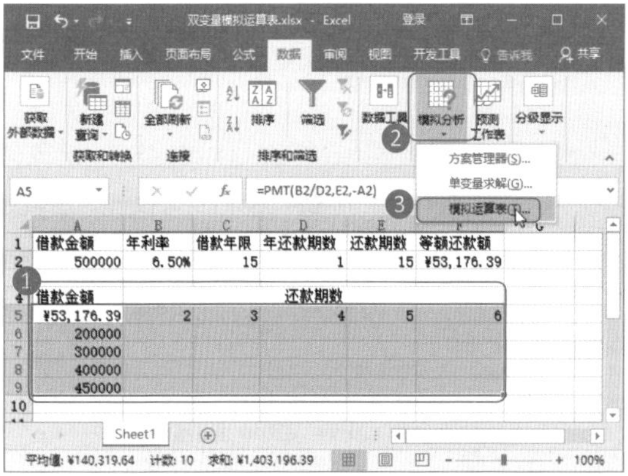

图7-13 选择【模拟运算表】选项

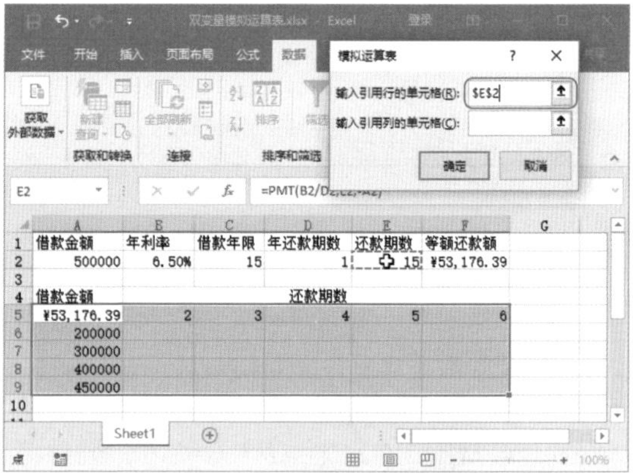

图7-14 选择要引用的单元格

Step05：单击【确定】按钮。❶将光标插入点定位到【输入引用列的单元格】参数框，在工作表中选择要引用的单元格，❷单击【确定】按钮，如图7-15所示。

Step06：查看结果。进行上述操作后，即可在工作表中计算出不同【借款金额】和不同【还款期数】下的【等额还款额】，然后将这些计算结果的数字格式设置为【货币】，如图7-16所示。

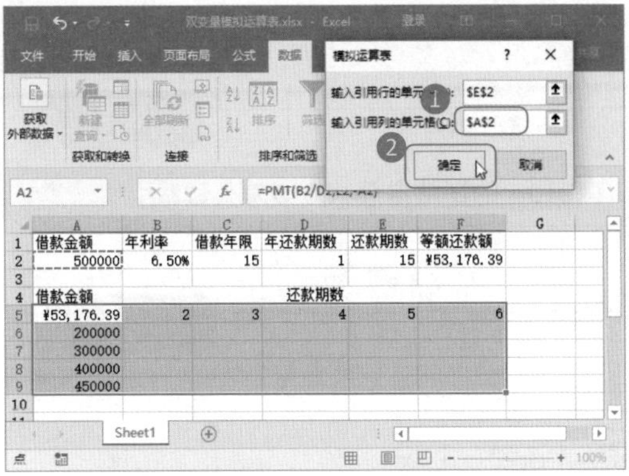

图7-15 单击【确定】按钮

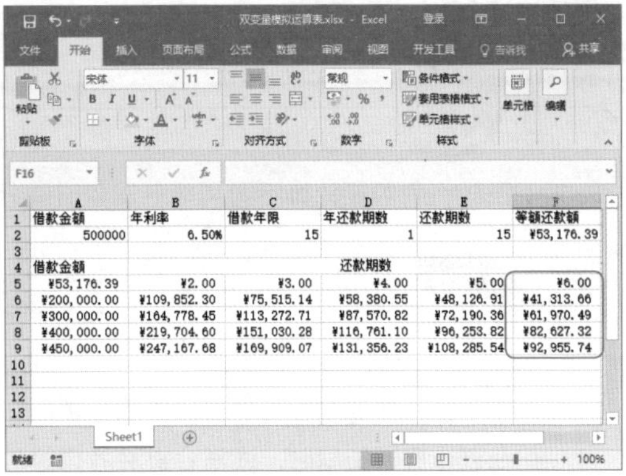

图7-16 查看结果

7.2 使用方案运算

小李

张经理，贷款年率5.5的利率数据已经算出来了，其他的利率数据我正在做。

贷款年率	贷款金额	贷款时间	还款方式
5.50%	450000	5	等本
利息总额	利息本金比	平均每年利息	
62906.25	13.98%	12581.25	

张经理

小李，我要查看的是不同还款期限、不同利率下的利息，你这样一次做一个表格，让我怎么对比呢？

建议你**使用方案管理器**，一次性创建所有方案，然后生成报告交给我。

7.2.1 创建方案

小李

王Sir，我需要计算不同利率下贷款时间分别是5年和10年的还款金额，应该怎么做？

王Sir

小李，张经理是要让你计算房屋贷款的还款方式。
在进行房屋贷款时，通常会重点考虑等额还款或等本还款方式。
此外，贷款在5年内的利率与5年以上的利率有所不同，也是用户会考虑的因素之一。
这时，**使用方案管理器可以非常方便地以不同的贷款方式作为分析对象进行对比分析。**

例如，在“房屋贷款方式分析”工作簿中，以45万元的公积金贷款为例，5年期以下的年利率假定为5.5%，5年期以上的年利率假定为6.2%，现在分别以5年还款、20年还款以及等本、等额还款等4种方式进行分析比较，具体操作方法如下。

Step01：输入公式。在A5单元格中输入公式“=IF(D2="等额",PMT(A2/12,C2*12, -B2,,)*C2*12-B2,(B2*C2*12+B2)/2*A2/12)”，在“B5”单元格中输入公式“=A5/B2”，在C5单元格中输入公式“=A5/C2”，如图7-17所示。

Step02：定义单元格名称。分别为工作表中的单元格定义名称，如图7-18所示。

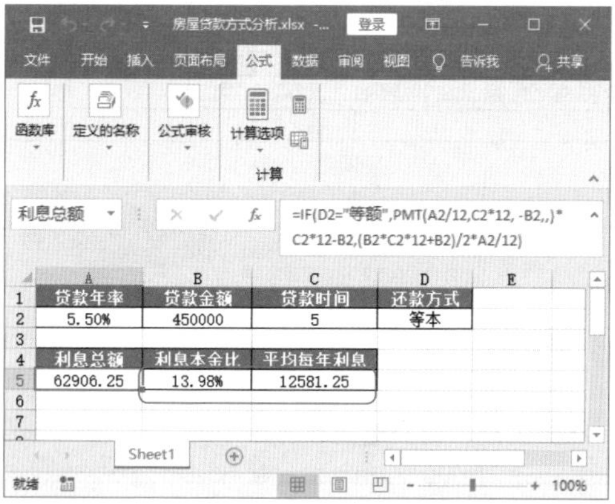

图7-17 输入公式

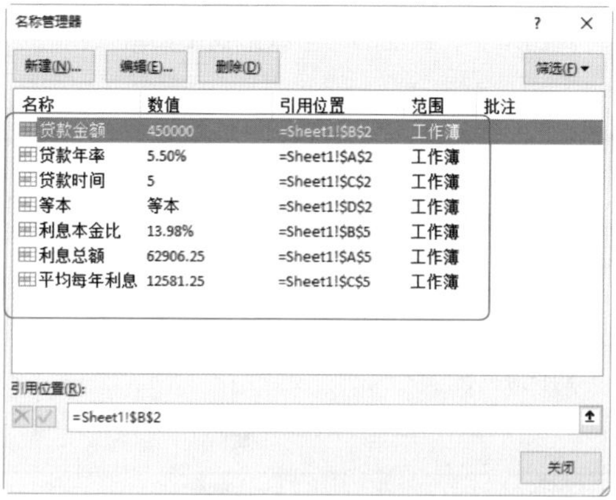

图7-18 定义单元格名称

Step03：选择【方案管理器】命令。❶单击【数据】选项卡的【预测】组中的【模拟分析】下拉按钮，❷在弹出的下拉菜单中选择【方案管理器】命令，如图7-19所示。

Step04：单击【添加】按钮。打开【方案管理器】对话框，单击【添加】按钮，如图7-20所示。

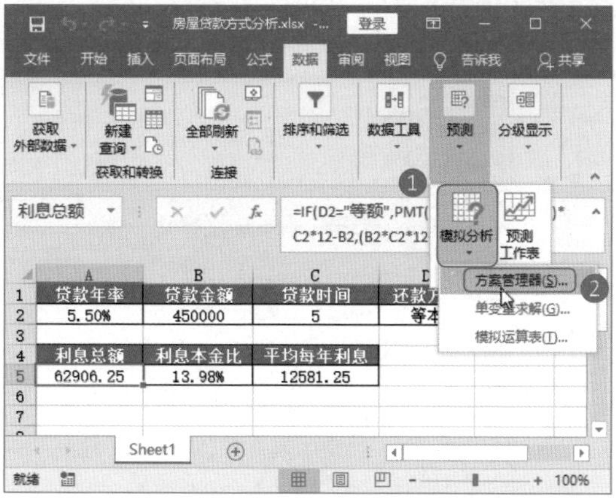

图7-19　选择【方案管理器】命令

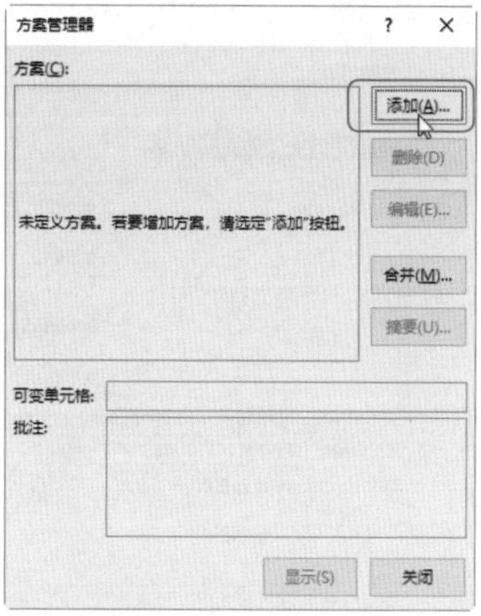

图7-20　单击【添加】按钮

Step05：设置方案名称。弹出【编辑方案】对话框，❶在【方案名】文本框中输入“等额5年期”，❷在【可变单元格】参数框中设置参数“$A$2,$C$2:$D$2”，❸单击【确定】按钮，如图7-21所示。

Step06：设置方案参数。弹出【方案变量值】对话框，❶分别设置相应的参数，❷单击【确定】按钮，如图7-22所示。

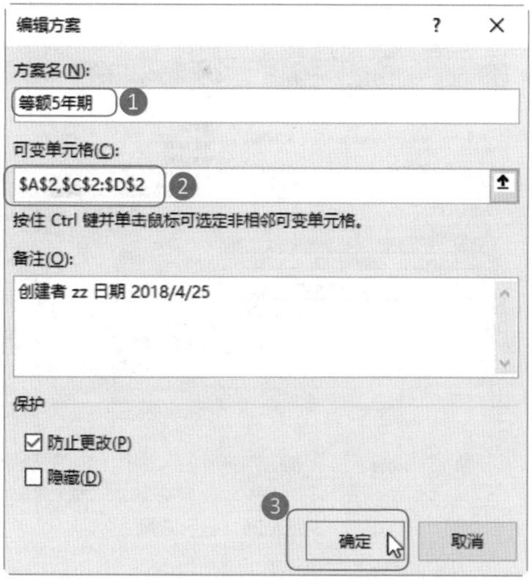

图7-21　设置方案名称

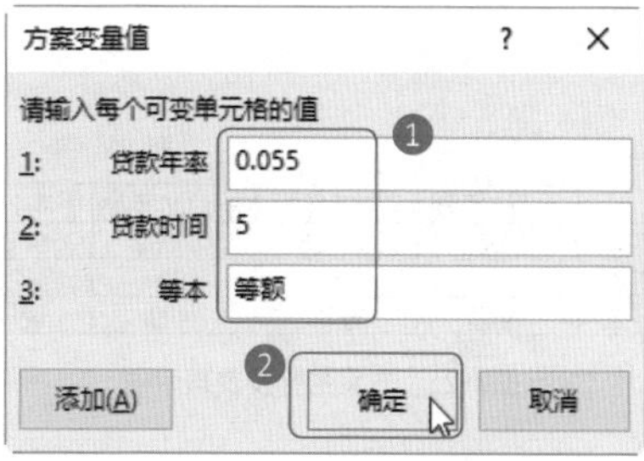

图7-22　设置方案参数

Step07：查看方案。返回【方案管理器】对话框，可看见添加了【等额5年期】方案，单击【添加】按钮，如图7-23所示。

Step08：添加其他方案。打开【添加方案】对话框，然后依次添加其他方案，❶输入方案名称，设置【可变单元格】的参数为“A2,C2:D2”，❷单击【确定】按钮，如图7-24所示。

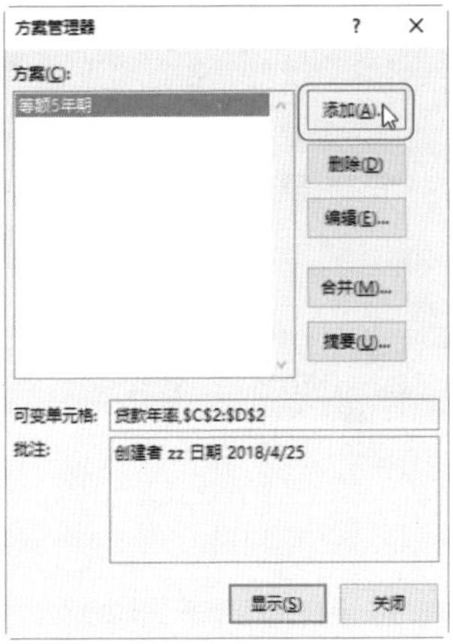

图7-23　查看方案

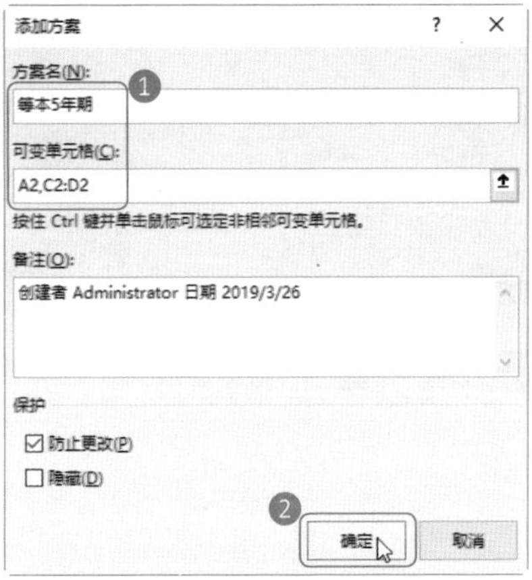

图7-24　添加其他方案

Step09：方案名称及变量取值。在打开的【方案变量值】对话框中设置相应的参数，各个方案的名称及变量取值如图7-25所示。

Step10：显示方案。操作完成后，即可查看到所有方案已经添加到方案管理器中，如果要查看方案，则单击【方案管理器】对话框中的【显示】按钮，在表格中即可显示该方案的结果，如图7-26所示。

	等额5年期	等本5年期	等额20年期	等本20年期
贷款年率	0.055	0.055	0.062	0.062
贷款时间	5	5	20	20
还款方式	等额	等本	等额	等本

图7-25　方案名称及变量取值

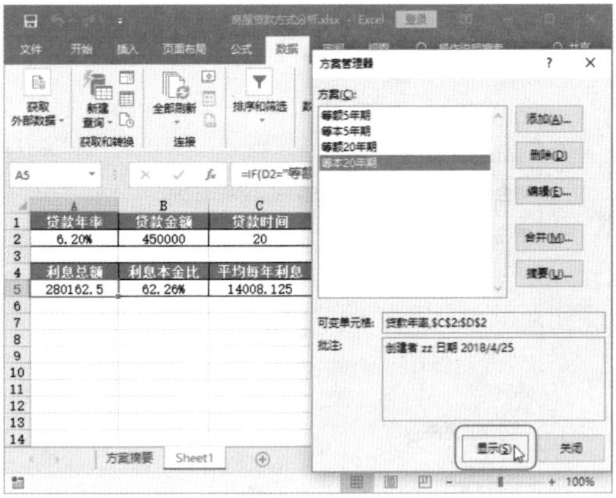

图7-26　显示方案

7.2.2 编辑与删除方案

小李

王Sir，如果方案的取值输入错误了，我可以更改吗？

王Sir

小李，当然可以。

方案都是在不断更改中渐渐完善的，**如果觉得数据不合适，可以及时更改。**

如果觉得**某个方案已经不再需要，也需要立即删除**，以免影响数据分析。

如果要更改和删除方案，具体操作方法如下。

Step01：单击【编辑】按钮。打开【方案管理器】对话框，❶在【方案】列表框中选择需要修改的方案名称，❷单击【编辑】按钮，如图7-27所示。

Step02：更改方案名。打开【编辑方案】对话框，❶更改方案名（本例保持方案名不变），❷单击【确定】按钮，如图7-28所示。

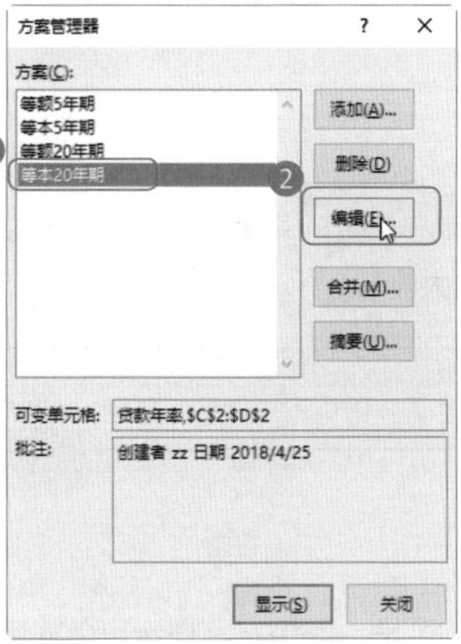

图7-27 单击【编辑】按钮

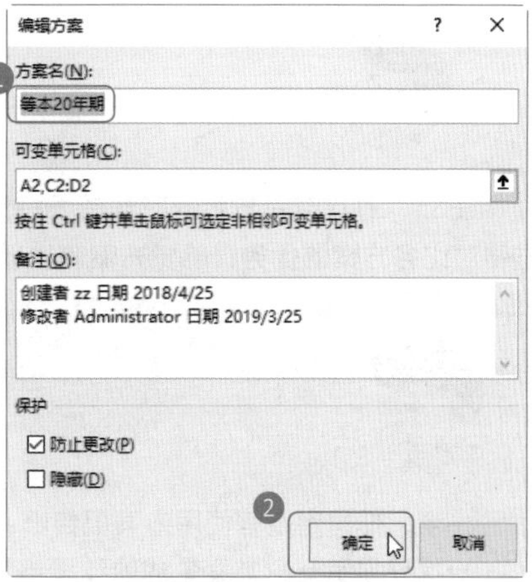

图7-28 更改方案名

Step03：更改方案变量值。打开【方案变量值】对话框，❶更改【贷款年率】单元格的值为“0.065”，❷单击【确定】按钮即可修改方案，如图7-29所示。

Step04：删除方案。如果要删除方案，❶在【方案管理器】对话框中选中需要删除的方案，❷单击【删除】按钮即可删除该方案，如图7-30所示。

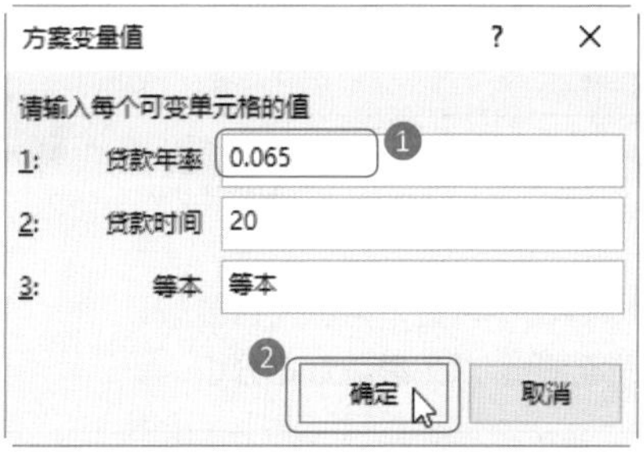

图7-29 更改方案变量值

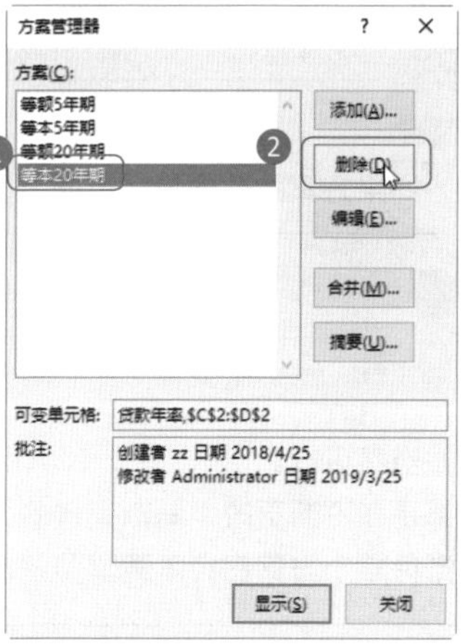

图7-30 删除方案

7.2.3 生成方案报告

小李

王Sir，每次查看方案的时候都要打开方案管理器才能显示，而且一次只显示一个方案，也不方便对比各方案的优劣，感觉方案管理器的作用也没有那么大嘛！

王Sir

小李，你肯定没有使用方案报告吧。

一次只显示一个方案生成的结果当然不利于对比数据，可是，**使用方案报告可以将所有方案显示在一个工作表中**，数据对比就一目了然了。

Step01：单击【摘要】按钮。打开【方案管理器】对话框，单击【摘要】按钮，如图7-31所示。

Step02：设置方案摘要参数。弹出【方案摘要】对话框，❶在【报表类型】栏中选择【方案摘要】单选按钮，❷在【结果单元格】参数框中设置参数“=$A$5:$C$5”，❸单击【确定】按钮，如图7-32所示。

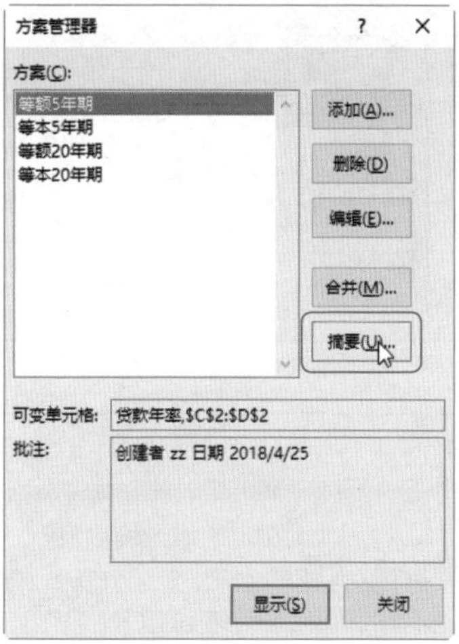

图7-31 单击【摘要】按钮

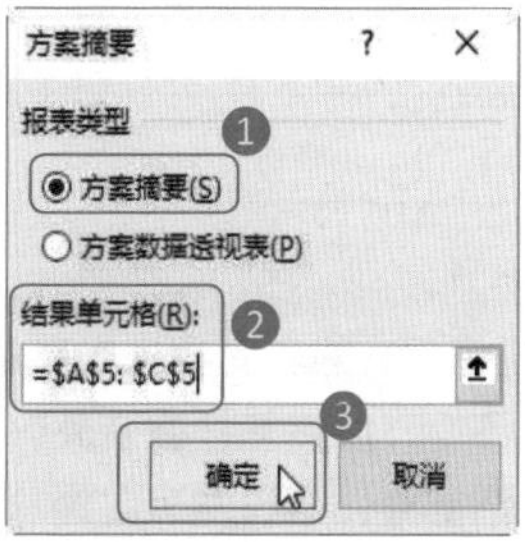

图7-32 设置方案摘要参数

Step03：查看方案报告。返回工作表，可看到自动创建了一个名为【方案摘要】的工作表，如图7-33所示。

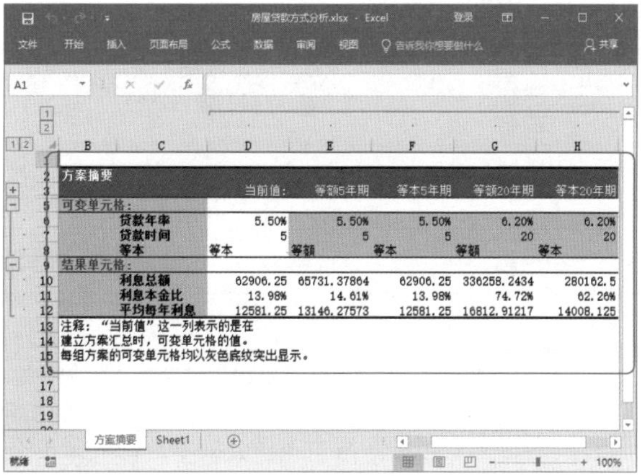

图7-33 查看方案报告

7.3 使用规划求解

小李

张经理，我把产品甲生产30件，产品乙生产18件的利润额算出来了。

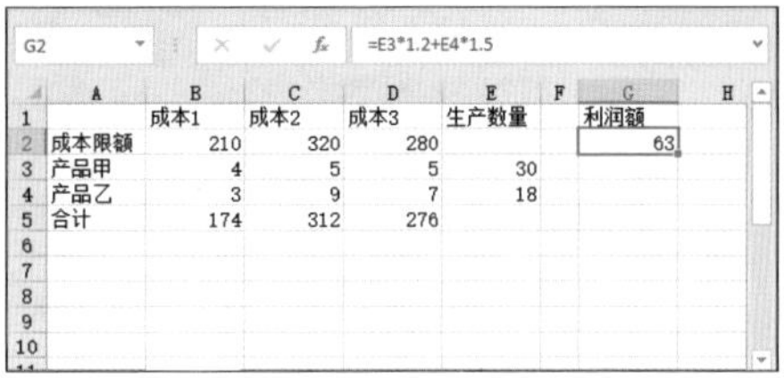

	A	B	C	D	E	F	G	H
1		成本1	成本2	成本3	生产数量		利润额	
2	成本限额	210	320	280			63	
3	产品甲	4	5	5	30			
4	产品乙	3	9	7	18			
5	合计	174	312	276				
6								
7								
8								
9								
10								

张经理

小李，你觉得现在的利润额已经是最大化了吗？

（1）如果不是，应该怎样**调节原料来达到利润的最大化。**

（2）如果**增加某件原料就可以提高产量**，那么增加哪种原料才可以？

7.3.1 加载规划求解工具

小李

王Sir，张经理说要让我计算一下，合理地调配资源，利用有限的人力、物力、财力等资源，得到最佳的经济效果，达到产量最高、利润最大、成本最小、资源消耗最少的目标，这太难了吧！

王Sir

小李，如果要计算你说的这些，可选方案太多了，要求解的变量也不止一个，用模拟运算表、方案管理器都没有办法得到准确的答案。

这种时候，你就应该使用规划求解工具了。

不过，默认情况下，**Excel并没有加载规划求解工具，你先手动加载规划求解工具吧。**

具体操作方法如下。

Step01：选择【选项】命令。选择【文件】选项卡中的【选项】命令，如图7-34所示。

Step02：单击【转到】按钮。打开【Excel选项】对话框，❶切换到【加载项】选项卡，❷在【Excel加载项】右侧单击【转到】按钮，如图7-35所示。

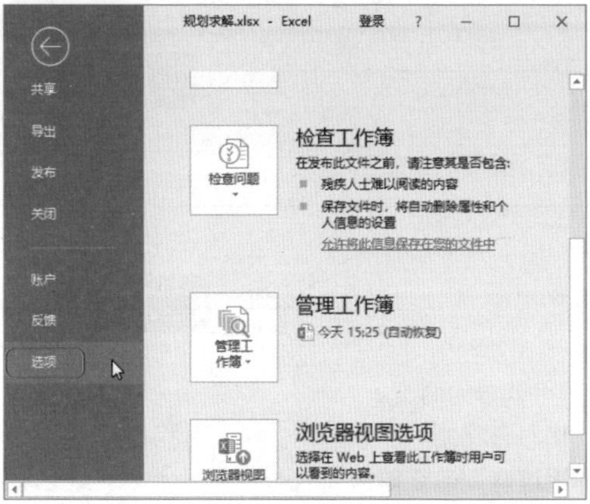

图7-34　选择【选项】命令

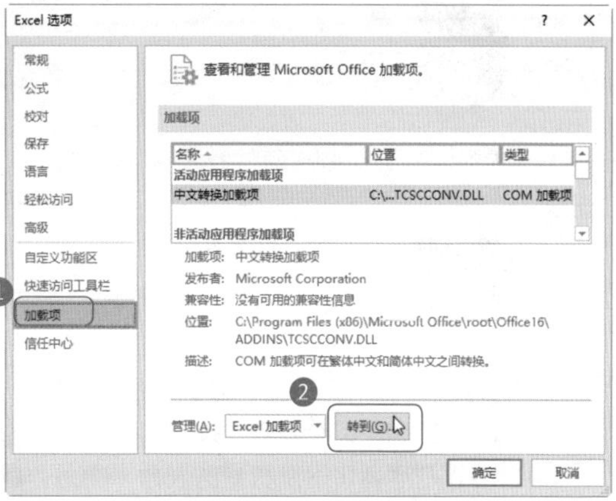

图7-35　单击【转到】按钮

Step03：勾选【规划求解加载项】复选框。打开【加载项】对话框，❶勾选【规划求解加载项】复选框，❷单击【确定】按钮，如图7-36所示。

Step04：查看功能按钮。返回工作表中，即可查看到【数据】选项卡中增加了【规划求解】功能，如图7-37所示。

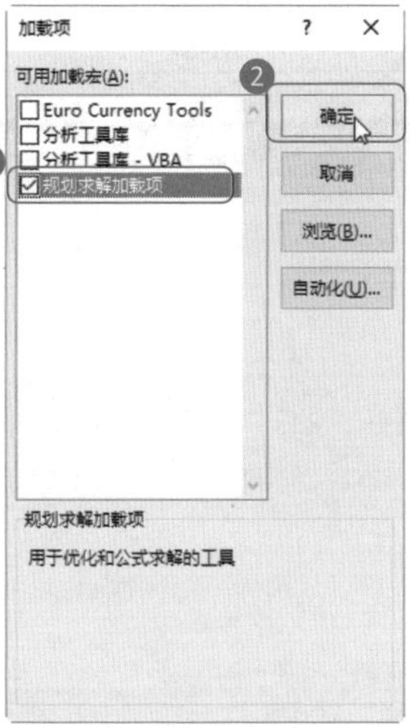

图7-36　勾选【规划求解加载项】复选框

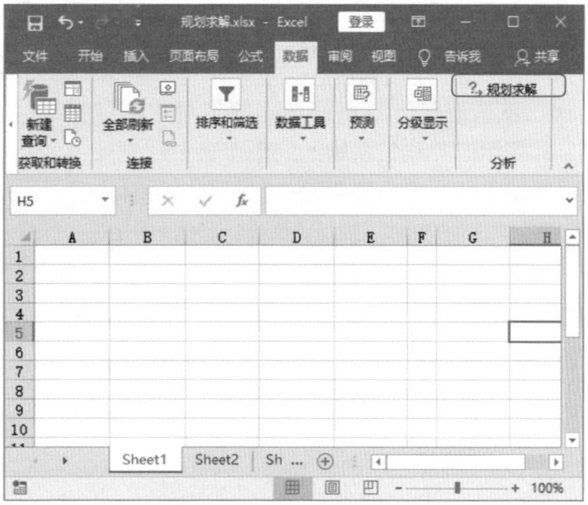

图7-37　查看功能按钮

7.3.2 规划模型求解

小李

王Sir，规划求解真的可以做到张经理的要求吗？我已经跃跃欲试了。

王Sir

小李，规划问题的种类很多，根据需要解决的问题可以分为两类。

（1）确定了某个任务，规划如何用最少的人力、物力去完成。

（2）已经有了一定数量的人力、物力，规划怎样用这些资源获得最大的利润。

而现在要解决的就是第二类问题。

例如，企业需要生产甲和乙两种产品，其中一件甲产品需要成本1—4kg、成本2—5kg、成本3—5kg，一件乙产品需要成本1—3kg、成本2—9kg、成本3—7kg，而现在已知每天成本的使用限额是成本1—210kg、成本2—320kg、成本3—280kg。根据预测，产品甲可以获利1.2万元，产品乙可以获利1.5万元。

现在，我们要做的就是规划如何生产才能在有限的成本下获得最大的利润。

1 建立工作表

规划求解的第一步是将规划模型有关的数据及用公式表示的关联关系输入到工作表中。例如，要在“规划求解”工作簿中建立工作表，具体操作方法如下。

Step01：计算成本1合计。在工作表中输入相关数据，生产数量暂时设置为30和18，B5单元格为成本1的消耗总量，其计算公式为“=B3*$E3+B4*$E4”，如图7-38所示。

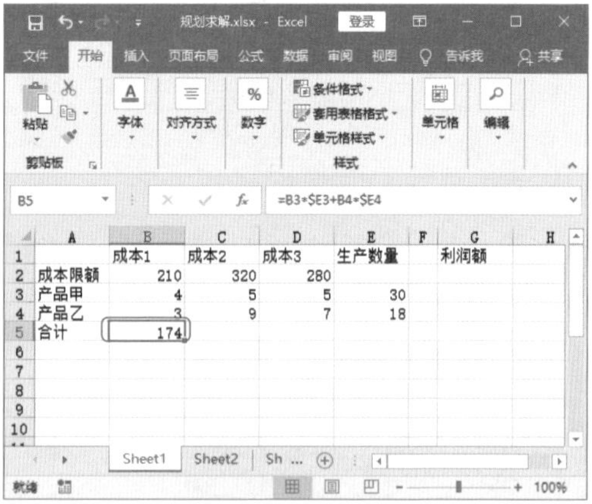

图7-38 计算成本1合计

Step02：计算利润额。❶将公式填充到C4:D5单元格区域，❷G2单元格为计算利润额的目标函数，其计算公式为“=E3*1.2+E4*1.5”，如图7-39所示。

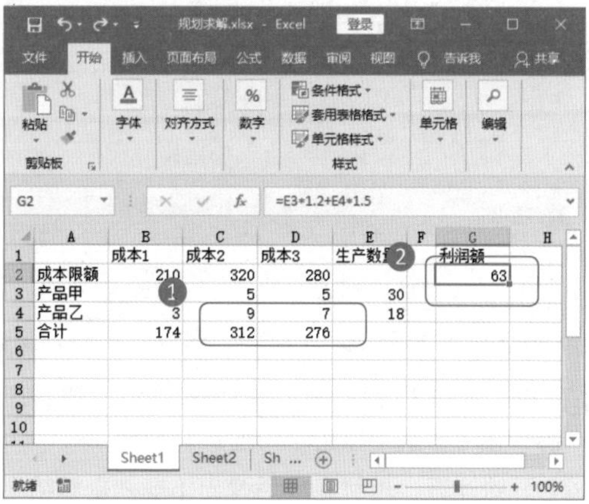

图7-39 计算利润额

2 规划求解

工作表制作完成后，就可以开始使用规划求解工具了，具体操作方法如下。

Step01：单击【规划求解】按钮。单击【数据】选项卡的【分析】组中的【规划求解】按钮，如图7-40所示。

Step02：设置规划求解参数。打开【规划求解参数】对话框，❶将【设置目标】指定为目标函数所在单元格G2，❷选择【最大值】单选按钮，❸在【通过更改可变单元格】文本框中选择E3:E4单元格区域，❹单击【添加】按钮，如图7-41所示。

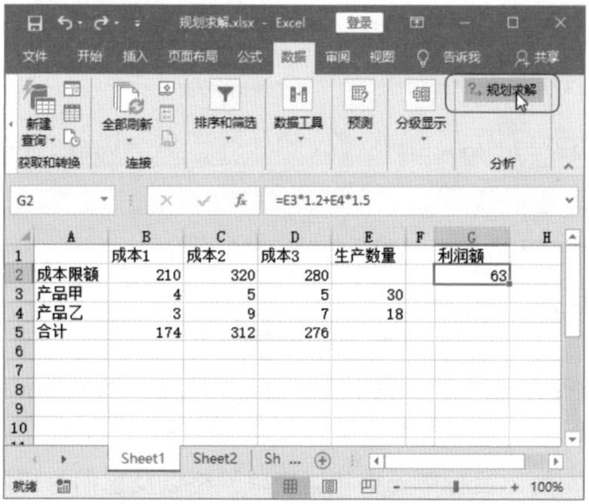

图7-40 单击【规划求解】按钮

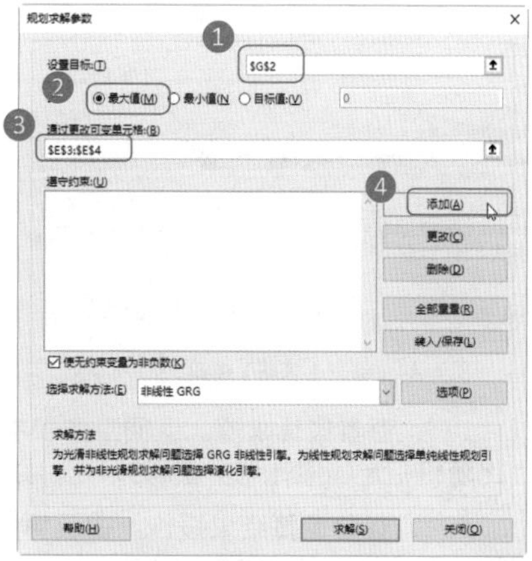

图7-41 设置规划求解参数

Step03：添加约束条件。打开【添加约束】对话框，❶在【单元格引用】文本框中设置【成本1】所在单元格B5，❷在【约束】文本框中选择【成本1】的限额所在单元格B2，❸单击【添加】按钮，如图7-42所示。

Step04：添加其他约束条件。使用相同的方法分别添加成本2和成本3的约束条件，完成后单击【确定】按钮，如图7-43所示。

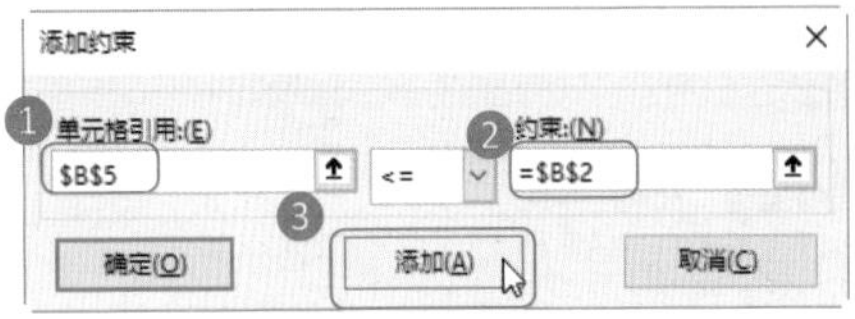

图7-42　添加约束条件

图7-43　添加其他约束条件

Step05：单击【求解】按钮。返回【规划求解参数】对话框，❶在【选择求解方法】下拉列表中选择【单纯线性规划】选项，❷单击【求解】按钮，如图7-44所示。

Step06：选择报告。Excel开始计算，求解完成后弹出【规划求解结果】对话框，可以查看到规划求解工具已经找到一个可满足所有约束的最优解。❶选择【保留规划求解的解】单选按钮，❷在【报告】栏选择【运算结果报告】【敏感性报告】和【极限值报告】选项，❸单击【确定】按钮，如图7-45所示。

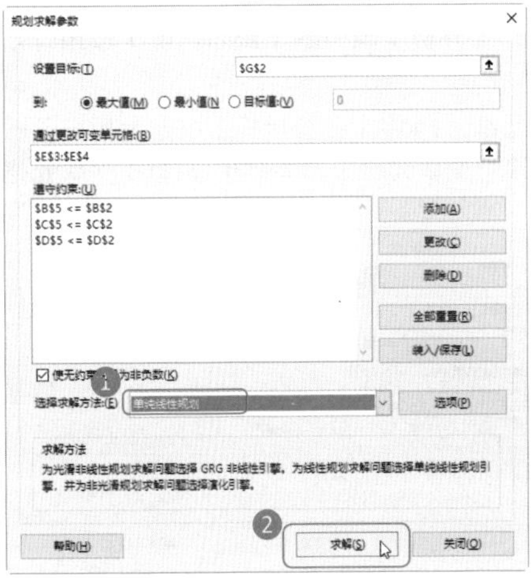

图7-44　单击【求解】按钮

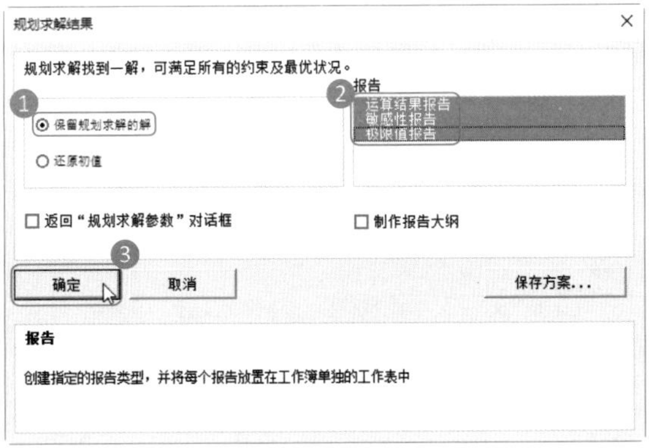

图7-45　选择报告

Step07：查看最优求解。返回工作表中，即可查看到最佳生产为每天生产48个产品甲，生产5个产品乙，比随机指定的原计划多获利3万元，如图7-46所示。

Step08：查看运算结果报告。在运算结果报告中，列出目标单元格和可变单元格以及它们的初始值、最终结果、约束条件和有关约束条件等相关信息，如图7-47所示。

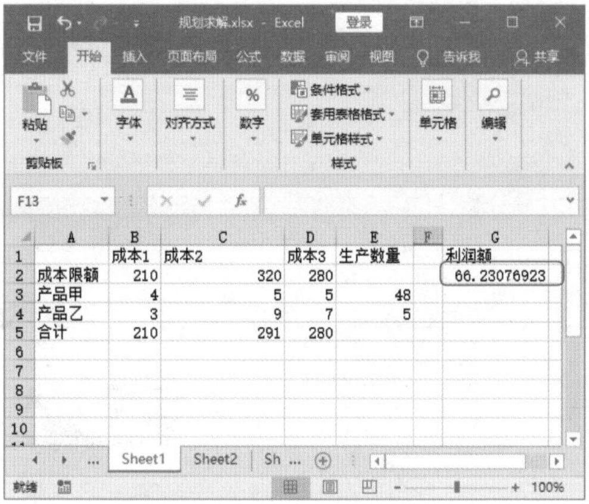

图7-46　查看最优求解

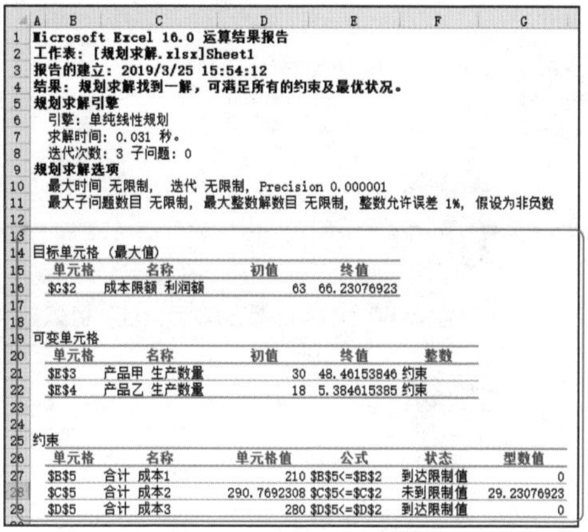

图7-47　查看运算结果报告

技能升级

得到的分析结果可能会有小数，为了阅读方便，用户可以根据需要更改小数位数。

Step09：查看敏感性报告。在【规划求解参数】对话框的【设置目标】编辑框中所指定的公式的微小变化以及约束条件的微小变化，对求解结果都会有一定的影响。这个报告提供关于求解对这些微小变化的敏感性信息，如图7-48所示。

Step10：查看极限值报告。在极限值报告中，列出目标单元格和可变单元格以及它们的数值、上下限和目标值。下限是在满足约束条件和保持其他可变单元格数值不变的情况下，某个可变单元格可以取到的最小值。上限是在这种情况下可以取到的最大值，如图7-49所示。

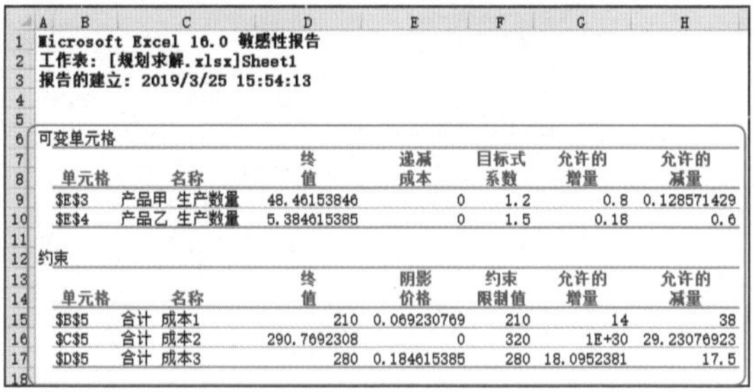

图7-48　查看敏感性报告

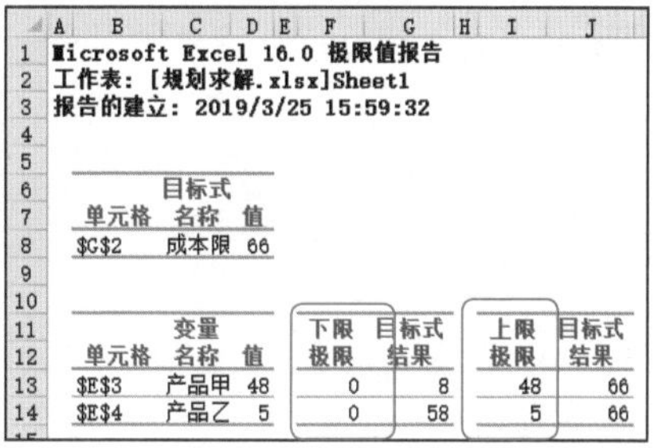

图7-49　查看极限值报告

7.3.3 修改规划求解参数

小李

王Sir，如果我要更改规划求解的参数，可以吗？

王Sir

小李，当然可以。

而且修改规划求解参数的方法很简单，**直接修改工作表中的约束条件就可以了。**

具体操作方法如下。

Step01：修改数据。修改工作表中的成本3的限额，将D2单元格的“280”更改为“320”，如图7-50所示。

Step02：单击【求解】按钮。打开【规划求解参数】对话框，直接单击【求解】按钮，然后在打开的【规划求解结果】对话框中单击【保存方案】按钮，如图7-51所示。

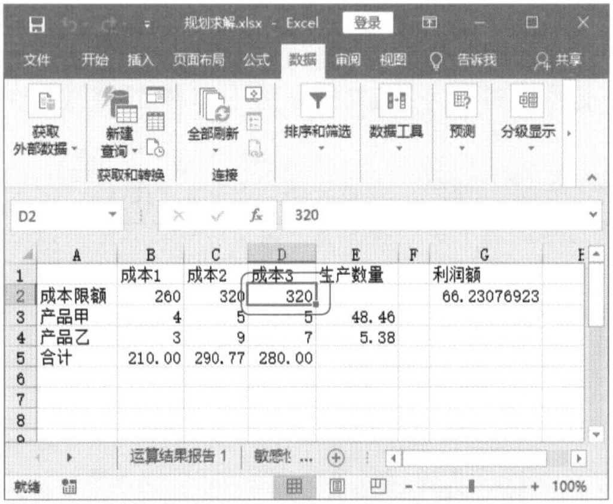

图7-50 修改数据

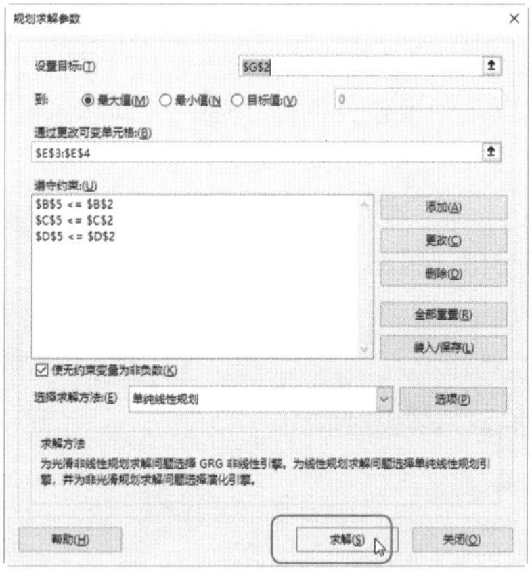

图7-51 单击【求解】按钮

Step03：查看结果。返回工作表中，即可查看到新计划比原来的最优生产计划提高了3万元，如图7-52所示。

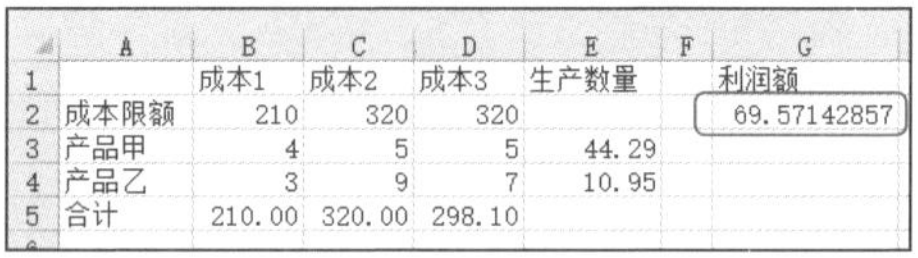

	A	B	C	D	E	F	G
1		成本1	成本2	成本3	生产数量		利润额
2	成本限额	210	320	320			69.57142857
3	产品甲	4	5	5	44.29		
4	产品乙	3	9	7	10.95		
5	合计	210.00	320.00	298.10			

图7-52 查看结果

CHAPTER 8

技能拓展，数据保护、链接与输出

我一直以为，工作表做完之后就万事大吉，可是，王Sir告诉我细节决定成败。

当张经理发现我上交的表格数据不正确、打印的页面不规范时，严厉地批评了我：不会保护自己工作成果的员工不是好员工，不会把最后一步打印工作完美收官的职员不是好职员。

而我，也在王Sir的严格要求下认识到了保护工作表和打印输出的重要性。

现在，我再也不会让我的重要工作簿在没有任何保护的情况下出现在他人面前，也不会没有设置而直接打印工作表。

小 李

你认为数据分析工作已经到尾声就掉以轻心，认为自己已经是大功告成了吗？

那就大错特错。

往往最后的工作才是最重要的。如果工作簿没有保护措施而被他人误改，或者打印的时候没有进行页面设置而导致打印出的文件查看困难，都会影响工作效率。

所以，你应该站好最好一班岗，做好最后的收尾工作，把认真的态度坚持到底。

王 Sir

8.1 共享与保护，权限在你手中

张经理

小李，去年的销售业绩表怎么跟以前不一样了？是被谁改过了吗？

小李

张经理，我马上给工作表设置密码，不会再让这种事情发生了。

张经理

小李，你在设置密码的时候也要分清情况。

（1）有的工作簿，**无关人等一律不能打开。**

（2）有的工作簿中，**工作表不允许编辑，但可以查看。**

（3）有的工作表中，**只允许一部分单元格可以被编辑，而且编辑的时候要输入密码才可以。**

这些你都做得到吗？

8.1.1 为工作簿设置打开密码

小李

王Sir，这个工作簿很重要，我要怎样才能保证无关的人不能打开呢？

王Sir

小李，可以**给工作簿设置打开密码呀**！

为工作簿设置了密码之后，如果不知道密码，就只能止步于工作簿之外了。

如果要为“6月工资表”工作簿设置打开密码，具体操作方法如下。

Step01：选择【用密码进行加密】命令。❶在【文件】选项卡的【信息】页面中单击【保护工作簿】按钮，❷在弹出的下拉菜单中选择【用密码进行加密】命令，如图8-1所示。

Step02：输入密码。弹出【加密文档】对话框，❶在【密码】文本框中输入密码“123”，❷单击【确定】按钮，如图8-2所示。

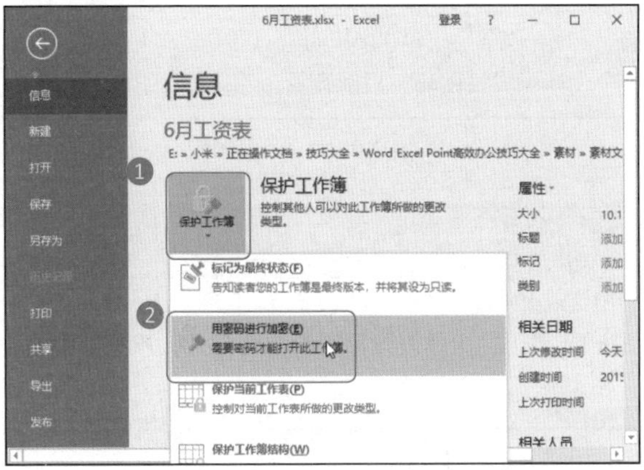

图8-1 选择【用密码进行加密】命令

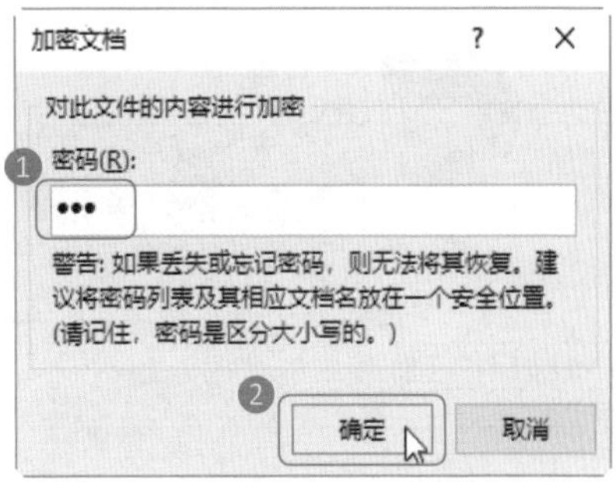

图8-2 输入密码

Step03：再次输入密码。弹出【确认密码】对话框，❶在【重新输入密码】文本框中再次输入设置的密码“123”，❷单击【确定】按钮，如图8-3所示。

Step04：打开工作簿。返回工作簿，进行保存操作即可。对工作簿设置打开密码后，再次打开该工作簿，会弹出【密码】对话框，❶在【密码】文本框中输入密码，❷单击【确定】按钮即可打开工作簿，如图8-4所示。

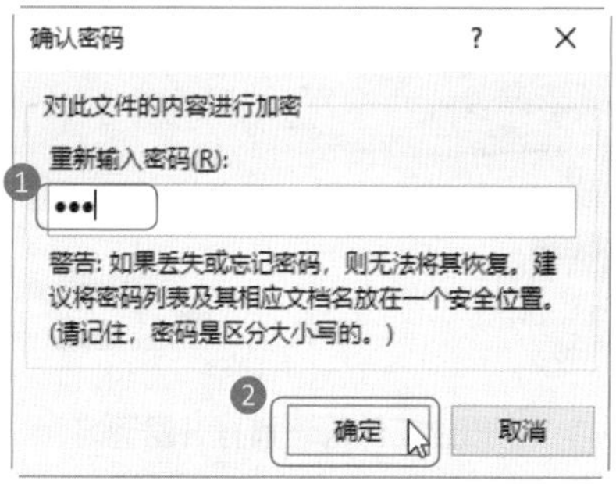

图8-3 再次输入密码

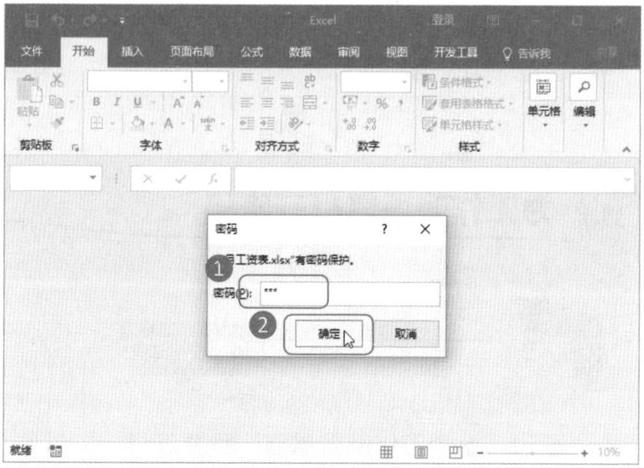

图8-4 打开工作簿

8.1.2 只为工作表设置密码

小李

王Sir，有一个工作簿，我想只给其中的一个工作表设置密码，只能查看，不能编辑，可以吗？

王Sir

小李，重要的工作表当然要保护好。

当一个工作簿中只有一个工作表需要保护时，可以为工作表设置密码，让其他人不能随意更改被保护工作表中的数据。

如果要为工作表设置保护，具体操作方法如下。

Step01：单击【保护工作表】按钮。在要设置保护的工作表中单击【审阅】选项卡的【保护】组中的【保护工作表】按钮，如图8-5所示。

Step02：输入密码。弹出【保护工作表】对话框，❶在【允许此工作表的所有用户进行】列表框中设置允许其他用户进行的操作，❷在【取消工作表保护时使用的密码】文本框中输入保护密码“123”，❸单击【确定】按钮，如图8-6所示。

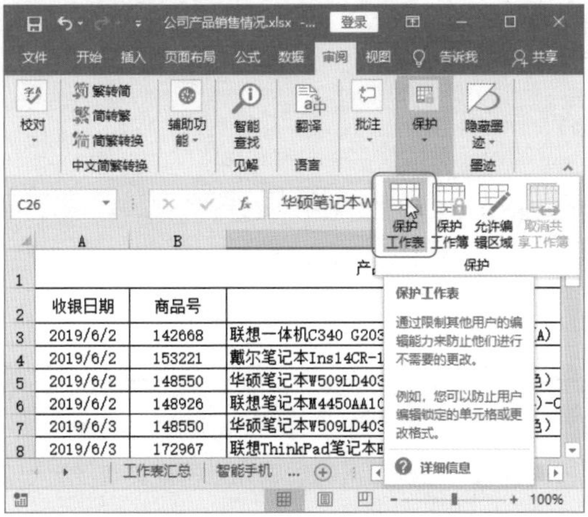

图8-5 单击【保护工作表】按钮

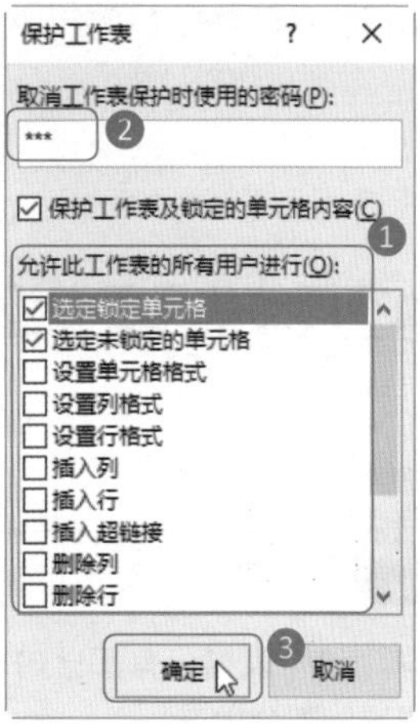

图8-6 输入密码

Step03：再次输入密码。弹出【确认密码】对话框，❶再次输入密码“123”，❷单击【确定】按钮即可，如图8-7所示。

Step04：查看保护状态。返回工作表，如果试图对单元格进行编辑，会弹出提示对话框，提示已经受到保护，如图8-8所示。

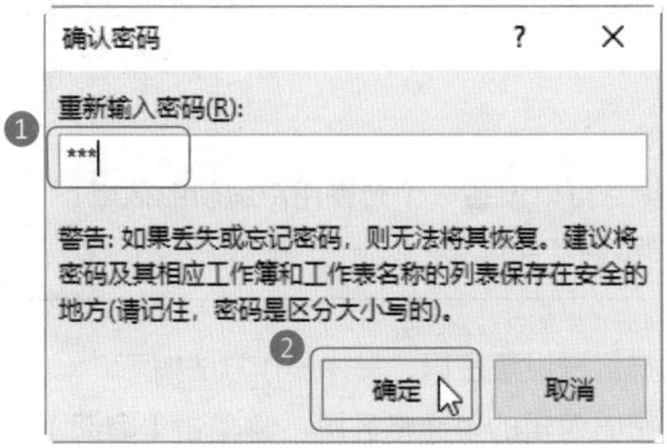

图8-7 再次输入密码

图8-8 查看保护状态

技能升级

如果要编辑工作表，需要撤销对工作表设置的密码保护，操作方法是：切换到【审阅】选项卡，单击【保护】组中的【撤销工作表保护】按钮，在弹出的【撤销工作表保护】对话框中输入设置的密码，然后单击【确定】按钮即可。

8.1.3 为不同的单元区域设置不同的密码

张经理

小李，这个表格还有部分内容需要再次编辑，你设置密码后就完全不能更改了，想办法设置只能编辑这一部分内容。

小李

王Sir，快帮帮我，怎么才能只编辑工作表中的部分单元格？

王Sir

小李，可以设置一个允许用户编辑的区域。

如果你想要让工作表中的部分单元格区域可以被编辑，可以**设置一个允许用户编辑的区域**。而且，还要为这一个区域添加密码，要编辑时，必须凭借密码才能成功。

例如，要为“公司产品销售情况”工作表中的部分单元格区域设置密码，具体操作方法如下。

Step01：单击【允许编辑区域】按钮。❶选择需要凭密码编辑的单元格区域，❷单击【审阅】选项卡的【保护】组中的【允许编辑区域】按钮，如图8-9所示。

Step02：单击【新建】按钮。弹出【允许用户编辑区域】对话框，单击【新建】按钮，如图8-10所示。

图8-9 单击【允许编辑区域】按钮

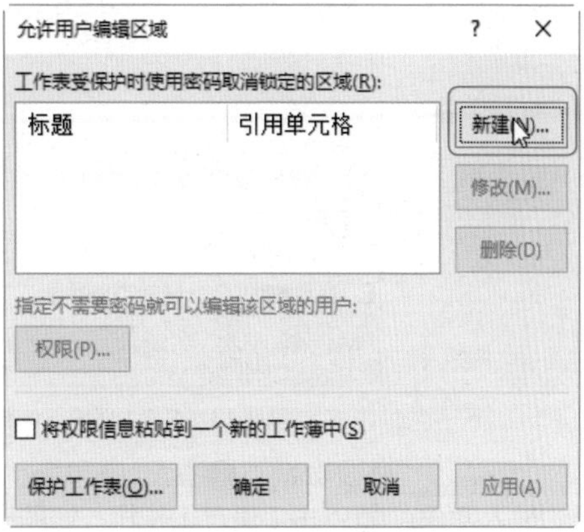

图8-10 单击【新建】按钮

Step03：输入密码。弹出【新区域】对话框，❶在【区域密码】文本框中输入保护密码，❷单击【确定】按钮，如图8-11所示。

Step04：确认密码。弹出【确认密码】对话框，❶再次输入密码，❷单击【确定】按钮，如图8-12所示。

图8-11 输入密码

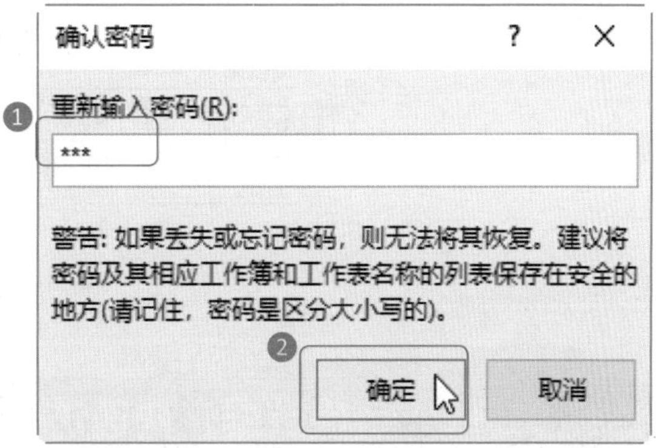

图8-12 确认密码

Step05：单击【保护工作表】按钮。返回【允许用户编辑区域】对话框，单击【保护工作表】按钮，如图8-13所示。

Step06：单击【确定】按钮。弹出【保护工作表】对话框，单击【确定】按钮即可保护选择的单元格区域，如图8-14所示。

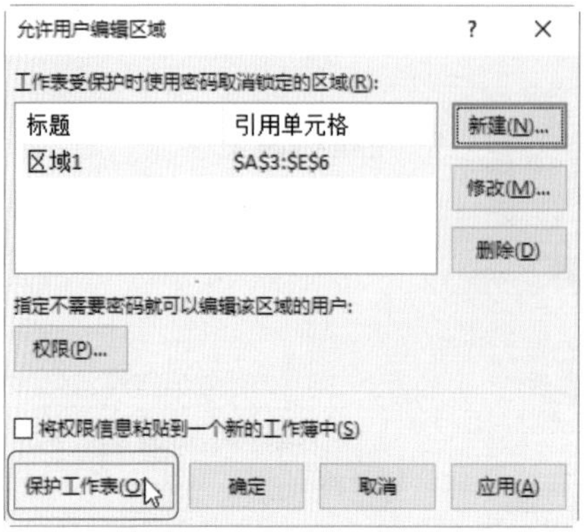

图8-13 单击【保护工作表】按钮

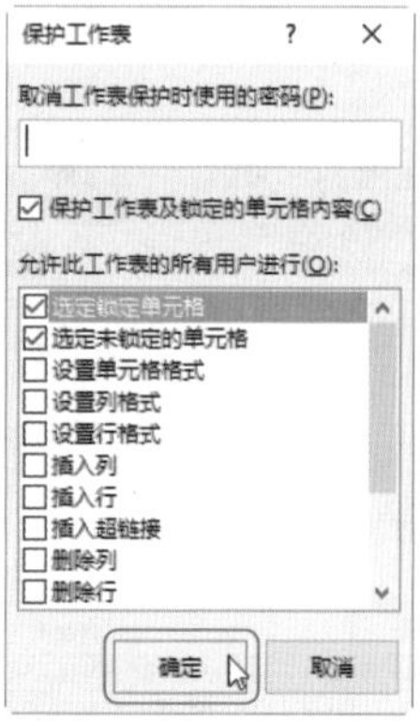

图8-14 单击【确定】按钮

Step07：修改数据。❶在A3:E6单元格区域修改单元格中的数据，❷弹出【取消锁定区域】对话框，输入密码，❸单击【确定】按钮，如图8-15所示。

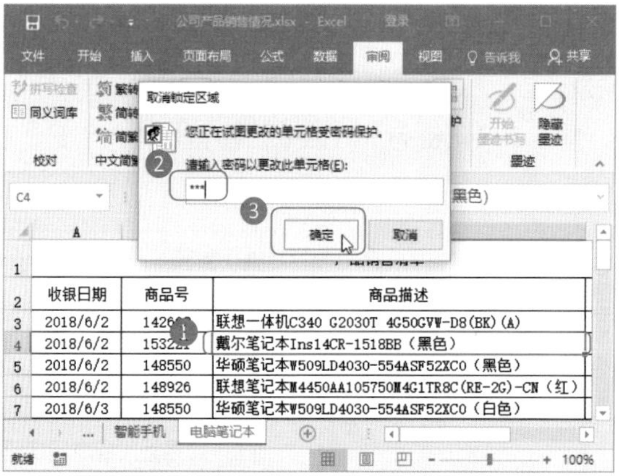

图8-15 修改数据

8.2 链接数据，快速访问其他文件

小李

张经理，工作汇总表做好了。

张经理

小李，这个工作簿中工作表那么多，我要怎么查看呢？

（1）给工作表做一个汇总，然后**把工作表链接到汇总中**。

（2）不是所有的数据都要放到工作表中，**有些数据链接到这里就可以了**。

（3）**为什么每个邮箱都有超链接**？

你半个小时之内改好交给我。

8.2.1 工作表之间的链接

小李

王Sir，工作簿中的工作表太多了，我想给工作表做一个汇总，查找的时候也方便一点，该怎么做呢？

王Sir

小李，那你可以建立一个汇总工作表，再**给工作表之间创建超链接**。

创建完成之后，只要单击超链接，就可以跳转到想要的工作表中了。

如果要为“公司产品销售情况”工作簿中的工作表设置超链接，具体操作方法如下。

Step01：单击【链接】按钮。❶在包含了工作表名称的工作表中，本例中为【工作表汇总】，选中要创建超链接的单元格，本例中选A2，❷在【插入】选项卡的【链接】组中单击【链接】按钮，如图8-16所示。

Step02：选择工作表。弹出【插入超链接】对话框，❶在【链接到】栏中选择链接位置，本例中选择【本文档中的位置】，❷在右侧的列表框中选择要链接的工作表，本例中选择【智能手机】，❸单击【确定】按钮，如图8-17所示。

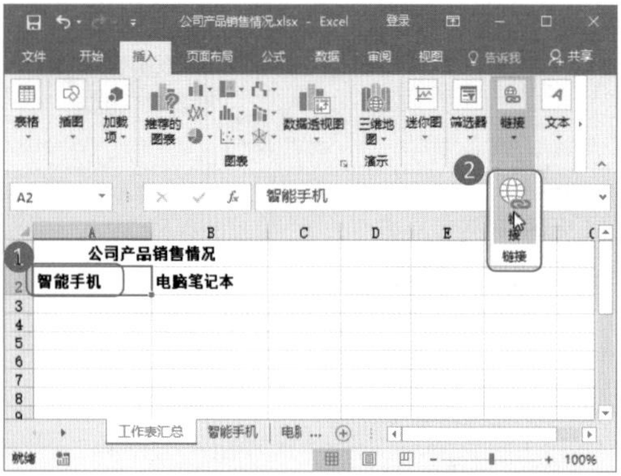

图8-16　单击【链接】按钮

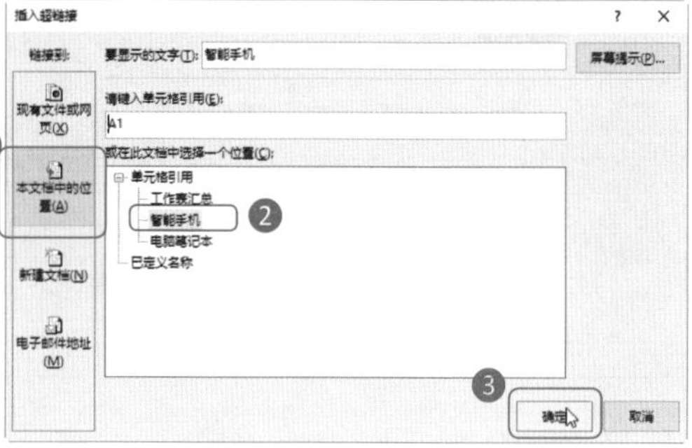

图8-17　选择工作表

Step03：查看链接数据。返回工作表，参照上述操作步骤，为其他单元格设置相应的超链接。设置超链接后，单元格中的文本呈蓝色显示并带有下划线，用鼠标单击设置了超链接的文本，即可跳转到相应的工作表，如图8-18所示。

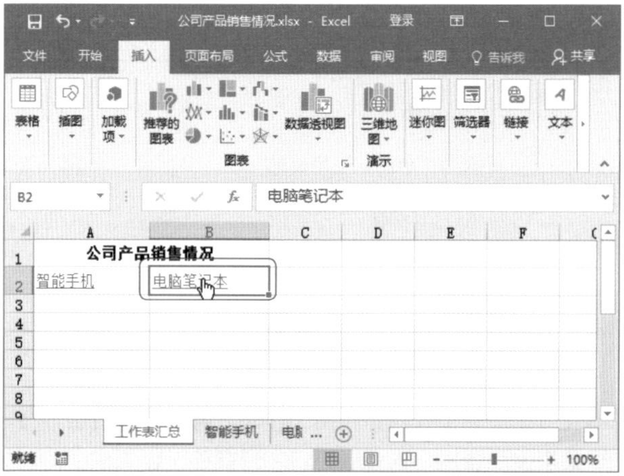

图8-18　查看链接数据

技能升级

如果要删除超链接，则使用鼠标右键单击需要删除的超链接，在弹出的快捷菜单中选择【取消超链接】命令即可。

8.2.2 创建指向文件的链接

小李

王Sir，我看到上次你做表格的时候有一个链接可以直接打开其他文件，我也想学，教教我吧。

王Sir

小李，那是给文件设置超链接。

超链接是指为了快速访问而创建的指向一个目标的连接关系。例如，在浏览网页的时候，单击某些文字或图片就会打开另一个网页，这个就是超链接。

在Excel中，也可以创建这种具有跳转功能的超链接，例如，创建指向文件的超链接、创建指向网页的超链接等。

例如，要为“员工业绩考核表”创建指向“员工业绩考核标准”工作簿的超链接，具体操作方法如下。

Step01：单击【链接】按钮。❶选中要创建超链接的单元格，本例中选择A2，❷单击【插入】选项卡的【链接】组中的【链接】按钮，如图8-19所示。

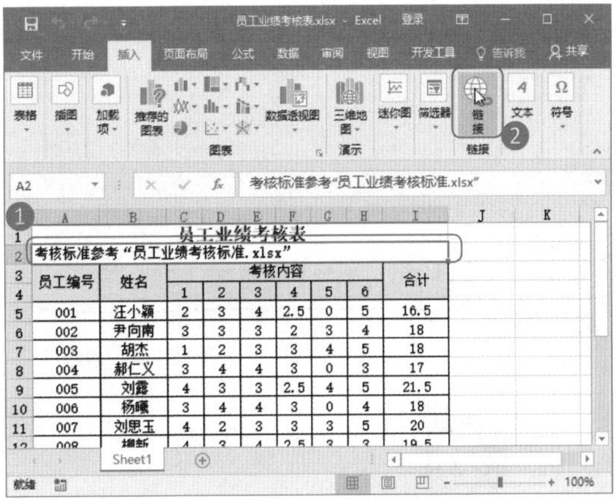

图8-19 单击【链接】按钮

Step02：选择引用文件。弹出【插入超链接】对话框，❶在【链接到】列表框中选择【现有文件或网页】选项，❷在【当前文件夹】列表框中选择要引用的工作簿，本例中选择【员工业绩考核标准.xlsx】，❸单击【确定】按钮，如图8-20所示。

Step03：查看链接数据。返回工作表，将鼠标指向超链接处，鼠标指针会变成手形，单击创建的超链接，Excel会自动打开所引用的工作簿，如图8-21所示。

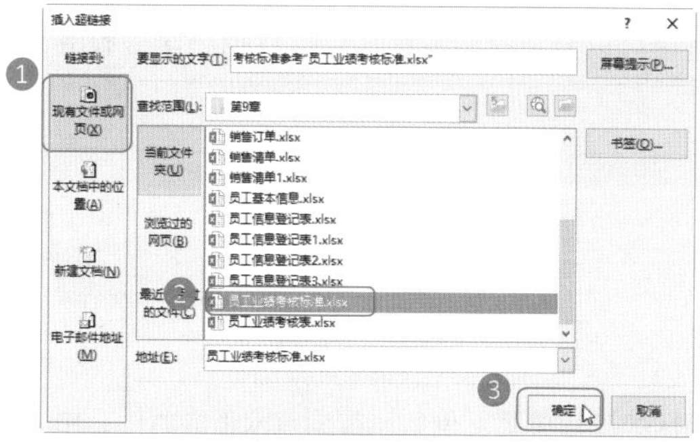

图8-20 选择引用文件

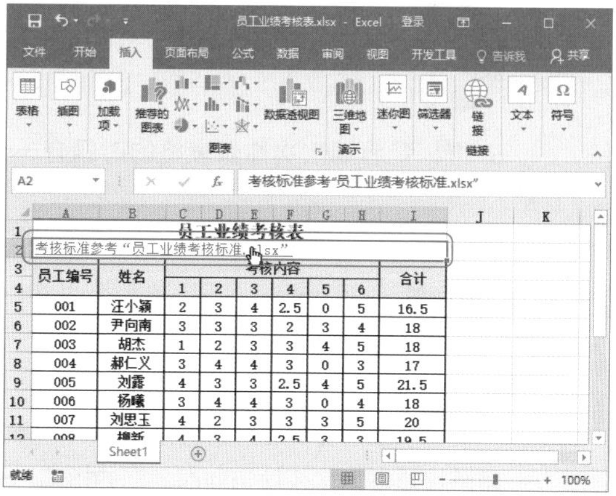

图8-21 查看链接数据

技能升级

如果要创建指向网页的超链接，则打开【插入超链接】对话框，在【链接到】列表框中选择【现有文件或网页】选项，在【地址】文本框中输入要链接到的网页地址，然后单击【确定】按钮即可。

8.2.3 阻止Excel自动创建超链接

小李

王Sir，每次登记电子邮箱的时候都会默认创建超链接，太麻烦了，可以取消吗？

王Sir

小李，当然可以。

因为在默认情况下，在单元格中输入电子邮箱、网址等内容时会自动生成超链接，当不小心单击到超链接时，就会激活相应的程序。如果你不需要这个功能，则可以在输入邮件、网页等数据时，**阻止Excel自动创建超链接**。

如果要阻止Excel自动创建超链接，具体操作方法如下。

Step01：单击【自动更正选项】按钮。打开【Excel选项】对话框，单击【校对】选项卡的【自动更正选项】栏中的【自动更正选项】按钮，如图8-22所示。

Step02：取消勾选复选框。弹出【自动更正】对话框，❶在【键入时自动套用格式】选项卡的【键入时替换】栏中取消选中【Internet及网络路径替换为超链接】复选框，❷单击【确定】按钮，然后返回【Excel选项】对话框，单击【确定】按钮即可，如图8-23所示。

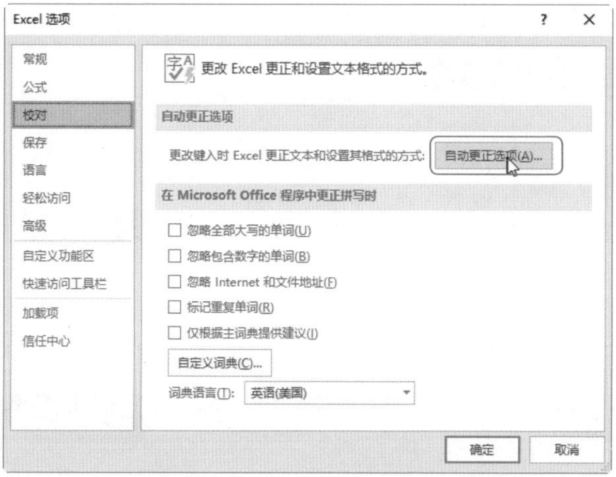

图8-22 单击【自动更正选项】按钮

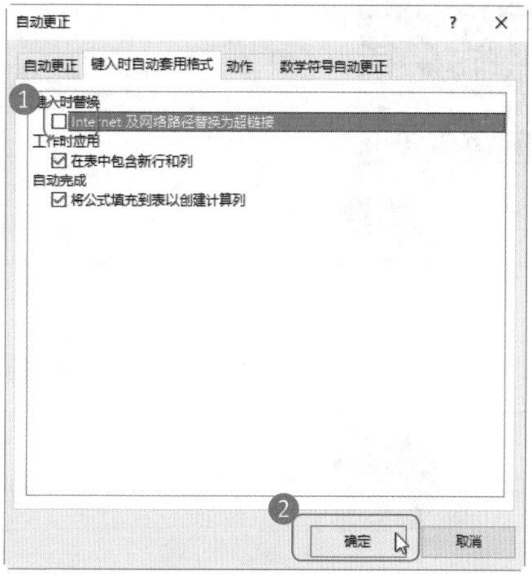

图8-23 取消勾选复选框

8.3 页面设置，完善工作表的细节

张经理

小李，你这个工作表怎么没有设置一下页面呢？这样看起来就不太完整了。

小李

好的，张经理，我马上去设置。

张经理

小李，为了页面看起来整洁、清楚，你可能要注意一下。

（1）**页眉和页脚**可以让表格更完整。

（2）**不是所有的工作表都是用A4大小显示。**

（3）适当**调整一下页边距**显示更科学。

（4）设置好的**页面格式，用复制的方法应用到其他工作表。**

8.3.1 为工作表添加页眉和页脚

小李

王Sir，张经理说要给工作表添加页眉和页脚，可是我不会呀，怎么办？

王Sir

小李，难道你一直都没有给工作表添加页眉和页脚吗？

添加页眉，作用在于显示每一页顶部的信息，一般来说，会**添加包括表格名称等内容**。添加页脚，则用来显示每一页底部的信息，一般来说，**会添加包括页数、打印日期和时间等。**

例如，要在“销售清单”工作簿的页眉位置添加公司名称，在页脚位置添加制表日期信息，具体操作方法如下。

Step01：单击【页眉和页脚】按钮。单击【插入】选项卡的【文本】组中的【页眉和页脚】按钮，如图8-24所示。

Step02：设置页眉并转至页脚。进入页眉和页脚编辑状态，同时功能区中会出现【页眉和页脚工具/设计】选项卡，❶在页眉框中输入页眉内容，❷单击【导航】组中的【转至页脚】按钮，如图8-25所示。

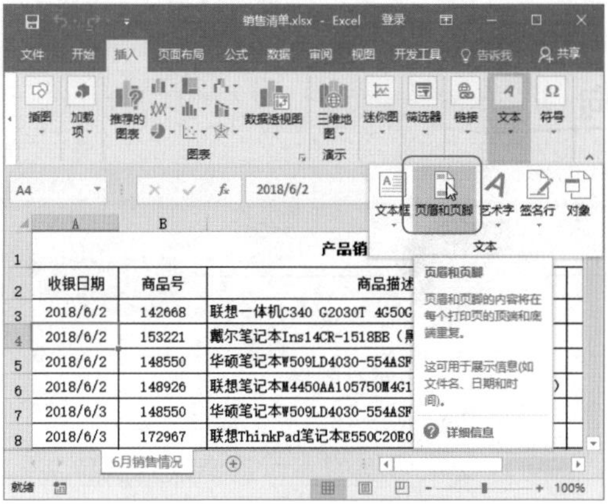

图8-24 单击【页眉和页脚】按钮

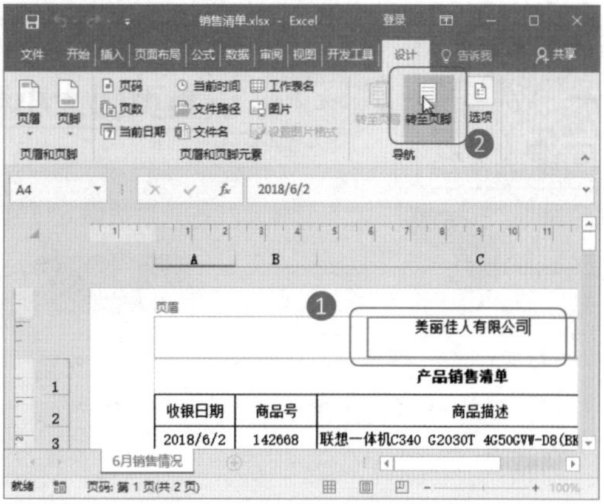

图8-25 单击【转至页脚】按钮

Step03：选择页脚样式。切换到页脚编辑区，❶单击【页眉和页脚工具/设计】选项卡的【页眉和页脚】组中的【页脚】下拉按钮，❷在弹出的下拉菜单中选择一种页脚样式，如图8-26所示。

Step04：查看页眉和页脚信息。完成页眉和页脚的信息编辑后，单击工作表中的任意单元格，退出页眉和页脚编辑状态。切换到【视图】选项卡，单击【工作簿视图】组中的【页面布局】按钮即可查看添加的页眉和页脚信息，如图8-27所示。

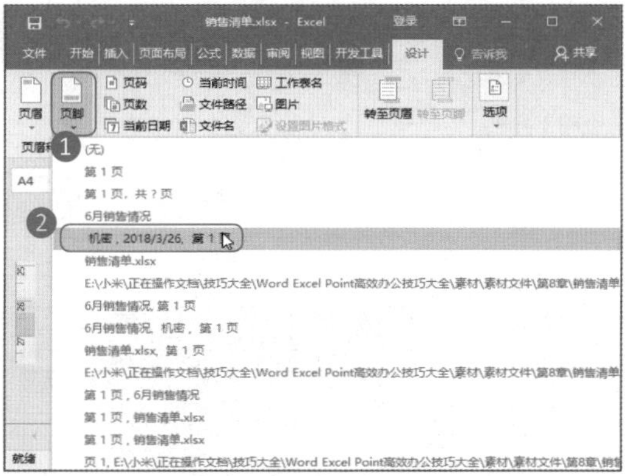

图8-26 选择页脚样式

图8-27 查看页眉和页脚信息

技能升级

如果要设置奇偶页不同的页眉和页脚，则可以在【页面设置】对话框的【页眉/页脚】选项卡中勾选【奇偶页不同】复选框，然后分别自定义设置页眉和页脚。

8.3.2 设置页面大小和方向

小李

王Sir，报告要A4的尺寸，并且横向显示，我的计算机上怎么是A5的尺寸呢？怎么调呀？

王Sir

小李，这还不简单。

不管A4还是A5，无论横向还是竖向，都可以随意切换的，而且修改方法特别简单。

如果要调整页面大小和方向，具体操作方法如下。

Step01：选择纸张大小。打开需要打印的工作表，❶单击【页面布局】选项卡的【页面设置】组中的【纸张大小】下拉按钮，❷在弹出的下拉列表中选择需要的纸张大小，如图8-28所示。

Step02：选择纸张方向。打开需要打印的工作表，❶单击【页面布局】选项卡的【页面设置】组中的【纸张方向】下拉按钮，❷在弹出的下拉列表中选择需要的纸张方向即可，如图8-29所示。

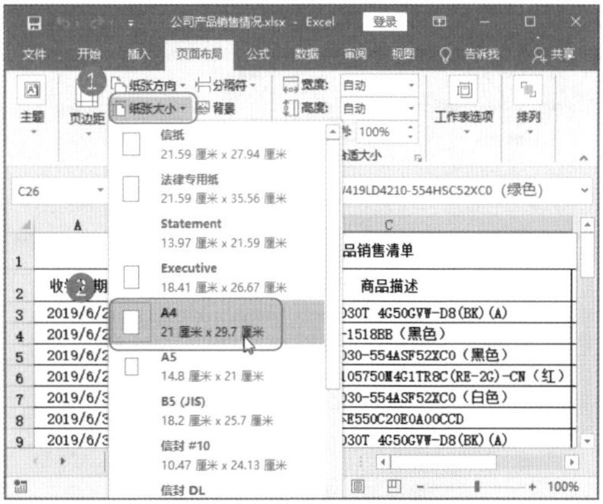

图8-28 选择纸张大小

图8-29 选择纸张方向

技能升级

打开【页面设置】对话框，单击【页面】选项卡中的【纸张大小】下拉按钮，在打开的下拉列表中选择需要的纸张大小；在【页面】选项卡中选择【纵向】或【横向】单选按钮，可以设置页面方向。

8.3.3 随心调整页面边距

小李

王Sir，为什么每次我打印的东西页边距都是一样大呢？这个工作表我想要更小的页边距。

王Sir

小李，你可以自己设置页边距呀。

在【页面布局】选项卡的【页边距】下拉菜单中有多种页边距可供选择，如果不想要系统提供的页边距，则可以自己随意调整页边距。

如果要随意调整页边距，具体操作方法如下。

Step01：单击功能扩展按钮。单击【页面布局】选项卡的【页面设置】组中右下角的功能扩展按钮 ，如图8-30所示。

Step02：设置页边距大小。❶在弹出的【页面设置】对话框中切换到【页边距】选项卡，在其中调整上、下、左、右的页面边距，❷单击【确定】按钮即可，如图8-31所示。

图8-30 单击功能扩展按钮

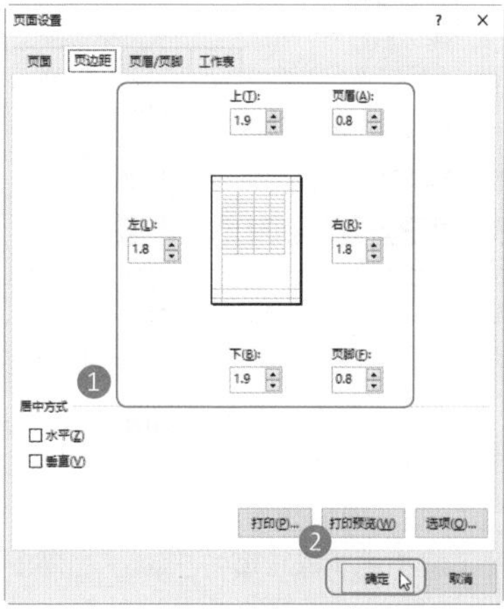

图8-31 设置页边距大小

技能升级

单击【页面布局】选项卡的【页面设置】组中的【纸张方向】下拉按钮，在弹出的下拉列表中选择需要的纸张方向可以快速设置页边距。

8.3.4 将页面设置复制到其他工作表

小李

王Sir，我已经在4月的工作表中设置了页眉、页脚，现在其他工作表也需要相同的页眉和页脚，可以复制过去吗？

员工编号	员工姓名	部门	岗位工资	绩效工资	生活补助	医保扣款	实发工资
yyt001	孙志峻	行政部	3500	1269	800	650	4919
yyt002	姜怜映	研发部	5000	1383	800	650	6533
yyt003	田鹏	财务部	3800	1157	800	650	5107
yyt004	夏逸	行政部	3500	1109	800	650	4759
yyt005	周涛绍	研发部	3800	1251	800	650	5201
yyt006	吕瑾轩	行政部	5000	1015	800	650	6165
yyt007	胡鹏	研发部	3500	1395	800	650	5045
yyt008	楮董紫	财务部	4500	1134	800	650	5784
yyt009	孔瑶	行政部	3800	1231	800	650	5181
yyt010	楮睿涛	研发部	4500	1022	800	650	5672
yyt011	蒋静语	财务部	4500	1091	800	650	5741
yyt012	赵香	研发部	3800	1298	800	650	5248
yyt013	蒋菡	行政部	5000	1365	800	650	6515
yyt014	蔡璇雨	财务部	3800	1359	800	650	5309

审批： 复核： 制表：

王Sir

小李，当然可以呀。

难道你以前遇到这种情况都是挨个设置吗？你可千万不要自己找事，几步简单的操作就可以**把页面设置复制到其他工作表**了。

例如，在“员工工资汇总表”中，只对其中的“4月”工作表设置了页眉、页脚，现在要将“4月”工作表的页面设置复制应用到其他工作表，具体操作方法如下。

Step01：单击【选定全部工作表】选项。使用鼠标右键单击“4月”工作表标签，在弹出的快捷菜单中单击【选定全部工作表】选项，如图8-32所示。

Step02：单击功能扩展按钮。此时将选中工作簿中的所有工作表，单击【页面布局】选项卡的【页面设置】组中的功能扩展按钮 ，如图8-33所示。

Step03：单击【确定】按钮。弹出【页面设置】对话框，不做任何操作，直接单击【确定】按钮，如图8-34所示。

Step04：查看设置效果。通过上述操作后，工作簿中其余工作表将应用相同的页面设置。图8-35所示为“5月”工作表的打印预览效果。

图8-32 单击【选定全部工作表】选项

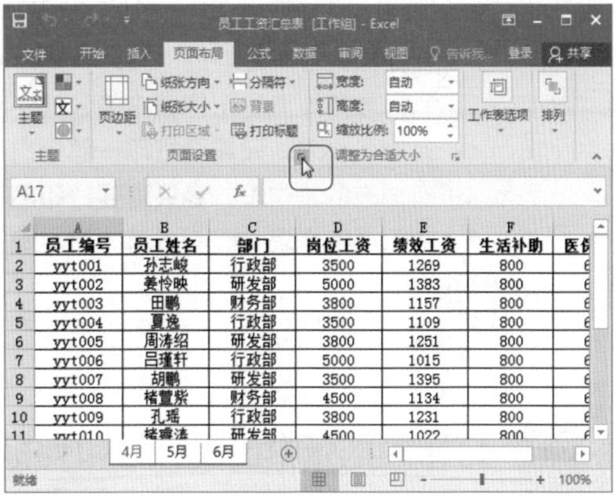

图8-33 单击功能扩展按钮

图8-34 单击【确定】按钮

员工编号	员工姓名	部门	岗位工资	绩效工资	生活补助	医保扣款	实发工资
yyt001	孙志峻	行政部	3500	949	800	650	4599
yyt002	姜怜映	研发部	5000	844	800	650	5994
yyt003	田鹏	财务部	3800	964	800	650	4914
yyt004	夏逸	行政部	3500	1198	800	650	4848
yyt005	周涛绍	研发部	3800	978	800	650	4928
yyt006	吕瑾轩	行政部	5000	949	800	650	6099
yyt007	胡鹏	研发部	3500	914	800	650	4564
yyt008	楮萱紫	财务部	4500	871	800	650	5521
yyt009	孔瑶	行政部	3800	1239	800	650	5189
yyt010	楮睿涛	研发部	4500	1135	800	650	5785
yyt011	蒋静语	财务部	4500	878	800	650	5528
yyt012	赵香	研发部	3800	988	800	650	4938
yyt013	蒋菡	行政部	5000	1031	800	650	6181
yyt014	蔡琰雨	财务部	3800	1108	800	650	5058

审批： 复核： 制表：

图8-35 查看设置效果

8.4 打印设置，输出完美的工作表

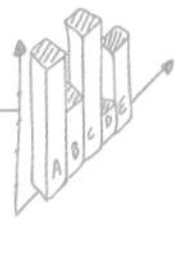

张经理

小李，你打印的这些工作表是怎么回事？简直就是乱七八糟！

小李

张经理，我马上改。

张经理

小李，工作表打印出来是为了让别人更好地看清楚数据内容，所以在打印的时候：

（1）**行标和列号**有必要的时候必须显示。

（2）有时候需要查看**工作表中的公式**，就把公式打印出来。

（3）有的工作表，**只需要打印一部分**出来就可以了。

（4）有图表的工作表，我**只需要打印图表**出来。

（5）不要把**工作表**打印到角落，**放中间**。

去做事吧！

8.4.1 打印的纸张中出现行号和列标

小李

王Sir，开会的时候，打印出的工作表没有行号和列标很不方便，怎么办呢？

王Sir

小李，如果没有行号和列标，在查找和指定数据时不是太方便。

所以，你可以**在打印的时候把行号和列标也打印出来**，这样就完美解决了你的问题。

如果要打印行号和列标，具体操作方法是：单击【页眉和页脚】按钮，打开【页面设置】对话框，❶在【工作表】选项卡的【打印】栏中勾选【行号列标】复选框，❷单击【确定】按钮即可，如图8-36所示。

图8-36 单击【确定】按钮

8.4.2 一次打印多个工作表

小李

王Sir，这个工作簿有好几个工作表，我全部都要打印，只能一个一个打印吗？

王Sir

小李，如果工作簿中有几十个工作表要打印，你也一个一个打印吗？那你得打印到什么时候？

其实，在打印的时候，**可以一次性打印多个工作表**，而且操作也很简单，省时省心。

如果要一次性打印多个工作表，具体操作方法如下。

Step01：选择工作表。按下Ctrl键，在工作簿中选择要打印的多个工作表，如图8-37所示。

Step02：打印选中的工作表。❶在【文件】选项卡界面的左侧窗格中选择【打印】命令，❷可以查看到设置下方默认显示为【打印活动工作表】，直接单击【打印】按钮即可打印选中的工作表，如图8-38所示。

图8-37 选择工作表

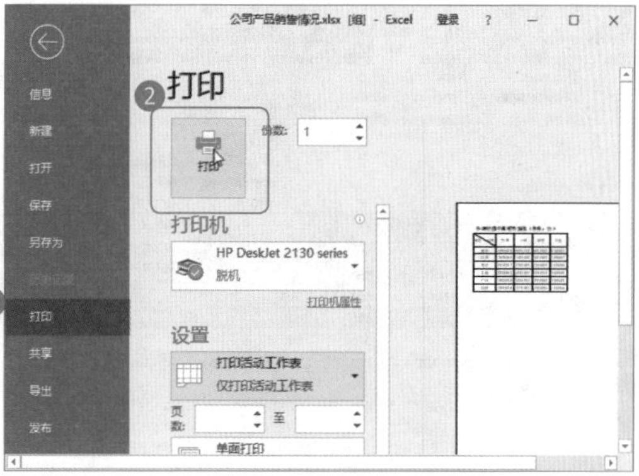

图8-38 打印选中的工作表

8.4.3 将工作表中的公式打印出来

小李

王Sir，这个工作表中用于计算的公式我想打印出来，应该怎么做呢？

王Sir

小李，打印工作表的时候，默认将只显示表格中的数据。
如果需要将工作表中的公式打印出来，就需要**设置在单元格中显示公式**。
不过，设置了显示公式的工作表，就只能显示打印公式，而不能显示公式计算的结果。

如果要在工作表中显示计算公式，具体操作方法如下。

Step01：单击【显示公式】按钮。❶在工作表中选择任意单元格，❷单击【公式】选项卡的【公式审核】组中的【显示公式】按钮，如图8-39所示。

Step02：执行打印操作。操作完成后所有含有公式的单元格将显示公式，然后再执行打印操作即可，如图8-40所示。

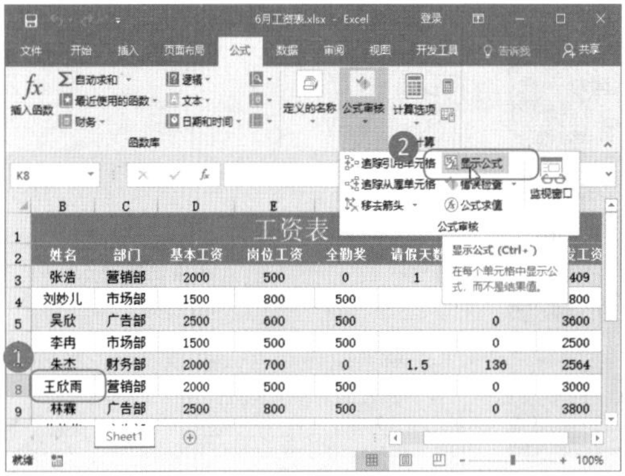

图8-39 单击【显示公式】按钮

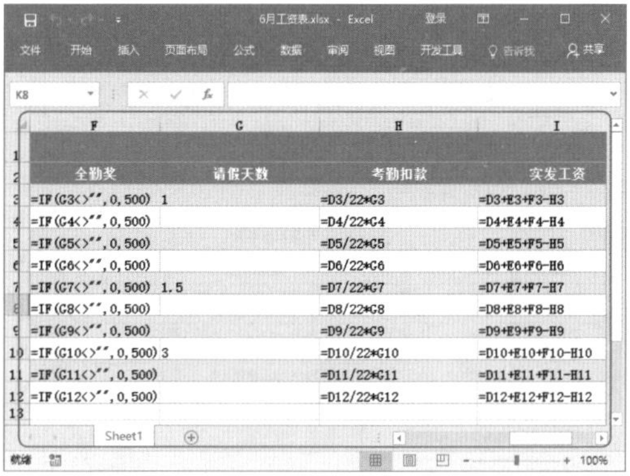

图8-40 执行打印操作

8.4.4 只打印选定的单元格区域

小李

王Sir，我只需要打印这个工作表中的前三排，是要重新建一个工作表吗?

王Sir

不需要。

你不要小看了Excel的打印功能，如果你要打印部分单元格区域，**选择那些区域，然后直接打印就可以了。**

既不用新建工作表，也不用截断工作表，简单方便。

如果要打印工作表中选定的部分，操作方法是：在工作表中选择需要打印的数据区域（可以是一个区域，也可以是多个区域），❶在【文件】选项的左侧窗格中选择【打印】命令，❷在中间窗格的【设置】栏下方的下拉列表中选择【打印选定区域】选项，❸单击【打印】按钮即可，如图8-41所示。

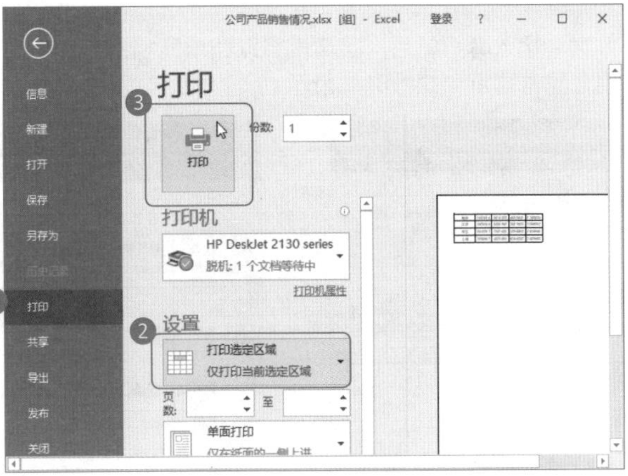

图8-41 打印选定区域

8.4.5 强制在某个单元格处开始分页打印

小李

王Sir，人事部把4个人的简历表做在一张工作表上，可是我要每个人打印一页，需要把表格重新做吗？

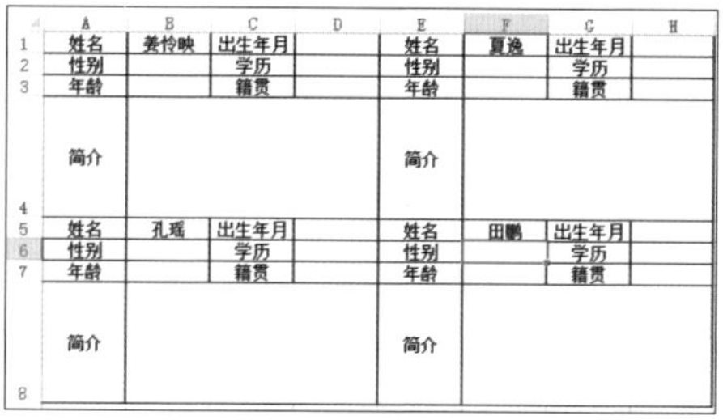

王Sir

小李，你可以在中间的单元格开始分页打印呀。
只要**在合适的单元格中插入分页符**，然后再打印，就可以达到你想要的效果了。

如果要插入分页符分页打印数据，具体操作方法如下。

Step01：单击【插入分页符】选项。❶选中要分页的单元格位置，本例中选择E5，❷在【页面布局】选项卡的【页面设置】组中单击【分隔符】按钮，❸在弹出的下拉列表中单击【插入分页符】选项，如图8-42所示。

Step02：查看分隔效果。插入分页符后，工作表将以E5单元格的左边框和上边框为分隔线，将数据区域分隔为4个区域，并用分隔符显示，如图8-43所示。

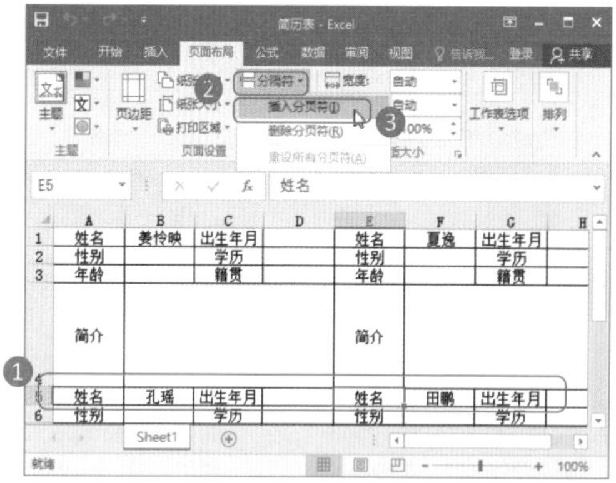

图8-42 单击【插入分页符】选项

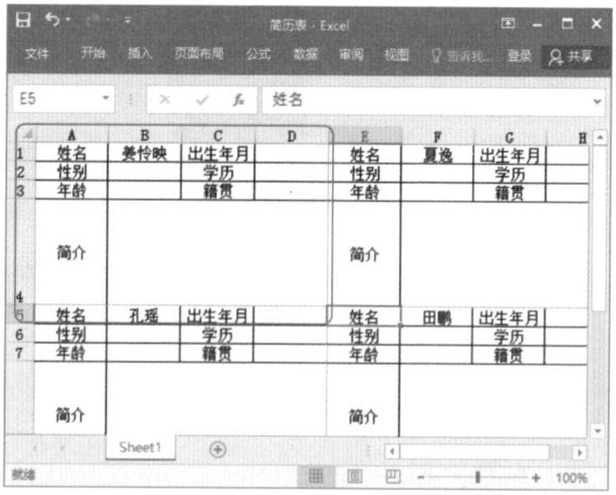

图8-43 查看分隔效果

Step03：查看打印预览。在打印预览中，可以查看到每个人的简历各占一页显示。图8-44所示为其中的一页。

图8-44 查看打印预览

8.4.6 只打印工作表中的图表

张经理

小李，你把这个工作表中的图表打印出来，我只要图表。

小李

王Sir，张经理要我只打印工作表中的图表，我还得先把图表移动到其他空白工作表中，真是太麻烦了。

王Sir

小李，难道你以前都是这样打印图表吗？难道不知道**可以直接只打印工作表中的图表**吗？

如果要打印工作表中的图表，具体操作方法是：在工作表中选中需要打印的图表，❶在【文件】选项卡界面的左侧窗格中选择【打印】命令，在中间窗格的【设置】栏下方的下拉列表中默认选择【打印选定图表】选项，无须再进行选择，❷直接单击【打印】按钮，如图8-45所示。

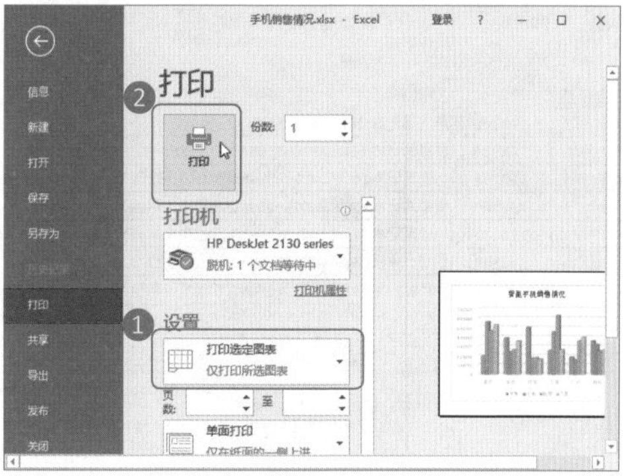

图8-45 打印图表

8.4.7 重复打印标题行

小李

王Sir，我每次打印这个长表格的时候，从第二页开始就没有标题行了，阅读起来很不方便，有没有办法每页都把标题行打印出来呢？

王Sir

那就重复打印标题行呀。

为工作表**设置了重复打印标题行之后，打印出的第一页就都会显示标题**了。

如果要设置重复打印标题，具体操作方法如下。

Step01：单击【打印标题】按钮。单击【页面布局】选项卡的【页面设置】组中的【打印标题】按钮，如图8-46所示。

Step02：单击标题行的行号。弹出【页面设置】对话框，❶将光标插入点定位到【顶端标题行】文本框内，在工作表中单击标题行的行号，【顶端标题行】文本框中将自动显示标题行的信息，❷单击【确定】按钮，如图8-47所示。

图8-46 单击【打印标题】按钮

图8-47 单击标题行的行号

8.4.8 居中打印表格数据

小李，你打印的这个工作表怎么回事，这么一点东西你放在左上角，看起来太突兀了。

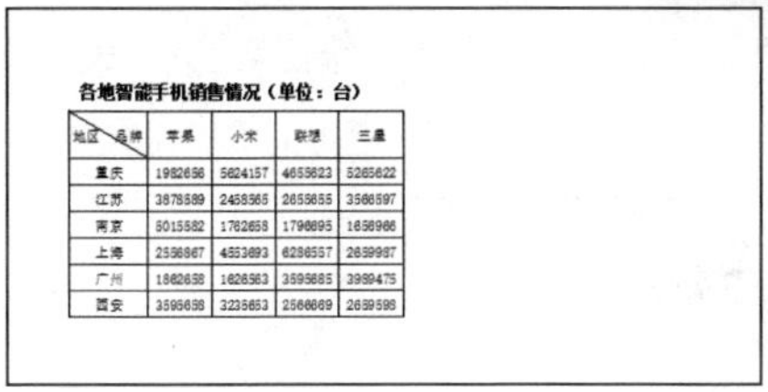

各地智能手机销售情况（单位：台）

地区＼品牌	苹果	小米	联想	三星
重庆	1982656	5624157	4655623	5265622
江苏	3878589	2458565	2655655	3566597
南京	5015582	1762658	1796695	1656966
上海	2556867	4553693	6286557	2659987
广州	1862658	1626563	3595685	3989475
西安	3595658	3235653	2566669	2659598

王Sir，我打印出来的工作表总是在左上角，怎么才能把工作表打印到中间呢？

小李，在【页面设置】选项卡中可以通过**设置居中方式**来调整工作表的位置。

如果要设置居中打印表格数据，具体操作方法如下。

Step01：选择居中方式。打开【页面设置】对话框，❶在【页边距】选项卡的【居中方式】栏勾选【水平】和【垂直】复选框，❷单击【确定】按钮即可，如图8-48所示。

Step02：查看居中效果。再次查看打印预览，即可发现内容已经居中显示，如图8-49所示。

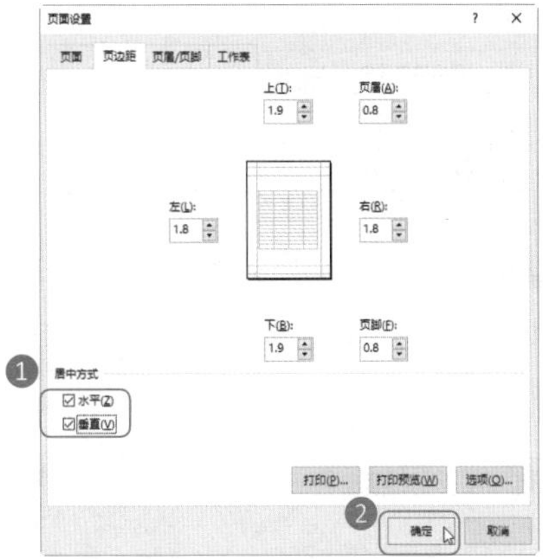

图8-48 选择居中方式

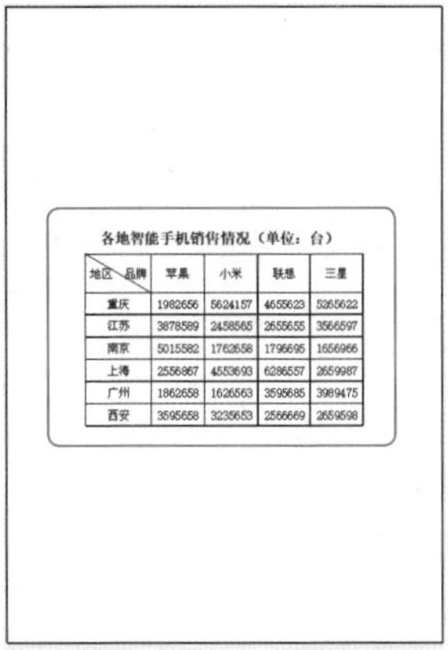

各地智能手机销售情况（单位：台）

地区＼品牌	苹果	小米	联想	三星
重庆	1982656	5624157	4655623	5265622
江苏	3878589	2458565	2655655	3566597
南京	5015582	1762658	1796695	1656966
上海	2556867	4553693	6286557	2659987
广州	1862658	1626563	3595685	3989475
西安	3595658	3235653	2566669	2659598

图8-49 查看居中效果

8.4.9 如何实现缩放打印

张经理

小李，这个表格只有一行在第2页，太难看了，想办法打印到一页上。

小李

王Sir，张经理要我把剩下的一行打印到一张纸上，是要调整页边距吗？

王Sir

是不是最后一页只有一两行？

在这种情况下，如果直接打印出来既不美观又浪费纸张。这时可以**通过设置缩放比例的方法让最后一页的内容显示到前一页中。**

如果要设置缩放比例，具体操作方法是：打开工作簿，在【页面布局】选项卡的【调整为合适大小】组中设置【缩放比例】的大小，如图8-50所示。

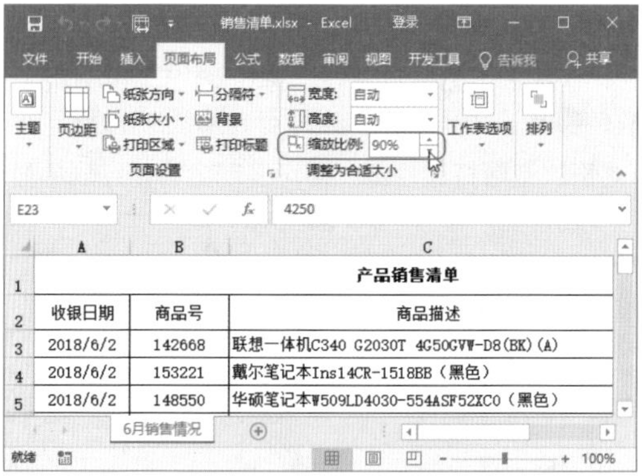

图8-50 设置【缩放比例】的大小

技能升级

打开【页面设置】对话框，在【页面】选项卡的【缩放】栏中通过【缩放比例】微调框设置缩放比例，然后单击【确定】按钮也可以实现缩放打印。

CHAPTER 9

编制报告，体现数据分析的价值

小 李

一直以来，我都以数据分析目光敏锐、能掌握要点、把握细节为傲，觉得自己数据分析能力已经达到了巅峰。

可是，当张经理让我撰写一份数据分析报告时，我绞尽脑汁都不能做出一份条理清楚、数据清晰的答卷。

张经理形容我的数据报告是一团乱麻，而我自己反思也发现了诸多的不足。

还好王Sir及时纠正了我的错误认知，让我认识到数据分析报告的重要性，也了解了撰写数据报告的方法。

沉淀下来之后，心也跟着平稳了，经过我的努力，终于看到了满意的数据分析成果。

在数据分析的过程中，很多人都会忽略数据报告的重要性。

可是，数据报告是检验最终工作成果的标杆，无论前面的数据分析多么科学、严谨，细节怎样完善，没有数据报告的支持，一切都是一团散沙，没有任何说服力。

所以，我告诉小李，从标题到目标，再到正文，一步一个脚印地把数据报告制作完成。在制作完成后就会发现，回看数据，收获良多。

王 Sir

9.1 什么是数据分析报告

小李

张经理，我把今年的销售数据分析出来了，还做成了分析报告，你看一下吧！

张经理

小李，你对数据分析报告有误解吧。

（1）你知道数据报告分为**哪几类**吗？

（2）你知道**为什么要写数据报告**吗？

（3）你知道数据报告的**编写原则**吗？

（4）你知道数据报告的**编写流程**吗？

如果这些你都不知道，你做出的这个数据报告就没有意义。

9.1.1 数据分析报告的种类

小李

王Sir，张经理要我分清数据分析报告的种类，报告就是报告，居然还要分种类吗？

王Sir

当然要分了。

数据分析报告根据查看的目标、对象、时间等内容的不同，形式也会有所不同。

而**报告的形式又决定了报告的内容结构**，所以，分清报告的种类是撰写数据分析报告的第一任务。

通常，可以把数据分析报告分为四类：探索性分析报告、描述性分析报告、解释性分析报告和预测性分析报告。

1 探索性分析报告

探索性分析报告的目的是提供资料，以帮助决策者认识和理解所面对的问题，不仅要描述现状、探索因果、分析未来发展，还要找到对应的策略。这是一种全面且深入的分析方法，需要对每一个问题点都进行详尽而深刻的分析，然后通过对比、预测等方法找到最佳策略。

在撰写探索性分析报告时，可以首先提出发生的问题，然后分析为什么会发生这个问题，发生了这个问题后，应该做出什么样的反应，再分析发生问题后会造成什么样的后果，最后提出解决问题的方案。

2 描述性分析报告

描述性分析报告的目的是将事件和项目的情况描述清楚，分析对象的特征或功能。此类报告并不要求全面分析数据。

在撰写描述性分析报告时，只需要告诉阅读者，发生了什么样的问题，当时的情况如何就可以了，并不需要分析后续情况。

在制作描述性分类报告时，内容应该从需求出发，对对象进行全面的数据分析，报告的内容应该由几个方面组成，而每一个方面都代表了对象的一个侧面，所有方面综合起来能共同说明产生的问题现状。例如，分析市场销售情况可以从生产情况、运输情况、代理商情况、市场占有率情况等方面来描述，力求全面。

3 解释性分析报告

解释性分析报告的目的是要将事件和项目描述清楚，解决数据分析时遇到的“为什么”问题。

在制作解释性报告的时候，应该把重点放在主要项目和问题上，而不是像探索性分析一样，将所有情况都列举出来。先描述主要项目，然后继续拓展问题，分析为什么会发生问题，直到找到问题所在。

在撰写解释性分析报告时，需要解释发生了什么问题，发生问题时出现了什么状况，以及为什么会发生这样的问题。

4 预测性分析报告

预测性分析报告的目的是对一定时期内可能发生的变化进行预测，根据过去和现在估计未来，是可行性决策的重要依据。

在撰写预测性分析报告时，相比解释性分析报告会多出一个内容，也就是在描述了发生的问题后，分析为什么会发生这样的问题，以及对未来会造成什么影响。

9.1.2 数据分析报告的作用

小李

王Sir，在写这份报告的时候我一直在想，数据报告的作用到底在哪里？我为什么要写这份数据报告？你能给我解惑吗？

王Sir

小李，你在分析数据时是怎么做的？

是不是**科学地搜索数据、多种方法分析数据、多样化展现结果**？可是，如果你不把这些过程展示出来，决策者又怎么能判断你的分析结果是不是有有力的证据支撑，分析过程有没有偏差。

所以，**一个完整的数据报告是你和决策者之间的沟通桥梁。**

数据分析报告是一种沟通与交流的方式，可以将分析结果、可行性建议和其他有用的信息反馈给管理人员，给管理人员提供决策帮助。在报告中，需要对数据进行处理，让阅读者可以无障碍地查看数据，并根据数据做出正确的决策。

在数据分析报告中，主要有三个作用：展示分析结果、验证分析质量和提供决策依据，如图9-1所示。

数据分析报告的作用		
展示分析结果	验证分析质量	提供决策依据

图9-1 数据分析报告的作用

» 展示分析结果：将数据以报告的形式展示给决策者，可以让他们迅速理解和分析问题的基本情况、分析结果和未来建议等内容。

» 验证分析质量：在制作分析报告的时候，可以通过对报告中数据分析方法的描述、对数据结果的处理等操作，来验证分析数据的质量。同时，也可以让决策者感受到数据分析的科学性，相信数据报告的严谨。

» 提供决策依据：大多数的数据分析报告都是有时效性的，而决策者往往又没有时间通篇去阅读分析报告，所以数据分析报告的结论与建议就会成为决策者在决策时重要的参考依据。

9.1.3 数据分析报告的编写原则

小李

王Sir，我越来越认识到数据分析报告的重要性了，那你能不能跟我说说，数据分析报告的编写原则呢？

王Sir

小李，认识到数据报告的重要性很重要，说明你在数据分析的道路上又前进了一大步。

而熟知数据分析报告的编写原则，可以让你**在编写数据报告时选对方向，避免出现不必要的错误。**

数据分析报告的编写原则主要有以下几点。

» 术语规范：在数据分析报告中，使用的名称和术语一定要规范统一。无论单位、称呼、格式等数据，都应该与业内公认的标准一致。

» 思维缜密：数据分析是一项系统性工程，前后的内容衔接应该逻辑缜密、条理清晰，通过科学的分析过程推导出令人信服的结论。为了使数据报告达到这一要求，可以在制作报告之前先列一个详细的制作框架，通过这个框架，分析数据报告是否存在遗漏，结构衔接是否合理。

» 可读性强：因为每个人的思维模式不同，对信息的理解方式也会有所不同，所以在制作数据报告时，应该充分考虑他人的想法，多站在他人的角度思考问题。在写作的过程中，多问几遍自己：阅读者是谁、他最关心的是什么、他希望从中得到什么信息。

» 直观性：在制作数据分析报告时，为了让数据更容易理解，充分地使用图表是秘诀之一。将抽象的数据用图表的形式表现出来，可以让阅读者一目了然，尤其是在描述结论时，使用图表可以将结果直观地呈现在他人面前。

9.2 数据分析报告的结构

张经理

小李，今年的市场销售报告做好了吗？下午两点的会议要用。

小 李

张经理，已经做好了，您请过目！

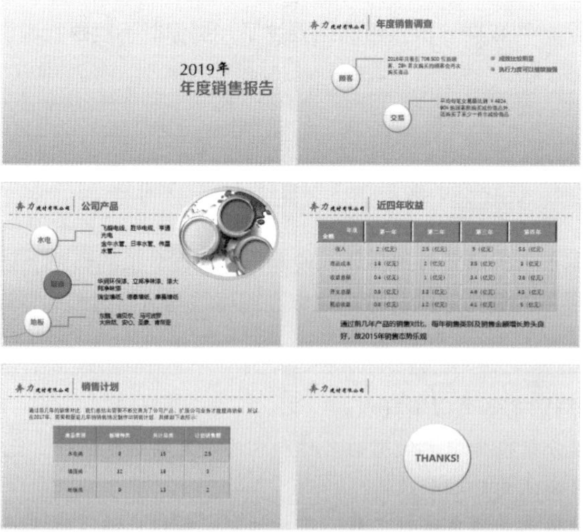

张经理

小李，你这份数据报告粗看起来还有几分像样，但是根本经不起推敲。

（1）**封面页的标题**你不觉得有问题吗？你做的是哪一年的销售报告？

（2）**目录**去哪里了？你做这个分析报告的目的是什么？

（3）正文看起来虽然内容丰富，但**略感乏味、枯燥**。

（4）做了这么一份分析报告，你的**结论**是什么？

你要记住，数据报告的目的在于能让人更好地理解数据，去补充完整吧。

9.2.1 标题页

小李

王Sir，我觉得我的标题页写得已经够清楚了呀，为什么张经理觉得有问题呢？

王Sir

小李，标题页就是报告的封面页，也是整个数据报告给人的第一印象，所以，标题的拟定需要慎重。

当你用Excel得出分析结果后，无论用Word还是PPT制作数据报告，都要记住标题必需的三个要素：**标题、报告人、报告时间。**

而且为了美观，还可以在标题上添加一些图片进行排版，增加可读性。

1 拟定标题的原则

标题是一种语言艺术，好的标题不仅可以让人一眼看出数据报告的主题，而且能引人入胜，激起观看者的兴趣。所以，对标题的拟定还应该遵循几个原则。

» 直接：数据报告的标题应当直接明了，以毫不含糊的语言开门见山地表达自己的观点，让读者可以一眼就明白这份数据报告是为何而做，而不需要使用文字艺术来修饰。

- 准确：标题应该做到与文题相符，准确说明时间、地点、事件。
- 简洁：标题是直接反映出数据分析报告的主要内容，所以必须具有高度的概括性，要做到简洁明了。

2 常用的标题类型

标题的选择多种多样，但通过数据报告的类型，也可以将其分为以下几类。

- 概括主要内容：这类标题重在反映数据的客观事实，概括分析报告的主要内容，让读者可以一眼看出报告的中心，多用于描述性分析报告和解释性分析报告中，如《2019年展会销量提升》《房产投资的预算分析》等。
- 交代分析报告：这类标题反映了分析的对象、范围、时间等内容，对分析师的看法和观点并没有明确交代，多用于预测性分析报告和探索性分析报告中，如《2019年销量分析》《发展新业务的重要性》等。
- 提出现存问题：这类标题以提出问题的方式分析问题的所在，引起读者的思考和共鸣，多用于描述性分析报告和因果性分析报告，如《2019年市场低迷是为什么呢》《销量降低30%的原因在哪里》等。
- 解释基本观点：这类标题往往用作者的观点来拟定，开门见山地指出数据分析报告的观点，可以让读者一目了然，明白作者的意图，如《流量决定销量》《什么是高品质的客户》等。

9.2.2 目录

小李

王Sir，数据报告又不是长篇大论，也需要制作目录吗？

王Sir

小李，当然需要啦。

目录是为了让读者快速地找到所需的内容，**是整个数据报告的大纲，可以体现出报告的分析思路。**

在制作目录时，要注意不要长篇大论，简洁的目录才是最受欢迎的。

1　使用Word撰写目录

在制作目录时，如果是使用Word来撰写报告，数据量比较大，使用目录为读者提供索引，可以帮助读者快速定位到需要查看的位置。

使用Word目录时，如果为文档中的标题设置了标题1、标题2、标题3等样式，就可以让Word自动为这些标题生成具有不同层次结构的目录。

例如，要在“市场调查报告”文档中提取目录，具体操作方法如下。

Step01：选择目录样式。❶将光标定位到需要插入目录的位置，单击【引用】选项卡的【目录】组中的【目录】下拉按钮；❷在弹出的下拉菜单中选择一种目录样式，如图9-2所示。

Step02：查看目录。操作完成后，即可在光标的位置插入目录，如图9-3所示。

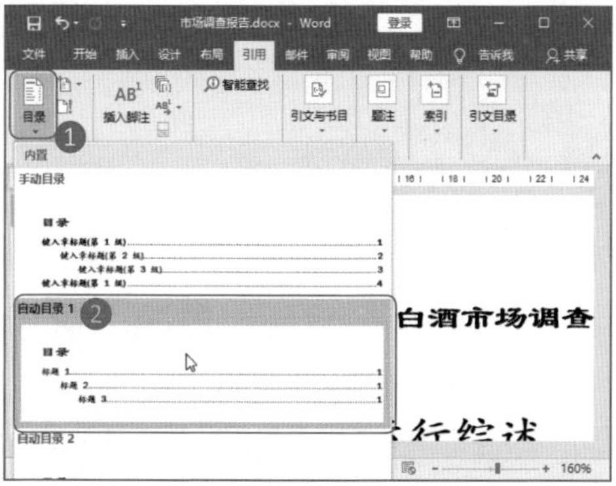

图9-2　选择目录样式

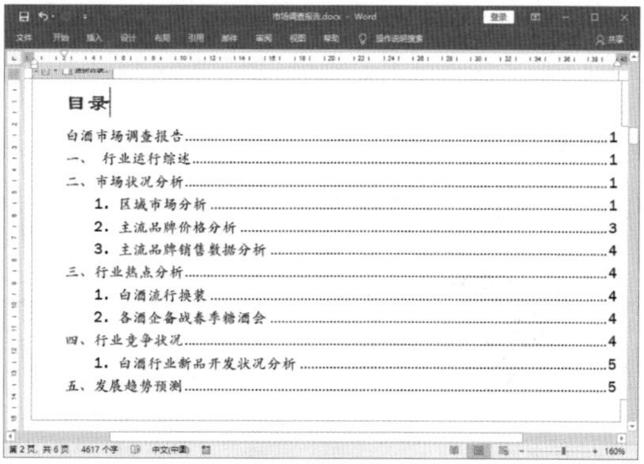

图9-3　查看目录

温馨提示

快速插入目录时，请选择自动目录样式，如果选择手动目录样式只会插入点目录格式，仍然需要用户手动输入目录内容。

2　使用PPT撰写目录

PPT报告的目录是为了让读者快速了解这份报告的内容框架，也可以作为幻灯片的索引，因为在该页停留的时间不长，所以内容不宜过多。在使用PPT撰写目录时，因为篇幅有限，只需要列出一级标题即可，如图9-4所示。

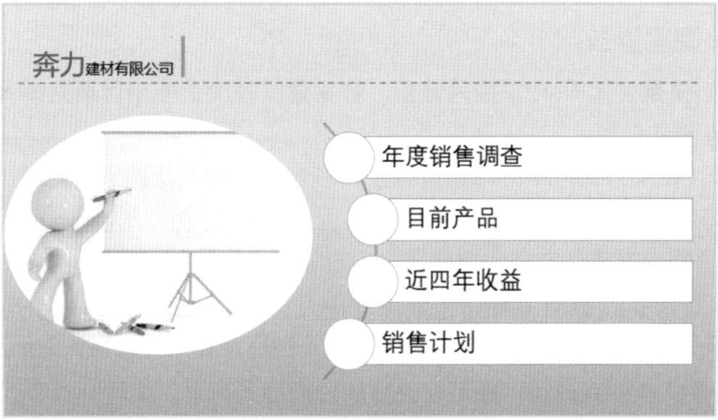

图9-4　PPT目录

9.2.3 前言

小李

王Sir，我看到你上一次写的数据报告中有前言，可是我觉得前言又不涉及数据分析，是不是有点多余呢？

王Sir

小李，前言的作用不亚于正文。

在前言中，可以进行**背景分析、目的分析和思路分析**，告诉读者为什么要进行此次分析，分析的意义又在哪里，通过这次分析能解决什么问题等。

所以，前言的写作一定要慎重。

前言的内容是否正确，关系着数据分析报告是否能解决问题的关键，在编写前言时，需要注意以下几个方面。

- 分析背景：数据分析背景的说明，主要是为了让阅读者清除数据报告的背景，阐述进行该数据分析的原因和意义。
- 分析目的：在数据报告中陈述分析目的，主要是为了让阅读者了解这份数据报告可以解决什么问题以及达到什么效果。

» 分析思路：在数据报告中分析思路，主要是为了让阅读者了解数据分析师在分析时的过程，从而验证数据的科学性。

图9-5所示为在Word中撰写前言的示例，分析了数据报告的背景与目的。

在PPT中，不宜使用长篇大论来阐述背景，可以使用图片、图表、表格等形式简单介绍，如果有需要，则可以辅以简单的文字，如图9-6所示。

分析背景与目的

- 2月正值春节黄金销售期，各种节日消费品表现出良好的销售势头，整个白酒市场因为年底礼品市场的启动而变得红火，销量比平时攀升了三成左右，五粮液、茅台等知名品牌的销量最大。
- 中高档白酒的促销方式出现新变化，即：以前以商超销售为主的方式，正向厂家或其派驻机构的直销方式转变，开始通过进攻酒楼、宾馆等直接在消费终端寻找新的市场。
- 本月市场鲜见新品，厂家都忙于老品牌的销售，并且着手为即将在3月来临的糖酒会做准备。所以，需要通过此次的市场调查分析，了解竞争品牌价格、优劣势等情况，确定3月糖酒会的战略目标。

图9-5 分析背景与目的示例

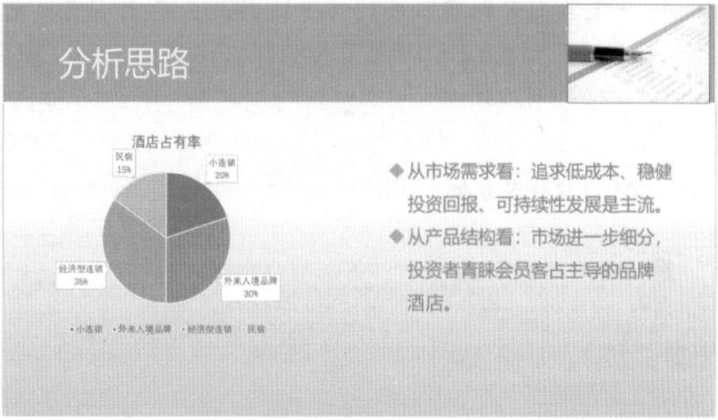

图9-6 PPT前言示例

9.2.4 正文

小李

王Sir，正文是数据报告的重头戏，你把压箱底的本事都交给我吧。

王Sir

小李，我哪次不是把压箱底的本事都交给你了？

你说得不错，正文确实是数据报告最重要的部分，是整个报告的核心内容。在正文中，**要系统而全面地阐述数据分析的过程和结果**，并对每一部分进行分析总结，是最需要花精力的部分。

在撰写正文的时候，根据分析思路有条不紊地把每一项内容讲述清楚，在讲述的过程中，充分利用各种分析方法，通过图表与文字相结合的方法形成报告正文。

一篇成功的报告，只有泛泛而谈是不行的，必须有严谨的数据来支持自身的观点才能让人信服，在撰写报告时，应该注意以下几点。

» 正文是报告的主体，应该占据大半部分的篇幅。
» 正文中含有数据分析的有效数据和自身观点。
» 在分析数据时，应该图文结合，仅有文字或仅有图片或图表都不可取。
» 正文各部分的内容应该具有逻辑关系，上下衔接自然。

图9-7所示为在Word中撰写数据报告正文的示例，图文结合可以让阅读更加轻松。

图9-8所示为在PPT中撰写数据报告正文的示例，使用表格展示数据，并辅以自身观点。

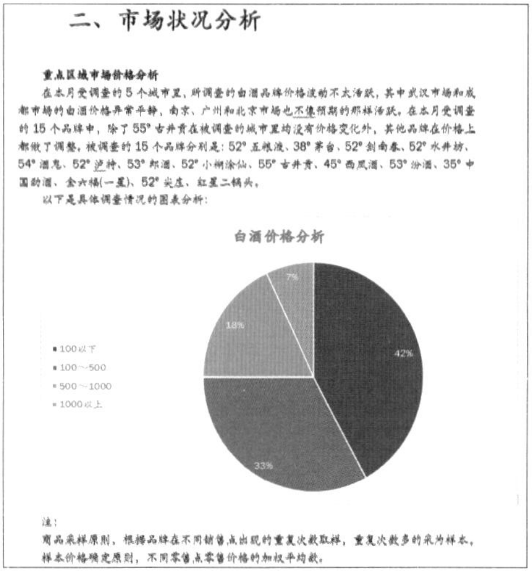
二、市场状况分析

重点区域市场价格分析

在本月受调查的5个城市里，所调查的白酒品牌价格波动不太活跃，其中武汉市场和成都市场的白酒价格异常平静，南京、广州和北京市场也不像预期的那样活跃。在本月受调查的15个品牌中，除了55°古井贡在被调查的城市里均没有价格变化外，其他品牌在价格上都做了调整。被调查的15个品牌分别是：52°五粮液、38°茅台、52°剑南春、52°水井坊、54°酒鬼、52°泸特、53°郎酒、52°小糊涂仙、55°古井贡、45°西凤酒、53°汾酒、35°中国劲酒、金六福(一星)、52°尖庄、红星二锅头。

以下是具体调查情况的图表分析：

注：

商品采样原则，根据品牌在不同销售点出现的重复次数取样，重复次数多的采为样本。样本价格确定原则，不同零售点零售价格的加权平均数。

图9-7 Word正文示例

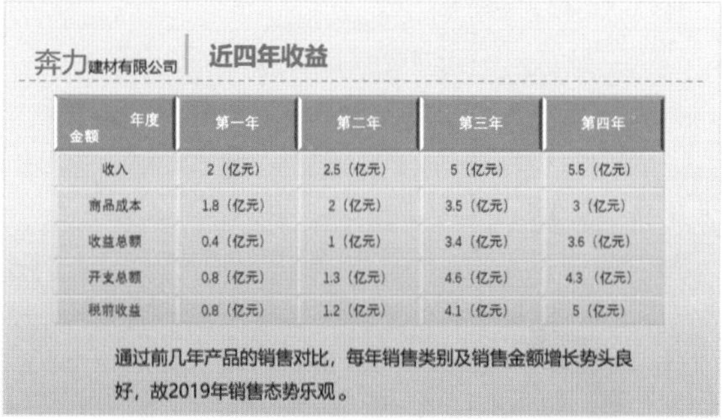

年度 / 金额	第一年	第二年	第三年	第四年
收入	2（亿元）	2.5（亿元）	5（亿元）	5.5（亿元）
商品成本	1.8（亿元）	2（亿元）	3.5（亿元）	3（亿元）
收益总额	0.4（亿元）	1（亿元）	3.4（亿元）	3.6（亿元）
开支总额	0.8（亿元）	1.3（亿元）	4.6（亿元）	4.3（亿元）
税前收益	0.8（亿元）	1.2（亿元）	4.1（亿元）	5（亿元）

通过前几年产品的销售对比，每年销售类别及销售金额增长势头良好，故2019年销售态势乐观。

图9-8 PPT正文示例

9.2.5 结论与建议

小李

王Sir，终于走到结尾了，我可不能虎头蛇尾，一定要做好每一步。

王Sir

小李，你这样想就对了。

报告的结论展示是对整份报告的综合描述，是**总结报告、提出建议、解决问题的关键所在。**一个好的结尾可以加深阅读者对数据的认识，引起共鸣。

数据报告的结论是以数据分析结果为依据而来，通常以综述性的文字来说明。虽然在正文中也有总结性的文字，但结论却是总体论点，是去粗求精后的精华所在。

图9-9所示为Word数据报告的结论，通过对调查结果的分析，对之后的销售方向提出意见。

图9-10所示为PPT数据报告的结论，根据对市场数据的分析，提出目标走向并制定目标，为之后的市场推广提供建议。

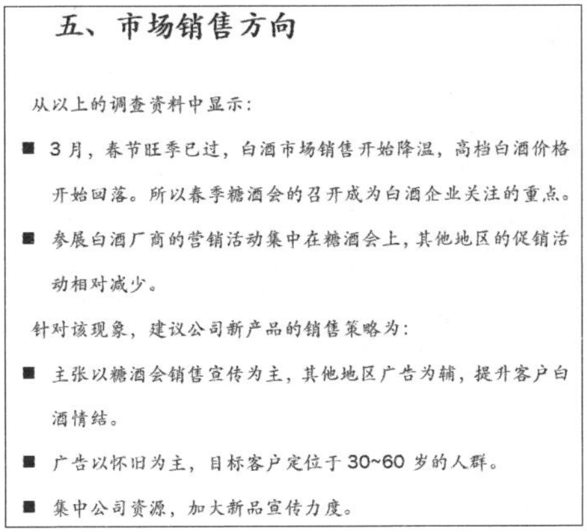

五、市场销售方向

从以上的调查资料中显示：

- 3月，春节旺季已过，白酒市场销售开始降温，高档白酒价格开始回落。所以春季糖酒会的召开成为白酒企业关注的重点。
- 参展白酒厂商的营销活动集中在糖酒会上，其他地区的促销活动相对减少。

针对该现象，建议公司新产品的销售策略为：

- 主张以糖酒会销售宣传为主，其他地区广告为辅，提升客户白酒情结。
- 广告以怀旧为主，目标客户定位于30~60岁的人群。
- 集中公司资源，加大新品宣传力度。

图9-9　Word结论示例

图9-10　PPT结论示例

9.2.6 附录

小李

王Sir，数据报告的基本结构已经完成了，为什么还要制作附录呢？

王Sir

小李，其实附录也是数据报告中很重要的一部分。

虽然数据报告的主体已经完成，但是如果在正文中涉及某个领域的信息，但是又没有详细阐述，这时就需要提供附录，让阅读者清楚信息的来源，从而使数据信息更加严密。

在附录中，可以列举相关的术语解释、计算方法、数据来源、相关图片或论文等信息，是报告的补充部分。但是并不是所有的报告都需要添加附录，可以根据情况，确实需要添加附录的才添加到结论的后面。图9-11所示为数据来源信息。

如果数据报告中添加了附录，那么在报告目录的部分一定要添加附录，以方便他人查看。

数据名称	来源
酒店年增长率统计	百度无线报告
酒店入住率统计	艾瑞移动互联网报告
酒店满意度调查	中国互联网络信息中心
酒店消费人群调查	腾讯用户研究

图9-11　附录示例

9.3　Excel与其他软件的协作

张经理

小李，我只是要数据报告，你怎么给了我这么多文件？这些都是什么？

小李

张经理，这些都是数据报告中可以用到的数据，结合数据报告来看，可以更清楚。

张经理

小李，你还是以链接的方式把这些文件插入进去吧，你一股脑儿给我那么多文件，我怎么分得清。

（1）有些数据表，**插入数据报告中**查看就可以了。

（2）如果插入之后数据量太大的，你**做成链接**给我。

9.3.1 在 Word 报告中使用 Excel 文件

小李

王Sir，我本来已经在Excel里面做好了表格，现在要用到Word报告中，直接复制过去又不行，必须重新做吗？

王Sir

不需要。

你可以**把Excel文件插入到Word文档中**呀，这样不仅不用重新编辑，遇到要用到Excel才能实现的功能时，还可以随时切换回Excel模式。

1 以对象的方式插入

在Word报告中，可以将制作完成的Excel表格以对象的方式插入到文档中。使用这种方法插入的表格，可以在Word中显示部分数据，如果要查看全部数据，可以双击表格，进入原始数据表，对数据进行全面查看和修改。

例如，要在“市场调查报告”文档中插入“销售数据分析表”工作簿，具体操作方法如下。

Step01：选择【对象】命令。❶将光标定位到要插入Excel表格的位置，❷单击【插入】选项卡的【文本】组中的【对象】下拉按钮，❸在弹出的下拉菜单中选择【对象】命令，如图9-12所示。

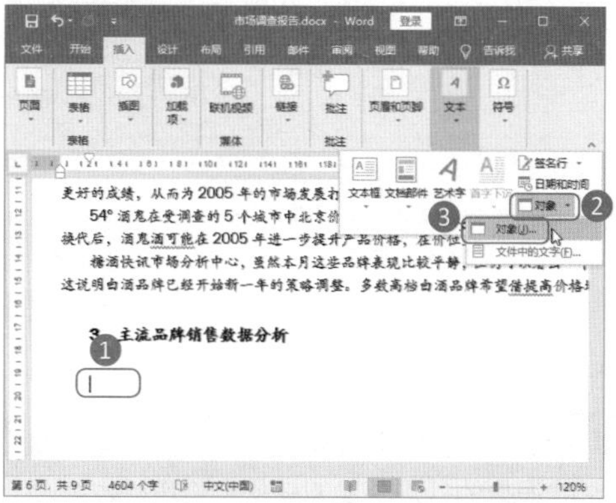

图9-12 选择【对象】命令

Step02：单击【浏览】按钮。打开【对象】对话框，❶切换到【由文件创建】选项卡，❷单击【浏览】按钮，如图9-13所示。

Step03：单击【插入】按钮。打开【浏览】对话框，❶选择要插入的Excel表格，❷单击【插入】按钮，如图9-14所示。

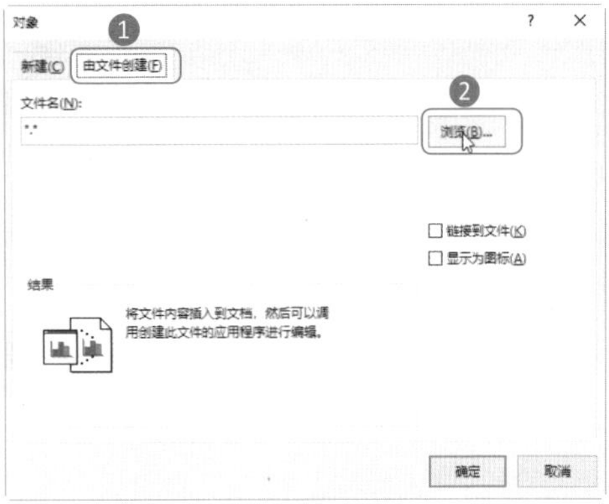

图9-13 单击【浏览】按钮

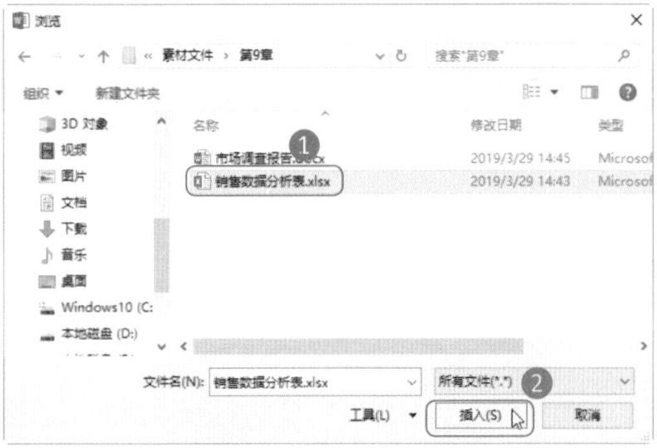

图9-14 单击【插入】按钮

Step04：单击【确定】按钮。返回【对象】对话框，在【文件名】文本框中可以查看到文件名及文件路径，直接单击【确定】按钮，如图9-15所示。

Step05：查看插入表格。在返回的文档中即可查看到Excel数据已经插入，如图9-16所示。

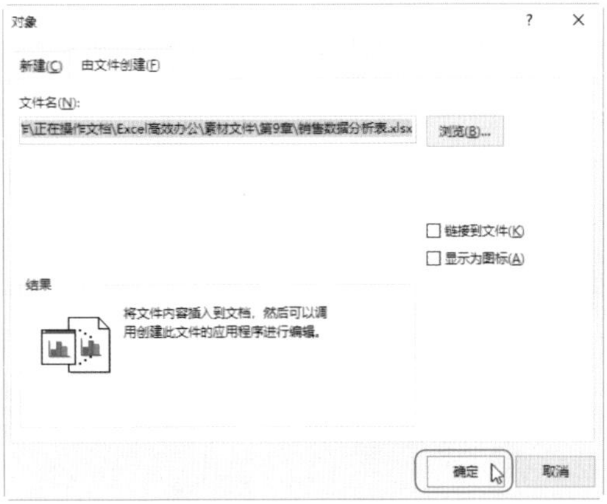

图9-15 单击【确定】按钮

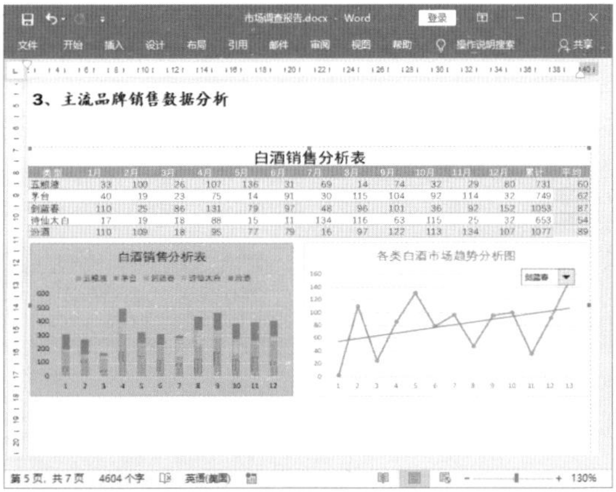

图9-16 查看插入表格

2 以链接的方式插入

如果Excel表格中的数据量太大，不方便在Word报告中显示，可以选择以链接的方式调用Excel。使用链接的方式插入表格，既不影响报告的外观，又能轻松查看原始数据。

例如，要在“市场调查报告”文档中链接“销售数据分析表”工作簿，具体操作方法如下。

Step01：选择【链接】选项。❶选中要添加链接的文字，然后右击。❷在弹出的快捷菜单中选择【链接】选项，如图9-17所示。

Step02：选择链接文件。打开【插入超链接】对话框，❶在【链接到】列表中选择【现有文件或网页】选项，❷在【查找范围】中选择【当前文件夹】，❸在右侧的列表框中选择要链接的文件，❹单击【确定】按钮，如图9-18所示。

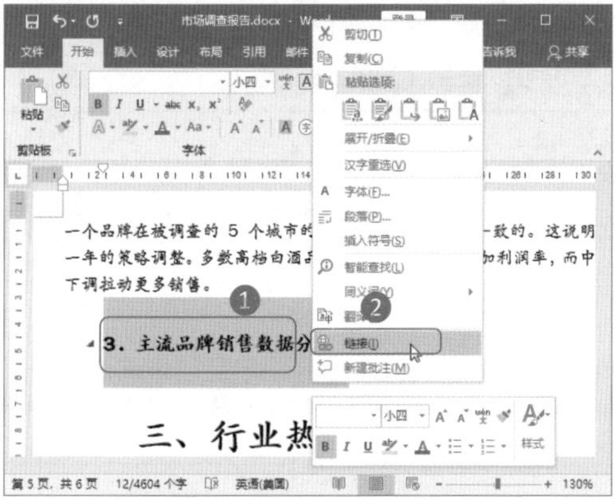

图9-17 选择【链接】选项

图9-18 选择链接文件

Step03：查看链接。返回文档中，即可查看到为文字设置了超链接之后，文字改变了颜色，并且下方多了一条横线，按住Ctrl键，再单击文字，即可调用链接处的Excel文件，如图9-19所示。

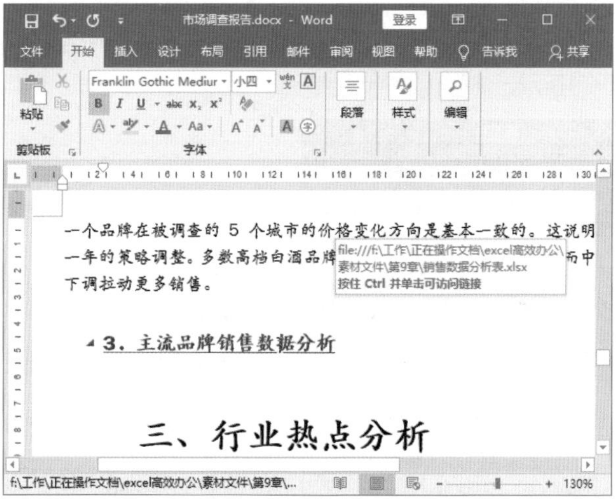

图9-19 查看链接

9.3.2 在PPT报告中使用Excel文件

小李

王Sir，如果我使用PPT制作数据分析报告，是不是也可以使用上面的方法插入Excel文件呢？

王Sir

当然可以。

在PPT中插入Excel文件的方法与在Word中插入Excel文件的方法大致相同，你自己来试试吧，我看着你操作。

1 以对象的方式插入

例如，要在“销售报告”演示文稿中插入“近四年收益表”工作簿，具体操作方法如下。

Step01：选择【对象】命令。❶选中要插入Excel表格的幻灯片，❷单击【插入】选项卡的【文本】组中的【对象】按钮，如图9-20所示。

Step02：单击【浏览】按钮。打开【插入对象】对话框，❶选择【由文件创建】单选按钮，❷单击【浏览】按钮，如图9-21所示。

图9-20 选择【对象】命令

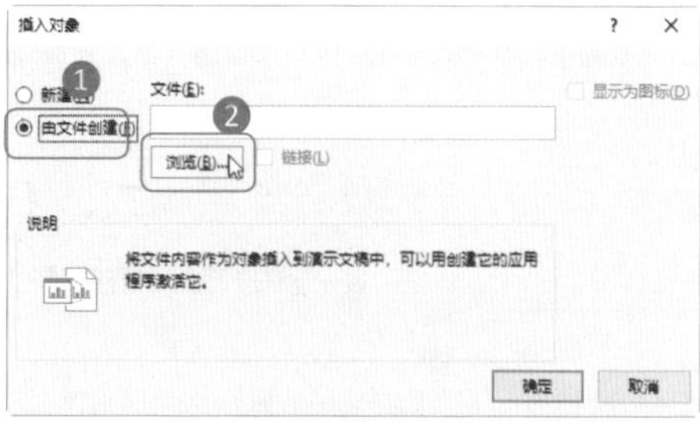

图9-21 单击【浏览】按钮

Step03：选择文件。打开【浏览】对话框，❶选择要插入的Excel表格，❷单击【确定】按钮，如图9-22所示。

Step04：单击【确定】按钮。返回【插入对象】对话框，在文本框中可以查看到文件名及文件路径，直接单击【确定】按钮，如图9-23所示。

图9-22 选择文件

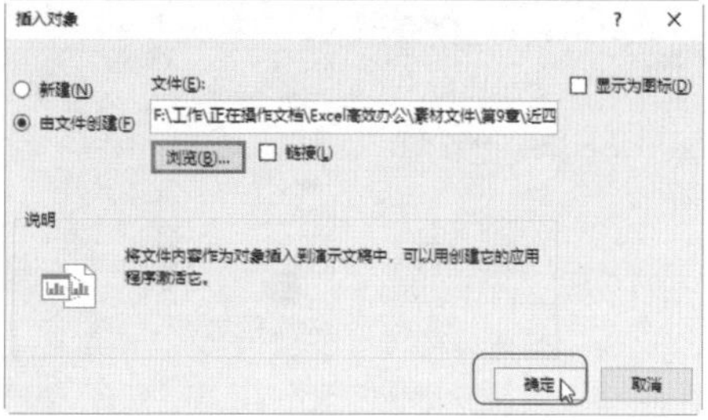

图9-23 单击【确定】按钮

Step05：查看插入表格。在返回的幻灯片中，即可查看到Excel数据已经插入，选择表格，然后调整表格的大小和位置即可，如图9-24所示。

图9-24 查看插入表格

② 以链接的方式插入

在PPT中，可以为幻灯片中的文字、图片、图形等元素设置超链接，通过超链接调用外部数据。

例如，要在“销售报告”演示文稿中链接“近四年收益表”工作簿，具体操作方法如下。

Step01：选择【超链接】选项。❶选中要添加链接的文字，然后右击。❷在弹出的快捷菜单中选择【超链接】选项，如图9-25所示。

Step02：选择链接文件。打开【插入超链接】对话框，❶在【链接到】列表中选择【现有文件或网页】选项，❷在【查找范围】中选择【当前文件夹】，❸在右侧的列表框中选择要链接的文件，❹单击【确定】按钮，如图9-26所示。

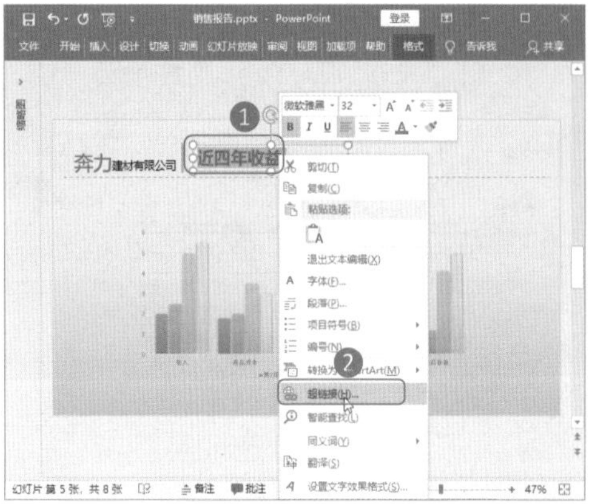

图9-25 选择【超链接】选项

图9-26 选择链接文件

Step03：查看链接。返回幻灯片中，即可查看到为文字设置了超链接之后，文字改变了颜色，并且下方多了一条横线，按住Ctrl键，再单击文字，即可调用链接处的Excel文件，如图9-27所示。

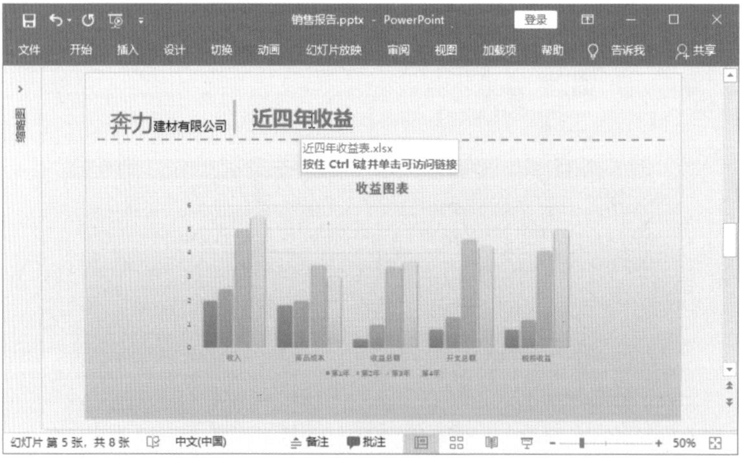

图9-27 查看链接